PÉDAGOGIE PRATIQUE À L'ÉCOLE
ET AU COLLÈGE

CONCEPTS CLÉS ET SITUATIONS-PROBLÈMES EN MATHÉMATIQUES

Numération, opérations, nombres décimaux et proportionnalité

Odette BASSIS

HACHETTE
Éducation

L'auteur :

Odette Bassis est docteur en Sciences de l'Éducation. Présidente du Groupe Français d'Éducation Nouvelle, elle a enseigné en mathématique dans le secondaire, puis dans la formation initiale et continue d'enseignants en IUFM et en Sciences de l'Éducation (Paris-VIII et Paris-X). Dans la dynamique de l'éducation nouvelle, elle a co-élaboré et animé des projets de transformation des pratiques enseignantes en France et à l'étranger (Tchad, Russie, Suisse, Italie,...). C'est dans le champ spécifique du savoir et de la pratique de « démarche d'auto-socio-construction du savoir », à l'école et en formation d'adultes qu'elle contribue à apporter une avancée sur laquelle sont fondées les démarches proposées dans cet ouvrage.

Ouvrages du même auteur :

Mathématique : les enfants prennent pouvoir, Nathan Éducation, 1984.
Se construire dans le savoir, à l'école et en formation adulte, ESF, 1998.
Co-auteur d'ouvrages collectifs du GFEN.
Auteur d'articles dans la Revue *Dialogue* du GFEN (www.gfen.asso.fr) et autres revues.

Remerciements :

À Michel Baraër et Jean Bernardin, compagnons de longue route, qui m'ont apporté leurs conseils.

À tous les amis et tous ceux du GFEN avec lesquels nous partageons le pari d'une éducation nouvelle comme utopie concrète pour notre temps.

Couverture : *Studio Favre-Lhaïk*
Mise en page et éditorial : *AWAKE*

www.hachette-education.com
I.S.B.N. 2.01.17.0684.X

SOMMAIRE

QUATRIÈME PARTIE : LA PROPORTIONNALITÉ

Introduction des nombres rationnels

CINQUIÈME PARTIE : LE PROBLÈME SANS QUESTION

SIXIÈME PARTIE : LA DÉMARCHE DE CONSTRUCTION DU SAVOIR

INTRODUCTION

« Faites-en vos égaux afin qu'ils le deviennent »
(Jean-Jacques Rousseau, L'Émile*)*

L'objectif de cet ouvrage est de proposer aux enseignants du cycle 2, du cycle 3 et même du collège des situations-problèmes propres à inciter et développer une activité de recherche des élèves pour qu'ils élaborent des notions clés en mathématiques : notion de nombre entier, de numération, d'opération, de nombres décimaux, de proportionnalité et de résolution de problèmes. C'est-à-dire des contenus qui fondent et traversent les programmes, concernant le numérique, de la maternelle au collège. Des contenus d'autant plus incontournables, s'ils ne sont pas (ou mal) construits, qu'ils ont pour conséquences néfastes des échecs répétés, cumulés, engendrant ennui et lassitude, mais plus encore mise à l'écart et orientation sélective. Effets aussi pour les enseignants qui en éprouvent une amertume certaine et un sens plus alourdi de leur métier.

Inciter et développer une activité de recherche des élèves pour qu'ils élaborent des notions clés

Il s'agit là, en fait, de parler plus simplement de « construction », par les élèves, de leurs savoirs. Mais le terme même de construction, qu'il soit revendiqué, rejeté, ou simplement mis à distance, peut prêter à confusion quand il est réduit à des formes de « pédagogie du concret », sous couvert de « puérocentrisme ». Il ne s'agit ici ni d'asservir les savoirs aux élèves, ni d'asservir les élèves aux savoirs, mais bien plutôt d'assurer un pont solide entre les deux pôles que sont savoirs et élèves.

Et cela, parce que justement l'un et l'autre relèvent de l'humain : les savoirs, pour avoir été construits par des humains, dans l'épaisseur et les méandres du passé, et les élèves, pour avoir à développer leur place d'humain, dans l'*ici et maintenant* de l'acte d'apprendre.

Faire que les élèves deviennent acteurs dans leur développement, avec pour finalité non point d'être « *comme le poisson qui vit dans la mer sans savoir la mer* »[1], mais bien de rentrer de plaint pied dans cette conquête permanente de l'humain qui est de s'apprendre, tout au long de sa vie, à « savoir le monde ». Savoir le monde : pas seulement pour le contempler ou en reproduire, inchangés, des conditionnements hérités eux-mêmes du passé, mais, face aux stagnations et aux régressions toujours aux portes de la facilité, pour que les élèves deviennent, dès l'école, acteurs – co-acteurs avec

1. *Cf.* : « *La plus drôle des créatures* » du poète turc Nazim Hikmet, tiré d'un poème écrit au sortir de longues années de prison (1948).

les autres – de la réalisation de leurs propres capacités à se transformer, dans leur rapport au monde, à soi-même et aux autres, et ce faisant, qu'ils se construisent comme acteurs de transformations possibles dans ce monde. Il n'est point abusif de se hausser jusqu'à de telles finalités, car tout acte d'enseignement porte en lui, élucidé ou non, et dans le vif des contenus et formes manifestes de transmission qu'il se donne, un contenu latent de valeurs éducatives qui, de toute façon, sont effectivement véhiculées quels qu'en soient les principes affirmés et les aspects apparents.

Là, d'ailleurs, particulièrement en mathématiques, il n'est que d'entendre, hors la classe et l'école, combien pèsent les traces laissées en chacun par cet enseignement. Traces sur le plan objectif des notes, de la sélection et de l'orientation, avec toutes les conséquences de vie ainsi déterminées, mais traces plus profondes sur le plan subjectif, où l'image de soi varie entre une dévalorisation douloureuse, pour les uns – intériorisant souvent ce qu'ils considèrent désormais comme incapacité (parce que validée telle à la suite d'erreurs ou échecs tenus pour définitifs) – et à l'opposé, pour les autres, ceux qui « réussissent », dans une valorisation narcissique éhontée et élitiste avec, en bout de courses pour bien des « élus », des places sociales de pouvoir incontestées. C'est là que se jouent aussi bien la conception des savoirs enseignés (où définitions, règles et procédures sont présentées comme vérités indiscutables et donc, en conséquence, où l'activité centrale est celle de l'enseignant) que la conception des pratiques de transmission (allant d'une soumission, légitimée par la raison, à des vérités reçues d'en haut ou à l'inverse pouvant devenir conquête, pour soi-même, d'authentiques pouvoirs de pensée). C'est à ce titre que les mathématiques ont joué et jouent encore une part majeure dans la poursuite du cursus scolaire ainsi que dans l'image que chacun garde de soi.

Il n'est que de se reporter à cette notion d'*habitus* qui est l'apport décisif de Bourdieu pour mesurer les déterminismes inconscients, accumulés dans l'insu à la fois personnel et social. Si ces déterminismes ne peuvent être considérés comme fatalités insurmontables, du fait fort heureusement des contradictions qui traversent à la fois tout un chacun aussi bien que l'école et la société, ils ne manquent pas cependant, s'il n'en est pris conscience, de peser lourdement sur le devenir de l'enseignement comme de la société. Que tout enseignement soit porteur d'éducation, c'est bien une reconnaissance qu'on peut constater, historiquement, dans le passage officiel des termes anciens d'*instruction publique* en ceux d'*éducation nationale*[2].

2. Le passage du terme « instruction » en celui de « éducation », évoqué lors du Congrès international du LIEN (Ligue Internationale de l'Éducation Nouvelle) tenu à Nice en 1932, sous la présidence de Paul Langevin, alors président du GFEN (Groupe Français d'Éducation Nouvelle), se vit officialisé la même année dans le remplacement du libellé du « Ministère de l'Instruction publique » en « Ministère de l'Éducation Nationale ».

Mais les changements d'étiquettes ne génèrent pas d'eux-mêmes les transformations des conceptions et pratiques qui devraient y être accordés : conceptions des savoirs à enseigner – c'est toute la question de quelle transposition entre savoirs savants et savoirs scolaires – et pratiques de transmission, dans leur dimension effective d'éducation, au cœur même de la fonction d'enseigner et de celle d'apprendre qui constituent ensemble les raisons d'être de l'École. Le lecteur comprendra que la finalité sur laquelle repose le travail présenté dans cet ouvrage s'accorde avec un pari sur l'humain qui est celui du potentiel créatif immense que porte tout enfant quand il vient au monde. Potentiel créatif qui ne reste que « potentiel » si les conditions qui sont faites dès sa naissance au petit d'homme n'en permettent pas l'actualisation et le développement.

D'où l'importance de telles conditions qui reviennent très tôt à l'École dans cette part spécifique de l'éducation, inscrite dans le champ social, institutionnel, qui est en propre le sien, faisant de l'enfant un élève, sur une durée et dans une phase de sa vie déterminantes pour son devenir. Sachant que cela s'inscrit dans le fait que l'homme, si différemment de l'animal, ne naît pas humain, il le devient. Tout comme il ne naît pas citoyen, il le devient. C'est là que s'affirme, d'entrée de jeu, concernant le rapport « à » savoir, une conviction d'importance, exprimée par Piaget, dans ce « *comprendre c'est inventer* » qu'il revendique pour tout acte d'apprendre authentique :

> *« En un mot, le principe fondamental des méthodes d'avenir peut s'exprimer sous la forme suivante :* ***comprendre c'est inventer****, ou reconstruire par réinvention, et il faudra bien se plier à de telles nécessités si l'on veut, dans l'avenir façonner des individus capables de production et de création et non pas seulement de répétition. Apprendre à conquérir par soi-même le vrai et non pas se borner à apprendre sur commande : car si l'individu est passif intellectuellement, il ne saurait être libre moralement. Et si les seuls rapports sociaux dans la classe sont ceux qui relient chaque élève individuellement à un maître détenant tous les pouvoirs, il ne saurait être libre intellectuellement. »*[3]

Ce qu'il y a à comprendre pour savoir

Le pari délibérément choisi dans cet ouvrage est d'aller interroger jusqu'aux noyaux conceptuels qui constituent chacune des notions abordées pour en dégager non pas seulement « ce qu'il y a à savoir » – et se contenter d'en aménager de façon active la réception, la répétition et l'application par l'élève – mais de tenter d'aller jusqu'à faire que soit pris en main pour de bon, précisément, ce qu'il y a à comprendre pour savoir. Ce qui rejoint les partis pris que Clairaut, mathématicien du siècle des Lumières[4], exprimait déjà :

3. Jean Piaget, *Où va l'éducation* ?, Denoël, 1971.
4. Conviction qu'il mit en pratique auprès de son élève la marquise du Châtelet, dont on sait la compétence scientifique, notamment dans la traduction française qu'elle produisit des *Principes de philosophie naturelle* de Newton (1763).

> *« Quelques réflexions que j'ai faites sur l'origine de la géométrie m'ont amené à penser que c'est vraisemblablement quelque besoin qui avait fait faire les premiers pas, et que ces premiers pas ne pouvaient pas être hors de portée des Commençants, puisque c'étaient des Commençants qui les avaient faits.*
>
> *J'espère que cette méthode aura encore une utilité plus importante, c'est qu'elle accoutumera l'esprit à chercher et à découvrir ; car j'évite avec soin de donner une proposition sous la forme de théorèmes ; c'est-à-dire, de ces propositions, où l'on démontre que telle ou telle vérité est, sans faire voir comment on est parvenu à la découvrir.*
>
> *En suivant cette voie, les Commençants aperçoivent, à chaque pas qu'on leur fait faire, la raison qui détermine l'Inventeur ; et par là ils peuvent acquérir plus facilement l'esprit d'invention. »*

Il s'agit donc de faire des choix qui ne gomment pas les points d'achoppement qui forment l'ossature des concepts. Car ce sont ces points d'achoppement qui donnent leurs fondements aux situations pédagogiques afin qu'elles soient incitatrices de questionnement, voire d'étonnement devant l'insolite ou l'inattendu qu'elles présentent.

Le but est de susciter auprès des élèves la nécessité vécue par eux d'avoir à imaginer, et pour cela de devoir aller quérir des schèmes nouveaux de pensée non seulement dans leurs acquis antérieurs, mais plus encore, dans un potentiel créatif non encore mobilisé.

Car, se trouvant affrontés à des obstacles inattendus c'est bien au-delà de leurs acquis qu'ils auront à fouiller, imaginer, créer. Invention de schèmes d'action et de représentations qui, dans le cours des cheminements enclenchés – et aussi minutieusement que discrètement « accompagnés » par l'enseignant – vont se muer en schèmes cognitifs et concepts nouveaux pour les élèves.

Une double exigence nourrit de tels choix

• **Rendre fonctionnels** les savoirs ainsi construits.
Mais précisément, ce qui est garant d'une telle fonctionnalité, c'est le fait que ces savoirs ont été construits dès l'abord dans l'action, pour affronter les problèmes issus des situations proposées, par le biais de conduites tentées, élaborées et mises à l'épreuve par les élèves dans des réinvestissements multiples.

• **Donner sens** à ces savoirs.
Là, c'est le fait qu'ils aient été construits dans l'affrontement avec d'authentiques obstacles cognitifs à surmonter, dans la situation pédagogique vécue, en relation avec les obstacles cognitifs que les concepts en question ont eux-mêmes rencontrés dans leur genèse historique, culturelle et sociale.

En fonction des cycles et de l'âge des élèves, les apports historiques – en situation de recherche des élèves eux-mêmes – sont des facteurs puissants d'entrée dans la culture et l'histoire humaine dans la mesure où une relation vivante se construit entre l'ici et maintenant du vécu pédagogique et le passé créatif des processus historiques de production de ces savoirs.

Il s'agit de dépasser une coupure aliénante entre théorie et pratique, entre contenus et méthodes et de saisir en quoi un certain rapport aux savoirs à enseigner doit se défaire d'une vue trop pragmatique et fermée concernant seulement des résultats à retenir ou des procédures à savoir utiliser. Pour que l'enseignement soit véritablement opérationnel sur les deux plans de la fonctionnalité et du sens, il y faut bien sûr un travail effectif de la part de l'enseignant, tant sur le plan d'une autre façon de concevoir les contenus à enseigner que sur celui des situations et des conduites à tenir, en classe. C'est en ce sens qu'on sort délibérément ici d'un *puérocentrisme* étroit.

D'autant plus qu'il est clair que l'élaboration de concepts chez l'élève n'est pas de l'ordre d'une génération spontanée mais de l'ordre de cette transmutation qui s'opère entre « nature » et « culture »[5]. En effet si, en bout de course et en quelque sorte paradoxalement, l'utilité de l'enseignant est en définitive de savoir se rendre inutile, ce n'est pas pour autant sans travail de sa part, condition du travail des élèves.

Les espaces de travail

Cet ouvrage propose, à sa mesure, pour l'enseignant qui s'y implique, les espaces de travail qui sont les siens, en vue de et dans un accompagnement confiant et complice.

Car si les élèves ont des potentiels immenses à mobiliser et développer, il en est de même pour tout enseignant qui cherche à construire efficacité et sens dans son métier, en osant pour lui-même aborder des questions nouvelles, ouvrant sur des possibles qui, loin d'alourdir sa tâche, l'éclaire et l'allège.

Allègement quand l'acte d'enseigner est reconnu dans sa dimension éducative, c'est-à-dire quand, construisant son savoir, le sujet qui apprend se construit lui-même dans sa personne.

Or ici, dans les démarches proposées, ce qui se joue de l'ordre de l'éducatif, c'est dans la sollicitation qui est faite à chacun d'eux aller quérir dans son potentiel créatif et de le mettre en acte dans un double va-et-vient, de chacun avec la situation d'une part et de chacun avec les autres d'autre part.

5. La notion d'effet réversif élucidée par Patrick Tort à propos du darwinisme concerne ce qui est le propre de l'homme par rapport à l'évolution des espèces, pour laquelle la « culture » et la notion de civilisation mettent en défaut la loi de sélection naturelle du règne animal (Tort P., *Darwin et le darwinisme*, PUF, 1997).

C'est d'ailleurs pour signifier ces deux plans en interaction – de l'individuel et du collectif – que de telles démarches sont dénommées « démarches d'auto-socio-construction du savoir »[6].

Dans cette interaction, apprendre à se décentrer de son propre point de vue pour entrer dans d'autres schèmes représentatifs, apprendre à faire avec les différences, voire avec les contradictions – pour les surmonter – c'est se forger des modes d'être et de penser, où l'autonomie conquise est forte de ce qu'elle a dû prendre en compte, de ce qu'elle a dû abandonner ou au contraire affirmer et affiner et cela, dans l'échange et l'élaboration avec les autres. Ainsi, l'enjeu est-il de découvrir en soi et les autres, en soi par les autres, des forces qu'on s'ignorait. Une autonomie où celle de chacun augmente celle des autres dans une relation enrichissante et opératoire.

Les démarches présentées dans cet ouvrage, si elles tiennent à s'affirmer par rapport aux finalités abordées dès cette introduction et si elles sont issues de longues et multiples recherches, à la fois au plus près de nombreux terrains en même temps que sous l'éclairage de nombreuses références théoriques, doivent être situées pour l'essentiel par rapport à une longue filiation de l'éducation nouvelle, d'où elles tirent leur dynamique interne et leur force d'existence. Ces démarches, avec la part de nouveauté qui leur revient en propre, ne prétendent à aucune invulnérabilité. Elles veulent donner à partager, avec les enseignants, la jubilation et la fierté qu'il y a à faire naître auprès de leurs élèves des recherches effectives, poussées jusqu'en leur dynamique exigeante de conceptualisation.

Ces démarches veulent montrer que c'est possible, c'est-à-dire qu'il n'y a pas là utopie impossible, mais utopie concrète. Toujours à améliorer, certes, à pousser plus avant. Et s'il y a un souhait à formuler, c'est que ces démarches deviennent leviers. Leviers pour chaque enseignant de trouver goût à explorer des terres nouvelles, peut-être, ou à reconnaître quelque espace déjà côtoyé, mais à coup sûr levier pour que prenne une autre place ce champ si flottant et si dévoyé, si rétréci et si mis à mal qui est celui de la pédagogie.

Une pédagogie dont le devenir est qu'elle assume plus pleinement sa fonction la plus haute, qui est de participer à l'avenir de l'humain.

6. Terme qui peut paraître lourd et prétentieux, mais qui veut se démarquer des modes unilatérales d'une part de l'auto-formation, de l'auto-apprentissage…, ou inversement de celles qui prétendent tout régler directement par le groupe. Il s'agit de faire la part à chaque temps pour assurer une interaction riche et opératoire. On peut trouver une approche de la notion de démarche d'« auto-socio-construction » du savoir dans l'ouvrage : Bassis O., *Se construire dans le savoir à l'école et en formation d'adultes*, ESF, 1998. La réalisation de projets de formation qui en sont porteurs y est également présentée. De multiples ouvrages et revues dans d'autres disciplines présentent de même d'autres démarches (*cf.* www.gfen.asso.fr).

POUR ABORDER LES NOMBRES

Une clarification est à faire entre nombre et numération. Si les nombres expriment une propriété invariante concernant des collections d'objets, la numération concerne le mode d'écriture des nombres, quels qu'ils soient, et donc la numération aborde principalement la question de la numération positionnelle. Le premier apprentissage très empirique que font les enfants est celui des nombres, liés pour eux à des collections précises d'objets qu'ils côtoient.

Dès la grande section de l'école maternelle, il s'agit de créer des situations qui permettent aux enfants de dissocier la connaissance des nombres des objets concrets dont ils sont le support, afin que la notion de nombre se construise, pour eux, comme représentation conceptuelle et donc indépendamment de ces objets. Mais non pas sans leur intermédiaire.

Les enfants des petites classes ont une pratique quotidienne de manipulation d'objets de toutes sortes, avec lesquels ils sont incités à faire d'autres objets, à colorier, à coller, à découper, etc.

Il s'agit, pour aborder la notion de nombre, de mener des activités sur des **collections d'objets** (ensembles d'objets) pour mener entre ces collections des comparaisons liées aux correspondances terme à terme que l'on peut faire entre les objets, un pour un, de ces collections.

Pratique qui est par exemple celle de mettre le couvert pour plusieurs personnes (autant d'assiettes que de verres...). Mais pour privilégier les collections qui ont « autant » d'objets[7] entre elles et qui n'est pas la situation la plus courante, faut-il d'abord exercer les enfants avec des collections entre lesquelles il y a plus (ou moins) d'objets dans l'une que dans l'autre.

▲ Une conduite opératoire de correspondance terme à terme

Une situation fort simple, par exemple, est de comparer l'ensemble des garçons à l'ensemble des filles de la classe. Chaque garçon étant invité à donner la main à une fille, il arrivera très probablement qu'il restera un ou des garçons seuls ou inversement. « *Il y a plus de filles que de garçons* », pourra-t-on affirmer.
Mais il n'est pas du tout évident que les enfants soient encore à même d'en

7. C'est-à-dire ensembles liés par une correspondance bijective.

conclure qu'il y a « *moins de garçons que de filles* »[8]. Il y a à renouveler ce type de correspondance terme à terme dans des situations multiples et notamment avec des objets variés entre eux, afin d'éviter que les enfants puissent croire qu'on ne peut compter que des objets de même nature.
Cela est très important et souvent ignoré des manuels scolaires courants qui s'obstinent, à grands frais de couleurs et dessins, à représenter des collections, certes, mais d'objets identiques.
On peut par exemple faire des correspondance terme à terme entre les objets de deux sacs différents, de deux trousses, de deux boîtes contenant ciseaux, gommes, crayons, craies, etc. L'essentiel est de faire mener aux enfants le même type de conduite opératoire qui consiste à chaque objet (quel qu'il soit) d'une collection, de faire correspondre un objet et un seul (quel qu'il soit) de l'autre collection.

C'est lorsqu'on en arrive aux cas de collections qui ont entre elles « autant » d'objets qu'on va pouvoir quantifier de la même façon ces collections.
Mais pour cela, faut-il avoir précisément plusieurs collections qui permettent, entre elles, de mettre à part celles qui ont autant d'objets, afin que la « famille » que ces collections constituent soit dotée du nombre qui convient et qui représente le cardinal de chacune de ces collections.

> *En fait, un nombre caractérise une classe d'ensembles*[9] *reliés entre eux par la relation « a autant d'éléments que ». Ainsi peut-on faire correspondre à « 2 » la « classe » des ensembles suivants : {a, x}, {◊, ∂}, {∝, Δ}, {δ, Θ},... dont chacun de ces ensembles est un représentant de « 2 ».*

▲ Classer

Un façon simple d'y parvenir avec les jeunes élèves est par exemple de dessiner sur des cartes[10] des objets divers (sur chaque carte) avec des nombres différents d'objets (de préférence inférieurs à dix). Entre deux cartes quelconques, on peut demander aux élèves de comparer s'il y a « plus » d'objets, ou « moins » d'objets ou « autant ».
Pour cela les élèves peuvent systématiquement tracer des traits (concrètement ou avec le doigt qui suit le trajet) qui relient tel objet d'une carte à tel autre d'une autre carte. Puis on peut demander de « classer »[11] ces cartes (dont chacune représente un ensemble d'objets dessinés), c'est-à-

8. Jean Piaget nous met en garde contre l'idée qu'une telle logique soit spontanée chez les enfants. Elle a à se construire (c'est la notion de *réversibilité* d'une action qui est en jeu et qui demande une étape de maturation).
9. Un ensemble d'ensembles.
10. Petits rectangles de carton découpés.
11. Classer au sens propre signifie faire des « classes », c'est-à-dire des familles qui ont quelque chose de commun.

dire de mettre ensemble les cartes qui ont entre elles « autant » d'objets dessinés. Et pour concrétiser un tel classement, on peut proposer de petites boîtes (ou petits sacs) dans lesquelles les élèves mettront les cartes d'une même famille. C'est lorsque plusieurs boîtes ont été ainsi constituées qu'on peut leur attribuer pour chacune le NOMBRE qui lui correspond. Ainsi aura-t-on la boîte de « 4 », mais aussi celle de « 2 », celle de « 6 », celle de « 1 »...
Les élèves auront sûrement idée du nom à donner à chaque boîte.
L'enseignant mettra très officiellement une étiquette avec à la fois le chiffre et son écriture;

5
cinq

et ainsi de suite pour chacune des boîtes, peu importe dans quel ordre.

Cette activité peut prendre bien entendu plusieurs séances. Il est même souhaitable que les élèves, s'affairant à comparer terme à terme les éléments dessinés de carte à carte, assimilent dans cette action de classement que ce qui est cherché, c'est ce qu'il y a de commun, non entre les objets mais entre les cartes d'objets (c'est-à-dire entre les ensembles).

Ainsi seront-ils amenés à dissocier les nombres des objets pour se construire – en acte – cette notion du nombre comme représentant d'un ensemble. Ce qui est le « cardinal » de cet ensemble.

Et donc il n'y a aucunement à craindre de dessiner des ensembles auxquels seront accolés des étiquettes portant mention de leur cardinal, par exemple :

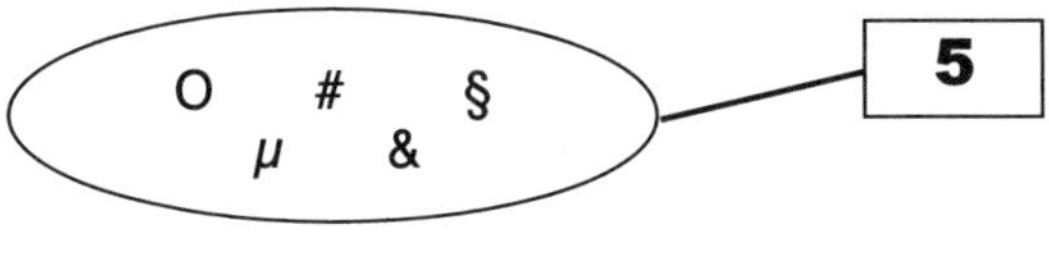

▲ Ordonner

L'ordre entre les nombres relève d'une autre conduite cognitive, qui est la mise en œuvre d'une « relation d'ordre » entre deux ensembles d'objets du type : « il y a plus d'objets » (ou il y a moins d'objets) dans tel ensemble (ou sur telle carte) que dans tel autre.

Et donc, cette relation étant appliquée systématiquement, les ensembles vont être « ordonnés » les uns par rapport aux autres.
C'est l'activité à proposer aux élèves, en leur laissant le temps d'en maîtriser la conduite. Donc, aussi bien, les élèves pourront reprendre au cours de plusieurs séances cette mise en ordre dont le but est qu'ils parviennent à trouver eux-mêmes la liste : 1, 2, 3, 4, 5, 6, 7, 8, 9.

Toutefois, une variante pourra intervenir, qui est de chercher par rapport à un ensemble donné un autre ensemble où il y a seulement « un élément de plus » que dans un autre ensemble.
On peut jouer à accrocher des étiquettes de nombres sur une ficelle tendue et à modifier leur place en fonction de ce qui est trouvé à partir des cartes déjà classées.
Bien sûr, les enfants connaissent (souvent comme une sorte de comptine) la liste des nombres, tout au moins de quelques-uns.
Il s'agit ici, même sur la base de cette connaissance empirique, de donner aux élèves occasion de mieux prendre conscience de ce qui se joue dans cette suite.
Et il n'est pas pressé d'aller vers les nombres de deux chiffres du moment que sera vécue ensuite, avec tout le temps qui lui sera nécessaire, la démarche sur la numération.

Remarquons qu'autant il s'agit dans l'approche des nombres de faire que les élèves perçoivent les nombres au-delà des objets concrets dont ils ont été les supports pour les constituer en collections d'objets, autant pour le travail de construction de la numération, fondé sur une activité effective de comptage, il sera nécessaire pour y parvenir, de dénombrer un par un des objets (ou des moutons…) à compter, tout comme il en fut ainsi il y a des millénaires, dans ces régions de Mésopotamie qui furent aux sources de notre pratique de comptage.

PREMIÈRE PARTIE

LA NUMÉRATION

PROBLÉMATIQUE CONCEPTUELLE ET PÉDAGOGIQUE

Partie prenante des apprentissages dits fondamentaux du « lire écrire compter », la numération, concept clé de la mathématique s'il en est, mérite que l'on prenne tout le temps nécessaire à son « auto-socio-construction ». Préliminaire à tout ce qui touche le numérique, le plus grand soin doit être requis pour qu'en ses tous débuts, mais aussi, sans hésitation, dans les classes suivantes où cela s'avère nécessaire, une telle notion soit assurée dans ses fondements et sa maîtrise.

Il n'est que de constater combien un apprentissage erroné de la numération se répercute tout au long des notions et pratiques abordées qui en découlent :
– compter de 1 en 1, de 10 en 10, de 100 en 100, de 2 en 2, de 5 en 5…
– comparer, ranger, encadrer des nombres,…
– techniques opératoires (et particulièrement compréhension et usage des retenues).
– calcul mental (multiplication et division par 10, 100,…), repérage d'ordres de grandeur.
– introduction des nombres fractionnaires, décimaux et plus tard au collège, introduction des nombres relatifs, rationnels, irrationnels… (dans leurs différences conceptuelles avec les entiers).
– unités de mesure, multiples et sous-multiples.

Constat qui s'alourdit des temps répétitifs de révision, en classe, tout au long des années, alors que de tels temps s'avèrent inopérants quand ils rappellent seulement les règles d'usage en esquivant combien devrait être rendue nécessaire, incontournable, de donner aux élèves les moyens de la construction par eux-mêmes des principes de la numération, condition de pratiques vraiment maîtrisées, puisque enfin comprises, et non pas seulement « appliquées ». Ce qui souligne combien ce n'est aucunement une perte de temps, bien au contraire, que d'aller étape par étape, vers une conceptualisation effective, sachant précisément que chacune de ces étapes est un temps d'invention-construction au cours duquel les élèves, en découvrant des savoirs nouveaux, se découvrent eux-mêmes capables de faire et de penser, capables d'apprendre.

Apprendre à compter et surtout à comprendre pour compter contribue de façon décisive, pour l'élève, à construire l'image qu'il se fait de lui-même, par rapport à sa capacité de réussir et surtout par rapport à l'exercice d'une intelligence qui se cherche. Mais pour l'enseignant, faire réussir ses élèves

dans cet apprentissage fondamental – si souvent mal vécu quand se tissent, mêlés, échecs et culpabilisations – n'est pas moins important car il en va du sens même qu'il a de son métier.
Un renversement délibéré est proposé ici, concernant l'apprentissage de la numération. Il s'appuie sur un double pari :

• **au sujet des élèves** : pari fait sur le potentiel d'intelligence que porte tout élève, avec la conviction qu'un tel potentiel ne peut se révéler que dans sa mobilisation, suscitée par des situations et au cours de cheminements qui en rende la mise en acte possible.

• **au sujet des savoirs** : pari fait sur la possibilité de restituer aux savoirs scolaires le sens sur lequel ils ont été élaborés, dans leur genèse. C'est-à-dire rendre possible une conception des savoirs scolaires où pas seulement les résultats mais les questionnements dont ils sont issus fassent écho aux questionnements et processus constructifs dont ces savoirs peuvent faire l'objet auprès des élèves. Ce qui suppose que soient abordés les savoirs scolaires comme contenus conceptuels et non pas comme produits-finis formels à « suivre », retenir et appliquer[12].

Le principe et surtout la pratique de démarche pédagogique qui soutient ce double pari refuse le choix auquel peut conduire soit une centration sur l'élève, soit une centration sur les savoirs. Car l'important est justement d'établir une relation vivante, inventive entre élèves et savoirs.
Une relation qui restitue aux savoirs la dimension créatrice, culturelle qui les constituent pour offrir aux élèves la possibilité de vivre des situations et des processus qui leur font découvrir, dans l'*ici et maintenant* de l'acte d'apprendre, que savoir peut devenir aventure, et aventure partagée avec d'autres, dans des apprentissages solidaires.

La démarche de construction de savoir sur la numération tourne le dos à la fois à une « pédagogie concrète » qui n'aurait souci que d'être dans le familier, le spontané de l'élève, mais elle tourne le dos, aussi, à une transmission magistrale qui pose d'emblée règles et principes alors qu'il s'agit justement, non pas qu'ils soient donnés-reçus directement pour les élèves, mais qu'ils soient construits par eux.

Ce qui suit ne prétend aucunement donner une sorte de « kit » pédagogique car il s'agit au contraire d'impulser un processus au long cours, avec des moments insolites, inattendus, avec des phases de tâtonnements et de mûrissement, avec des éclaircies parfois fulgurantes et surtout, chemin faisant, avec la fierté d'obstacles surmontés, d'explorations abouties et la jubilation de s'être découverts capables d'exercer une intelligence critique et aiguisée dans la conquête d'un savoir devenu bien partagé.

12. *Cf.*, dans le dernier chapitre, la notion de transposition entre savoirs savants et savoirs scolaires.

DES CHOIX PÉDAGOGIQUES

« L'enfant n'est pas un vase à remplir mais un feu à allumer »
(Rabelais)

▲ L'utilisation de la base quatre

Cela peut paraître incongru à un moment où depuis longtemps déjà a été rejeté tout usage scolaire des bases. Il est important de noter qu'un tel rejet était légitime du fait d'un apprentissage qui, loin d'introduire à la numération décimale, se contentait d'ajouter un apprentissage supplémentaire, alors qu'il s'agit ici de travailler directement en base quatre pour deux raisons fondamentales.

Une progression différente

Les principes de la numération, particulièrement le fait d'avoir à grouper, regrouper, ne peuvent se comprendre que s'il y a des nécessités à le faire. D'où l'importance d'aborder directement avec les élèves des **nombres de trois chiffres**[13].

On verra par la suite que, paradoxalement, pour parvenir à redécouvrir 10 (dans une base donnée), les apprenants (y compris des adultes !) commencent souvent par 100.

C'est quand il y a avoir trop de groupements à gérer que le besoin de simplifier se fait pressant. Ainsi en base quatre, écrire 4 après 3 ne pose encore pas question, mais arrivé à 33 et en ajoutant une unité, alors les groupements se bousculent, obligeant une réflexion plus serrée qui va justifier le passage à l'unité d'ordre supérieur, lié à l'insertion de 0.

D'où un certain « saut qualitatif » qui a pour conséquence, à rebours, de remplacer 4 par 10 et peu à peu d'éliminer les 4 de la liste en élaboration.

Compter beaucoup avec peu d'objets

Pour que des actions puissent se mener aisément sur les objets à compter, faut-il ne pas être débordé par la quantité d'objets à manipuler.
D'où **le choix de la base quatre** qui permet d'avoir des nombres de trois chiffres sans que, pour certains, il y ait répétition d'aucun d'eux sur des unités d'ordre différent (qui ouvrirait le risque de confusions possibles).

13. Bien sûr, il s'agit ici de la numération (c'est-à-dire de l'écriture des nombres) et non du concept de nombre qui, lui, précède la numération et donc suppose une démarche spécifique.

Un matériel simple pour des actions multiples et complexifiées

Choix délibéré aussi d'un matériel simple à manipuler, non inducteur [14], se prêtant commodément aux regroupements et à leur matérialisation. Ce sera donc très simplement le recours à des allumettes (ou des bûchettes), car toute la question est que les élèves ne soient pas conduits à manipuler des objets sur commande mais bien plutôt à être **concepteurs d'actions sur les objets**, C'est-à-dire moteurs, ingénieurs de *conduites opératoires* [15] comme assise de tout processus cognitif.
À ces allumettes s'ajouteront chemin faisant de petits élastiques qui concrétisent le passage de 4 (allumettes) à 1 (groupe de 4 allumettes) et prépare ainsi le saut qualitatif de changement d'unité d'ordre différent. Et donc mettre ou enlever un élastique prendra, en cours de démarche, tout son sens dans la conceptualisation.

▲ L'aménagement de la démarche suivant le cycle

La démarche présentée ici est celle qui convient dès les CP. Elle a été menée de nombreuses fois, y compris en ZEP [16]. Elle peut être menée ainsi pour tout le cycle 2.

Au cycle 3 et après [17] peut être apportée une variante, en introduisant l'existence d'un nombre pair de petits groupes d'élèves afin que chaque groupe soit « correspondant » d'un autre groupe.
Ainsi, la consigne peut devenir : « *Imaginez que chaque groupe est un village du pays de quatre et soit en correspondance avec un autre village pour échanger des moutons avec d'autres animaux* » (le reste de la consigne reste inchangé) en précisant : « *vous avez à écrire à l'autre village combien vous avez de moutons à échanger contre les leurs* ». L'enseignant précise qu'il sera le facteur autant de fois que nécessaire.

---

14. Comme l'était le matériel *multibase* qui incorporait dans sa fabrication les règles mêmes de la numération (barres, plaques, cubes) et donc empêchait toute *invention-construction.*

15. Terme central apporté par Piaget pour expliciter la construction de *schèmes cognitifs* chez les élèves.

16. Il n'est pas second de noter que, partant d'actions concrètes sur les objets, elle ne présente aucune difficulté d'entrée aux élèves qui s'y trouvent ensuite de plain-pied dans son déroulement. D'autant justement que les conditions d'une transmission magistrale en sont totalement absentes.

17. À reprendre sans hésitation au collège, où les notions nouvelles vont être fort mal « reçues » si les assises incontournables de la numération décimale n'ont pas (ou mal) été construites.

Très tôt peuvent être apportés des documents historiques (os préhistorique avec entailles groupées, *calculi* pour les Sumériens, écriture cunéiforme, écriture égyptienne, maya, etc.) mais ces apports seront choisis en fonction de l'âge des élèves et ils n'ont de sens qu'en situation de recherche. Donc, il n'est pertinent de les utiliser qu'après que des questions clés aient été dégagées par les élèves [18]. Dès le CM1, une réflexion historique plus étoffée trouve parfaitement sa place. Notamment à propos de l'introduction difficile et contestée du zéro en Occident. Réflexion d'autant plus pertinente qu'elle va avec l'introduction des fractions, nombres décimaux et leurs avatars [19], ainsi qu'en relation avec l'introduction du système métrique...

Comment mettre en œuvre la démarche sur la numération

La fiche des différentes étapes de la démarche, présentée en début, indique ce qui caractérise chaque étape comme marche en avant dans un processus global de conceptualisation. Cette fiche a pour objectif de donner une vue panoramique des phases décisives empruntées en vue de la construction conceptuelle de la numération décimale positionnelle.
Il est important de savoir que ces étapes sont toujours de même nature, quelles que soient les classes, dès le cycle 2 et jusque et y compris dans la formation des enseignants, pour si étonnant que cela puisse paraître.

Mais le rythme suivi au cours de ces étapes en est bien différent, et donc le temps global pris pour l'ensemble de la démarche varie beaucoup [20] suivant les âges. Les aménagements quant au vécu de ces étapes varient, ce qui suppose une organisation qui s'adapte à ces modifications. De toute façon, la réalité vécue étant toujours quelque peu différente (puisqu'elle dépend des personnes réelles qui en sont les acteurs), les indications données ici, quoique fixant des repères, ne sont pas à prendre au pied de la lettre. Si ce n'est que soient clairement perçus les objectifs propres à chaque étape, sur le plan des étagements constructifs de la conceptualisation cherchée. Car cela dépend aussi de la pédagogie habituellement utilisée dans telle ou telle classe. Ainsi, avec des élèves habitués à chercher, dans d'autres disciplines, habitués à réfléchir, intervenir et argumenter dans des temps de « conseil de classe », à participer à des projets où ils sont acteurs... le climat de questionnement, d'investissement sera plus porteur. Toutefois, l'expérience montre que, même quand une telle démarche est faite pour la première fois avec des élèves qui ont rarement vécu des stimulations semblables, il est étonnant de constater combien ils se montrent plein de ressources.

18. *Cf.* en annexe des documents possibles et des indications sur l'opportunité de leur apport en fonction des étapes de la démarche.
19. Comme nous le verrons dans les chapitres suivants.
20. Ainsi, pour des adultes, il suffit de 3 heures à 3 heures 1/2 ou plus (si on veut travailler de plus près « comment faire en classe »).

• Dans les étapes 1 à 3, ce sont les actions menées par les élèves qui assurent la solidité de toute la suite. Elles ne sauraient être galvaudées, passées trop rapidement, car elles sont condition, dans la numération, **des fondements de la construction des unités d'ordre différents** [21], ainsi que leur coordination et leur prise en compte collectivement dans un « tout » pour exprimer un dénombrement.

• Les étapes 4 et 5 font passer ce « tout » d'un nombre en une représentation codifiée qui se travaille au point de n'être écrite que par des chiffres, la position entre eux de ces chiffres permettant une simplification maximale de l'écriture numérique du dénombrement précédent.

• Les étapes 6 et 7 en faisant intervenir la nécessité d'**invention du « zéro » et son usage systématique** dans la suite des nombres, assurent la construction de la **numération positionnelle** dans une base donnée mais aussi dans la généralisation du passage d'une base à d'autres.

• Enfin les étapes 8 et 9 assurent le réinvestissement des étapes antérieures dans la **numération décimale, écrite et orale**, en même temps que l'ordre des nombres, leur comparaison et les suites de 10 en 10, de 100 en 100, etc.

L'enseignant lui-même, dans ce long cours d'événements où il devient «passeur», s'il est parfois inquiet ou impatient, y découvre mille surprises, avec des moments forts d'enthousiasme, et même – des moments de «fête» [22] – tant il se trouve en retour stimulé par les cheminements dont il a été l'initiateur. De toute façon, le temps global pris par cette démarche n'excède pas – et de loin – les temps ajoutés de la multitude des « leçons » sur la numération [23]. Toutefois, pour que la recherche des élèves soit effective, le temps pour chaque séance ne pourra être moindre que 30 à 45 mn, voire bien plus quand les élèves y sont très impliqués [24]. Car il faut que les élèves puissent « s'installer » dans la situation, y mettre leur marque, y développer leurs actions. Dans le «déroulé» détaillé des étapes qui suivent, seront explicitées des analyses et des observations de plusieurs types :

• des précisions quant au **but conceptuel de chaque étape**.
• des indications concernant des **processus** envisagés avec des exemples déjà vécus d'actions ou idées venant des élèves, accompagnées d'analyses éventuelles.

---

21. Celles qui deviendront, en numération décimale, unités, dizaines, centaines. l'histoire de la numération dans les civilisations.
22. C'est ce qu'en dit Alain Muller, enseignant, dans son mémoire de licence en Sciences de l'éducation, présenté à l'Université de Genève (oct. 2002, avec Philippe Perrenoud, François Conne et Isabelle Bloch).
23. On trouve une vingtaine à une trentaine de leçons sur la numération (écriture et ordre) dans les manuels scolaires courants de CP pour les nombres inférieurs à 100 !
24. Il n'est pas rare, quand la recherche est intensive, que ce soient les élèves eux-mêmes qui demandent de poursuivre « pour voir jusqu'où aller », et il serait bien frileux de les en priver si toutefois un aboutissement assez clair pour l'étape vécue n'a pu être atteint. Seul l'enseignant peut en juger. Mais lui-même, quelque responsabilité qu'il prenne, se construit son propre tempo, en relation avec celui des élèves, dans le «déroulé» de la démarche.

• des indications concernant la **conduite d'animation de l'enseignant** avec des argumentations et/ou analyses [25].

Bien sûr tout n'est pas dit, explicité de ce qui peut se vivre, et fort heureusement, car chaque démarche vécue apporte ses surprises, ses prises de conscience, tant du côté des élèves qu'en ce qui concerne l'enseignant lui-même [26]. Mais parmi ces surprises, l'enseignant pourra y découvrir quelque envie de poursuivre.

Remarque pour la lecture de la démarche sur la numération

Par rapport aux autres démarches présentées dans cet ouvrage, le lecteur pourra s'étonner de la longueur de sa description et des analyses qui y sont attachées. Pourtant, une recommandation est suggérée : point n'est besoin de tout lire avec soin dans un premier temps pour oser se risquer à démarrer cette démarche avec les élèves. Le besoin de clarifier viendra au fur et à mesure des actions menées avec les élèves. L'essentiel est de saisir le sens des principales étapes afin que l'enseignant en vive, dans les processus en cours, leur enchaînement : la lecture des pages qui concernent chaque étape trouvera mieux sa pertinence au regard des actions engagées. L'important est d'essayer, de se lancer.
Car le pari qu'on peut faire est que le chemin déjà amorcé, l'incitation à aller plus loin fera le reste. Le travail réflexif de l'enseignant après chaque séance, à partir de ce qu'il a vu/entendu des élèves, est décisif à cet égard. Sachant par ailleurs qu'entre les séances, il n'y a aucune obligation formelle à mettre un temps prescrit obligé, car il est plus précieux pour tous – enseignant comme élèves – de reprendre souffle et distance pour d'autres avancées. Si tout savoir s'est construit comme aventure humaine, dans l'histoire de sa genèse, il en est de même pour tout « apprendre » qui peut devenir aventure humaine si l'on ose s'en donner les moyens aussi bien dans l'énergie à y impliquer que dans les moments de détente à s'octroyer. La démarche de construction de savoir n'est pas un « kit » au sens où, sollicitant l'inventivité des élèves, elle n'en requiert pas moins l'inventivité permanente de l'enseignant, à son niveau propre. Car si les élèves sont par lui stimulés, lui-même en sera en retour stimulé !

25. Indications, concernant l'enseignant, toujours à affiner, bien sûr, si ce n'est à modifier, tant la conduite d'animation est délicate par rapport à l'analyse des productions des élèves sur lesquelles elle s'appuie et la pertinence qu'elle requiert, toujours à travailler. C'est là où la démarche n'est pas un « kit » au sens où, sollicitant l'inventivité des élèves, elle n'en requiert pas moins l'inventivité permanente de l'enseignant, à son niveau propre.
26. Il n'est pas rare d'entendre tel enseignant dire ses découvertes, concernant le concept de numération, à partir de ce qu'il a observé chez ses élèves, et d'être étonné, notamment, d'en découvrir après coup tel éclairage conceptuel, tel rapport avec l'histoire de la numération dans les civilisations.

FICHE DE PRÉSENTATION DES ÉTAPES DE LA DÉMARCHE

Étape 1 : FAIRE ... *quand l'impossible à compter peut être déjoué !*

Un tas d'allumettes est donné à chaque enfant :

« Imaginez que vous habitez dans un pays où on ne sait compter et écrire les nombres que jusqu'à quatre (compris). On l'appellera le PAYS DE QUATRE. Dans ce pays, vous avez un troupeau de moutons à vendre (ou à échanger). Pour cela, vous avez besoin de savoir combien il y en a. Cherchez que faire pour trouver combien vous avez de moutons. »

Des objets aux actions sur les objets :

– où il devient nécessaire, pour s'en sortir, de faire des groupements.

– où, pour compter les objets, on en vient à compter leurs groupements.

Où les élèves créent de « nouveaux objets » à compter.

Étape 2 : DU FAIRE AU DIRE ... *quand les actions deviennent objets de réflexion*

Où il devient nécessaire :

– de regrouper des groupements

– de trouver des mots différents pour désigner les groupements différents

Où l'on cherche à dire ce qu'on a fait et à faire-refaire ce qu'on dit.

« Cherchez comment dire ce que vous avez fait. Ce qu'il y a maintenant dans votre champ. »

Organisation par l'enseignant du va-et-vient entre faire et dire : c'est la première phase de mise à distance réflexive pour distinguer les actions différentes de groupement et leurs désignations.

De la différenciation des groupements à la différenciation des mots.

Étape 3 : FORMULER ... *quand les actions sont coordonnées et socialisées*

« Après ce que vous avez fait, cherchez une phrase qui explique comment comprendre combien vous avez d'allumettes. »

– nécessité de groupements de même type pour une efficacité plus grande de l'action ⟶ entente collective de groupements par 4 et 4X4 au pays de quatre.

– prise en compte de la coexistence des groupements de type différents pour dénombrer.

– nécessité d'une dénomination commune pour les groupements choisis, pour faciliter la communication ⟶ choix collectif de mots pour désigner les groupes différents.

De la différenciation des mots à leur coexistence pour dénombrer.

Étape 4 : CODIFIER ... *inventer une écriture codifiée*

« Voilà qu'il arrive une maladie curieuse dans ce pays : les habitants ne savent plus écrire de mots. Ils ne savent écrire que les chiffres (jusqu'à 4 compris). Alors, comment faire pour qu'on comprenne le message ? »

Phase de travail dans le symbolique : passage des mots trouvés à l'invention de dessins/codages, confrontation et élaboration d'un codage commun.

Des mots à des signes graphiques choisis collectivement.

Étape 5 : ÉCRIRE UN NOMBRE AVEC DES CHIFFRES

... peu de signes pour désigner beaucoup !

« Une anomalie arrive encore : les gens ne savent même plus dessiner ! Ils ne savent écrire que des chiffres. »

Émergence de propositions multiples (couleurs, grandeurs, positions...) pour représenter les unités d'ordres différents. Confrontation et analyse qui introduit à l'écriture positionnelle.

Une invention : l'écriture positionnelle.

Étape 6 : LE ZÉRO

... quand représenter « rien » devient indispensable pour faire lien !

Comme réinvestissement créatif des acquis précédents.

« Maintenant que vous savez comment écrire ce que vous avez compté d'un tas d'objets, vous allez chercher à coder, au pays de quatre, les nombres suivants (donnés à partir du système décimal) : « 18 », « 24 », « 6 ». »

Pour écrire ce qui est compté, on doit inventer un signe là où il y a un manque.

But : travail de mise en cohérence entre les chiffres d'un même nombre.

Des nombres qu'on peut écrire grâce à « 0 ».

Étape 7 : LA SUITE DES NOMBRES

... quand le chiffre 4 en base quatre disparaît et que s'installe 10 !

« Individuellement, écrivez la suite des nombres, au pays de quatre. »

– Écriture de 1 en 1, jusqu'à un nombre de quatre chiffres.

– Découverte de l'évacuation définitive du chiffre 4 et de l'importance du 0 dans l'écriture positionnelle.

– Systématisation et réinvestissement dans d'autres bases.

– Suite des nombres de 10 en 10 et de 100 en 100.

Buts : travail de mise en cohérence

– entre les nombres d'un même base.

– entre les écritures numériques de différentes bases.

Dégager, l'invariance de la construction de l'écriture numérique.

Quand tous les nombres sont écrits seulement avec des chiffres.

Étape 8 : LA NUMÉRATION DÉCIMALE

... quand la numération décimale dévoile ses secrets !

– Réinvestissement des acquis précédents en base dix.

– Extension des suites de 2 en 2, 5 en 5, 10 en 10, 100 en 100.

Une écriture universelle pour tous les nombres.

Étape 9 : VOCABULAIRE DE LA BASE DIX

... quand le vocabulaire est plein d'histoire !

Indications pour une progression en cohérence avec la construction conceptuelle et apports historiques pour comprendre les anomalies du vocabulaire.

Comment l'énonciation des nombres garde trace de leur histoire.

LES ÉTAPES DE LA DÉMARCHE

1

Étape 1 : FAIRE

... quand l'impossible à compter peut être déjoué !

▲ Introduction du thème

« Imaginez que vous habitez dans un pays où on ne sait compter et écrire les nombres que jusqu'à quatre (compris). On l'appellera le PAYS DE QUATRE.

Vous avez un troupeau de moutons à vendre (ou à échanger).

Pour cela, vous avez besoin de savoir combien il y en a.

Cherchez que faire pour trouver combien vous avez de moutons. »

Déroulement

On commencera en *base quatre*.

On donne à chaque élève (travail individuel indispensable) un tas d'allumettes (« 30 » en système décimal[27], ce qui donnera plus tard 132 en base quatre).

Des précautions sont à prendre pour le choix du 1er nombre proposé, et afin de ne pas ajouter de superflu dans cette première recherche, décisive pour la suite :

- éviter le « 0 » car on l'introduira plus tard ;
- éviter qu'un même chiffre soit répété, prenant ainsi des valeurs différentes d'unité[28].

27. Les « 30 » allumettes (en base dix) sont données directement à la main (sans donner oralement leur nombre pour éviter toute confusion entre bases).
28. Ainsi on évite, dans ces débuts, de donner « 21 » allumettes qui se traduiraient en base quatre par 111 ou même « 26 » allumettes qui donneraient 122 en base quatre. C'est trop tôt pour que soit évitée une confusion possible.

▲ Activités

Que font les élèves ? Assez spontanément, et après un temps d'étonnement (fait de silence ou d'agitation), la plupart d'entre eux font des petits tas de 4, parfois de 2 ou 3 allumettes[29].

Action déjà intéressante, puisque le nombre d'objets est suffisamment grand pour donner lieu à des groupements, mais pas trop grand tout de même pour que les manipulations ne soient pas débordées par la quantité d'objets.

En fait, aux objets à compter, les élèves sont en train de substituer d'autres « objets », qu'ils créent : les groupements.

Les groupements

Première étape décisive qui ne peut se qualifier de « naturelle » puisque fait irruption un apport nouveau, non préétabli, non « soufflé » par la nature des choses.

Une étape déjà d'invention, par le biais d'une action qui déjoue l'impossibilité apparente du comptage (trop d'objets à compter pour si peu de moyens, dans ce pays où l'on ne sait compter que jusqu'à quatre !) pour lui substituer une médiation (le groupement) qui rend désormais possible ce qui s'avérait impossible.

On n'est pas moins engagé, déjà, dans un processus proprement « culturel » si on met sous ce mot l'apport spécifique de l'homme par rapport à la nature.

Ainsi, cette démarche est-elle fondée moins sur des objets (les allumettes, qui auront pourtant une grande présence tout au long) que sur les **actions menées SUR les objets**, actions qui vont intervenir comme matériaux de pensée, comme autant de pierres à la construction de l'édifice.

C'est pourquoi « grouper » n'est pas chose anodine, puisque c'est déjà créer quelque chose de nouveau, premier apport à l'édifice de la numération positionnelle.

Parmi les multiples façons de faire des élèves on peut voir par exemple :

- Un élève qui fait autant de tas de 4 qu'il le peut, mettant systématiquement une étiquette numérotée au-dessous de chacun d'eux tout en faisant

29. Les élèves rapprochent tout simplement leurs allumettes sur leur table. Parfois, on en voit faire des dessins avec leurs allumettes (carrés, maisons, etc.), ce qui est aussi une façon de les grouper. Détail pratique : afin que les allumettes ne se perdent pas, ne tombent pas, ou ne soient pas mélangées à celles du voisin, il peut être commode d'utiliser des couvercles en carton (de boîte à chaussures par exemple) en précisant, si l'on veut, que cela représente le champ dans lequel se trouvent les moutons. De plus, cela facilitera plus tard les déplacements au cours des confrontations.

disparaître, tranquillement, les 2 allumettes restantes dans sa poche :

IIII	IIII	IIII	IIII	IIII	IIII	IIII
1	2	3	4	5	6	7

- Un autre qui s'arrange, pour avoir un « compte juste », c'est-à-dire des tas tous équivalents, pour faire dix tas identiques de 3 :

III III III III III III III III III III

- D'autres qui font coexister des tas de 4, de 3 ou de 2.

Ce qu'il est important d'observer, de détecter et d'analyser, de la part de l'enseignant, c'est ce que révèlent des **conduites d'action** des élèves, sans se hâter d'évaluer, alors qu'il s'agit d'interpréter, pour ne pas perdre des modes de penser sous-jacents qui pourraient échapper sachant qu'il y a là, déjà, des processus réflexifs et inventifs « en acte ».

Ainsi, le souci manifeste de certains élèves de faire disparaître les allumettes non groupées traduit – positivement – un *besoin de cohérence* : ce ne sont pas les allumettes isolées qu'ils comptent désormais, mais des paquets d'allumettes et, à cette étape, ils ont même du mal à imaginer qu'il soit possible de compter à la fois des allumettes isolées et des paquets.

Ils n'avaient que des allumettes, ils sont tentés de n'avoir que des paquets.

Il y a là déjà la manifestation d'une action à caractère opératoire, avec une interaction entre la représentation du tout et celle des parties, pour déjà chercher une cohérence globale en faisant subir des « arrangements » dans ce sens :

- soit éliminer les allumettes qui viendraient déranger la régularité des paquets de 4,

- soit de faire des paquets systématiques de 3 (puisque avec le nombre donné «ça tombe juste»).

Et tout cela pour éviter tout ce qui peut apparaître, venant de l'élève, dans ce premier temps, comme disfonctionnement par rapport au « fonctionnement » que justement il est en train de se donner (grouper).

On peut rapprocher leurs conduites de celles des hommes de la préhistoire qui, avec des entailles sur un os, faisaient de même :

Radius de loup (il y a près de 30 000 ans) muni d'encoches réparties en 2 séries de groupes de 5 (découvert en 1937 en Tchécoslovaquie)[30]. Le groupement de 5 en 5 peut-il avoir pour hypothèse la référence aux doigts de la main ?

Poinçon en bois de renne (il y a environ 15 000 ans av. J.-C., trouvé en Dordogne) portant des entailles.

Entailles de 5 en 5
(avant l'écriture romaine).

Aller plus loin

L'enseignant prend soin, sans commentaires, **de faire confronter les différentes façons de faire des élèves**, soit en faisant déplacer les élèves entre eux, soit en reconstituant au tableau plusieurs types d'organisation trouvés.

Ce qui peut avoir pour effet un remaniement par certains de leur propre organisation.

L'enseignant propose des élastiques pour matérialiser les paquets[31], mais il donne ces élastiques seulement **après** que chaque élève ait trouvé l'idée de grouper (pour ne rien induire avant) et après des confrontations, pour que chaque élève puisse modifier éventuellement ses modes de groupement.

Matérialisation qui prépare la possibilité d'une pré-conceptualisation de l'existence d'unités autres que l'unité concrétisée tout d'abord par les allumettes.

Plusieurs possibilités se présentent :

- Les élèves entourent avec des élastiques les paquets de 4 seulement et les 2 allumettes restantes disparaissent, ou sont elles-mêmes entourées, ou sont isolées.

30. Ifrah G., *Les chiffres ou l'histoire d'une grande invention*, Laffont, 1985.
31. Matérialisation qui transforme 4 (allumettes) en 1 (paquet). Donc la pose ou non d'un élastique est lourde de signification et de conséquence, mais il faudra du temps aux élèves pour en prendre conscience. L'essentiel est qu'ils commencent à utiliser les élastiques, mais sans que l'enseignant les guide, afin de les laisser acteurs de leurs actes !

- Coexistent paquets de 4, de 3, de 2 (avec ou non pose d'élastiques) avec ou sans allumettes isolées.

Organisation suivant les cycles

Au cycle 3, comme en 6e (et même 5e si besoin), on pourra organiser un nombre pair d'équipes d'élève, avec la situation suivante :

> *« Vous habitez dans un pays où on ne sait compter et écrire les nombres que jusqu'à quatre (compris). On l'appellera PAYS DE QUATRE. Dans ce pays, il y a des villages et chacune de vos équipes constitue un village (l'enseignant précise le nom des villages : A, B, C, D, E, F...)*
>
> *Chaque village a un troupeau de moutons à vendre (ou échanger) avec des animaux du village voisin. Vous aurez dans chaque village un tas d'allumettes (différents entre les villages) que vous aurez à compter.*
>
> *Vous pourrez communiquer par message. »*

L'enseignant précise les villages qui communiqueront entre eux[32], (A avec B, C avec D, E avec F...) et donne à chaque élève de A, C et E le même nombre de « 30 » allumettes (traduit plus tard en 132 AU PAYS DE QUATRE), et à ceux de B, D, F, le nombre de « 39 » allumettes chacun (traduit plus tard en 213).

Sachant que c'est pour chaque village ce nombre-là qui sera à communiquer (AU PAYS DE QUATRE).

32. En les choisissant suffisamment éloignés pour qu'ils ne communiquent pas entre eux autrement qu'avec des messages (il veillera pour les messages qu'ils ne reproduisent pas, sous forme de diagramme par exemple, une sorte de « photographie » de ce qu'ils ont fait). C'est l'enseignant qui sera le facteur (pour s'assurer que les conditions sont respectées).

2

Étape 2 : DU FAIRE AU DIRE

... quand les actions deviennent objets de réflexion

▲ Introduction du thème

> ***« Cherchez comment dire ce que vous avez fait.***
> ***Ce qu'il y a maintenant dans votre champ ».*** [33]

Déroulement

Invitant les élèves à observer ce qu'ils ont obtenu, dans leur « champ » respectif de moutons, **l'enseignant leur demande alors de verbaliser** [34] :

- *« des groupes de moutons », « des petits troupeaux»...*
- *« 8 tas de moutons »,*
- *« 7 paquets et 1 paquet de 2 moutons »...*

(expressions écrites au tableau par l'enseignant pour créer les conditions d'une réflexion de tous).

L'enseignant se garde de faire la moindre remarque concernant la justesse ou non de ce qui est dit ou fait. Par contre, il va rappeler ostensiblement la situation du pays de quatre [35] :

« ON NE SAIT COMPTER QUE JUSQU'À QUATRE ! » (pas plus, mais 4 aussi)

Devant le constat, fait par les élèves, qu'on ne peut pas comprendre ce qu'ils ont dit, dans ce PAYS DE QUATRE, et parce qu'avec le même nombre de moutons on obtient des « choses » bien différentes, l'enseignant les renvoie à une recherche :

« Alors que faire pour qu'on comprenne bien ? »

33. On peut préciser un contexte de vente avec un autre village.
34. En fait, les élèves ont commencé dès la première étape à verbaliser, mais de façon informelle, par bribes, et accompagnant la succession de leurs actions de groupement, sans que soit forcément désigné l'ensemble de ce qu'ils ont fait (à titre plus descriptif que récapitulatif).
35. Il arrive aussi que les élèves aient groupé par 6, 7, 8…

On peut voir l'hésitation et l'embarras des élèves : car ils ont vu qu'il était nécessaire de grouper les allumettes, sinon c'est impossible de compter. Et voilà que maintenant, tout s'embrouille « *oui, mais on n'a pas fait les mêmes choses, alors c'est normal qu'on ne dise pas la même chose* » : réflexion qui montre la conscience qui vient aux élèves que l'important, c'est précisément quelles actions mener dès le départ pour que ce soit commode pour chacun, mais aussi que ce soit clair pour tous.

On peut voir alors certains élèves rapprocher (sur leur table) plusieurs paquets d'allumettes. Ainsi, à un alignement régulier des paquets et allumettes commencent à se substituer des rapprochements et organisations du type :

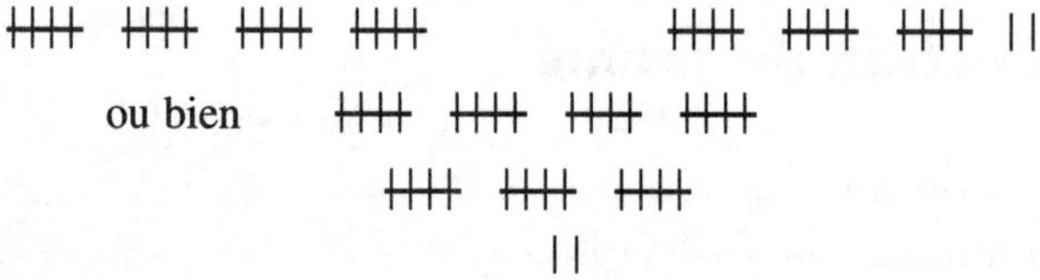

Par ailleurs, des élèves continuent de grouper par 2 ou par 3, mais davantage groupent par 4, sans avoir encore bien conscience si c'est mieux ou non.

L'enseignant propose aux élèves d'autres élastiques pour aller jusqu'au bout de la matérialisation de ces nouveaux « paquets » ainsi esquissés, sans pour autant leur « montrer » ce qui est à entourer, en précisant toutefois, si nécessaire, de ne pas défaire les paquets déjà entourés d'élastiques (il est important, en effet, que les élèves puissent garder sous leurs yeux les étapes cumulées des « faire » successifs).

C'est un moment très important de la démarche où les élèves sont en train de créer une nouvelle unité (d'ordre supérieur) « paquets en paquets ».

On voit donc apparaître des « gros » paquets de 4 x 4 ou de 3 x 4 (pour certains même de 2 x 4).

On trouve par exemple, retranscrits ici sous forme de diagramme, les groupements réalisés avec allumettes et élastiques, par des élèves :

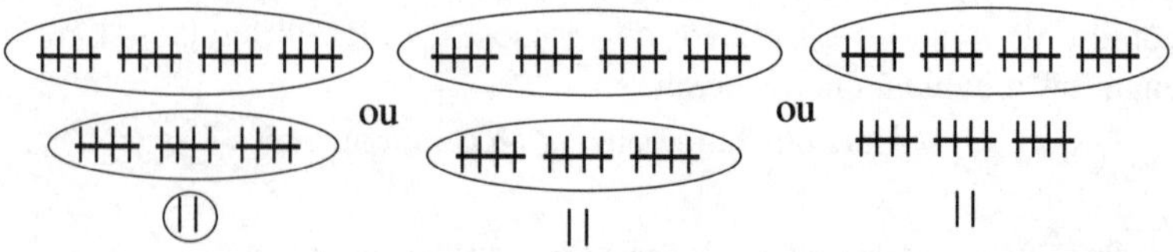

On peut constater des variantes : certains élèves entourent seulement 4 paquets, alors que d'autres entourent aussi les 3 autres paquets ou encore les 2 allumettes restées seules.

Là encore, l'enseignant n'intervient pas quant au contenu. Il se contente d'organiser une autre confrontation, en reconstituant par exemple au tableau les « faire » les plus caractéristiques[36]. Une verbalisation pourra être suscitée, sans pour autant en faire, à cette étape-là, un objet systématique de travail.

C'est un moment décisif de conduite opératoire. Analysons plus finement. L'incitation à « faire », c'est-à-dire à la recherche de « conduites opératoires » (au sens piagétien du terme), ne peut surgir chez l'élève que s'il a conscience de façon claire :

- des données concrètes présentes,
- du but de l'action (ici, compter)
- des contraintes de réalité vécues comme contradictoires

(car on sait compter jusqu'à quatre, mais on a beaucoup plus de moutons !)

Donc, ne pas hésiter à répéter aussi souvent que nécessaire la situation de départ !

C'est la perception par l'élève d'un objectif à atteindre en même temps que de sa propre possibilité d'agir, qui lui donne envie de chercher à surmonter l'obstacle.

Faut-il encore que l'élève soit incité à nommer lui-même l'obstacle, à le débusquer. Condition pour se construire un pouvoir réel qui est le propre de toute activité réellement humaine et pour lui, l'élève (notamment dans toute son expérience d'activité ludique, celle où il s'implique le plus), parce qu'elle demande le plus de lui, dans l'action vécue ici, dans laquelle il est pleinement acteur.

Chercher à éviter les difficultés, en pédagogie, amène à la docilité passive et à l'ennui. Le seul vrai problème pédagogique, dans une démarche d'auto-socio-construction de savoir, est de bien cerner ***quelles difficultés sont mobilisatrices, c'est-à-dire s'avèrent indispensables pour engendrer des conduites opératoires*** comme tentatives de résolution.

En ce sens, la seule chose importante est cet auto-questionnement qui va naître chez l'élève face à la situation, vécue comme « situation-obstacle » – qui devient situation à surmonter – en même temps que pleine de possibles dépassements. Auto-questionnement non verbalisé, en général, et auquel il ne répond pas, d'ailleurs, verbalement, mais dont il s'empare directement dans une action tâtonnante.

---

36. Pour cela, il colle (avec du scotch par exemple) sur des feuilles les groupes réalisés (une feuille pour chaque exemple global de groupements-regroupements), mais il fait attention de coller séparément les groupes séparés, y compris les allumettes séparément lorsqu'elles n'ont pas d'élastique qui les rassemble.

Bien qu'il y ait déjà verbalisation (et fort heureusement, même si ce sont simples balbutiements...) le travail propre SUR la verbalisation viendra après, sur la base d'actions déjà menées, confirmées, pour ensuite les décrire ou les expliquer. Ça ne presse pas.
Les premières séances doivent prendre leur temps de développement et même, si beaucoup d'élèves sont restés attachés à leurs premiers types de groupements (par 4, 3 ou 2), on s'assurera seulement qu'ils ont pu voir, entre eux, leurs différentes façons de faire.
Pour cela, on n'hésitera pas à les faire se déplacer d'une table à une autre, souvent plus commode (et vivant) que de vouloir tout montrer au tableau.

Réinvestissements pour consolider les découvertes

Reprendre la même situation que précédemment, mais **en changeant le nombre** d'allumettes, ce nombre étant le même pour tous les élèves, afin de rendre possibles les confrontations ultérieures.

On prendra par exemple :
- « 27 » en système décimal, soit « 123 » en base quatre;
- ou encore « 39 » en système décimal, soit « 213 » en base quatre[37].

Rappeler avec soin les données initiales de la situation.
Les élèves vont aller plus vite. Pour ceux qui s'arrêtent à un seul type de groupement (par 2, 3 ou 4 allumettes), et donc avec un nombre de groupements qui dépasse 4, il faut rappeler qu'on est au pays de quatre et qu'on ne peut donc compter que jusqu'à 4 (compris), sinon on ne comprend pas.
Organiser un échange (confrontation visuelle) entre les différents résultats obtenus par les élèves, en laissant toujours la possibilité à chaque élève de revenir sur ce qu'il a fait.
Après plusieurs tâtonnements, reprises, une nouvelle consigne est lancée par l'enseignant :

> **« Après ce que vous avez fait, vous allez chercher une phrase qui explique ce que vous avez maintenant dans votre champ. »**

L'enseignant va aider (orthographiquement) les élèves à écrire cette phrase (pour les élèves des petites classes du cycle 2); quand un mot revient plusieurs fois, il l'écrit au tableau (exemple : tas, paquet, groupe... moutons, allumettes).

L'enseignant respecte scrupuleusement, pour chaque élève, la phrase proposée et s'assure que chacun en a produit une. On peut arrêter là la séance (mais non pas l'étape) en gardant précieusement chaque phrase accompagnée du « faire » correspondant (le couvercle et ses paquets d'allumettes).

37. Toujours avec le soin d'éviter qu'un même chiffre figure pour des unités d'ordres différents (du type 112 ou 122).

Par exemple on voit :

– désigné par : « 1 gros paquet, 4 paquets, 1 petit paquet et 3 seuls ». Il y a une cohérence entre ce qui est fait et ce qui est dit (c'est-à-dire entre les paquets réalisés et leur désignation), mais incohérence quant à la coexistence :

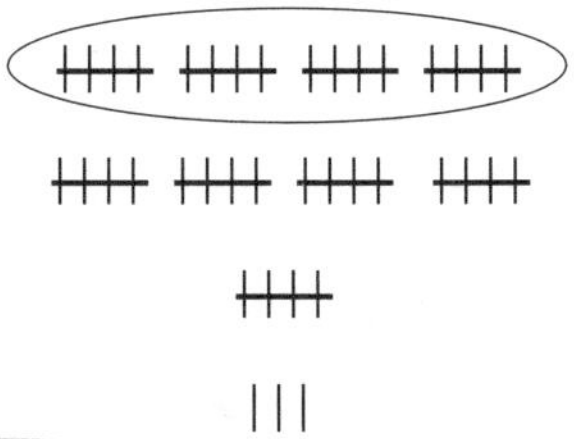

– d'un gros paquet

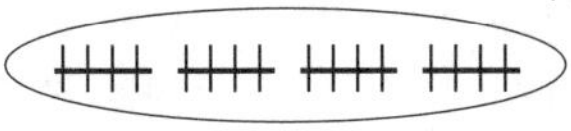

et de 4 paquets

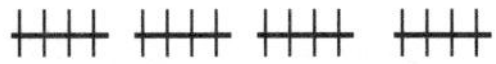

– alors que les désignations sont différentes pour désigner la même chose, à moins que le fait de rassembler côte à côte 4 paquets de 4 manifeste une pré-conscience d'un gros paquet; mais faut-il le manifester ?

– de même, incohérence entre « petit paquet » et « paquet » qui désignent, dans ce qui est fait, la même chose, bien que cela manifeste une pré-conscience d'un statut différent suivant que ces petits paquets sont groupés par 4 ou non.

– d'autres dessins encore, et sans qu'il y ait formulation d'une phrase, manifestent des types différents de paquets et de leur représentation[38] *:*

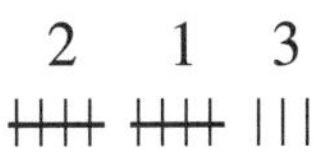

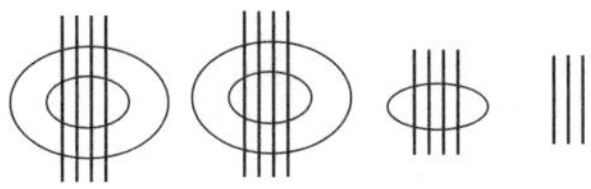

Ces deux dernières propositions sont intéressantes, faisant preuve d'une réelle ingéniosité. Dans la première, des chiffres apparaissent pour indiquer le nombre des paquets; et la deuxième dissocie bien nettement les unités d'ordres différents.

L'enseignant va préparer la séance suivante en observant soigneusement les différents « faire » des élèves et les phrases correspondantes.

L'enseignant n'a pas à s'inquiéter de la multiplicité des réalisations du moment : elles manifestent la réalité de l'activité des élèves et même, pour chacune d'elles, d'une part d'invention, de mode de représentation qui se cherchent.

L'enseignant doit trouver là une invitation à chercher lui-même comment analyser ces productions pour y trouver des éléments à faire travailler et confronter.

38. Dans le 2e exemple, les élastiques, choisis volontairement de grandeurs différentes, entourent les allumettes groupées par 4. Ce qui indique bien une représentation différenciée des groupes d'ordres différents.

Il n'a pas à tirer des conclusions de ce qu'il voit mais **à faire mettre en mots** les différents choix des élèves[39] qui, en définitive, après quelques tâtonnements, s'expriment : au niveau des « faire » comme au niveau des « dire ». Sans doute peut-il s'avancer à poser des questions aux élèves, questions-miroir dont le but est de renvoyer l'élève à sa propre réflexion et non pas de lui apporter des réponses prévues à l'avance[40].

De nombreuses discordances seront relevées, bien sûr, mais ce sont précisément elles qui vont provoquer la réflexion, comme autant d'obstacles, là aussi, à dépasser. Obstacles non plus venant de la situation mais des différences de traitement qu'en font les élèves.

C'est l'effort pour y parvenir qui engendrera la cohérence comme objet de conquête et non comme constat passif édicté d'en haut. Effort qui devra rester celui des élèves. Donc, l'objectif du maître, dans sa préparation, n'est pas de masquer ces discordances, mais au contraire de *choisir* exprès les productions contradictoires, qu'il amènera à comparer.

Ce sera l'objet de la séance suivante de partir de ces productions pour les faire observer [41]. Est amorcée dans cette étape une différenciation entre les groupements réalisés, qui est en voie de se traduire par une différenciation des mots pour les désigner.

39. Cette mise en mots peut se faire par d'autres élèves que les auteurs même des productions. En effet, moins « collés » à ces productions qui ne sont pas les leurs, ils ont le recul pour « interpréter ». C'est vraiment, dans le vécu, une manifestation de l'« auto-socio-construction » au cœur de l'action qui se déroule.
40. Éviter les QRCA (Questions aux Réponses Connues à l'Avance) qui, généralement, sont vécues comme harcèlement et bloquent une vraie recherche.
41. L'enseignant, entre ces productions différentes, en choisit plusieurs (à partir de leurs différences) pour les garder pour les séances suivantes. Affiches sur lesquelles sont collés pour chacune les gros paquets, petits paquets, etc., qui vont ensemble.

3

Étape 3 : FORMULER

… quand les actions sont différenciées, coordonnées, socialisées

▲ Introduction du thème

Déroulement

Le travail se fait à partir d'un même nombre d'allumettes (« 30 » en numération décimale, ou encore « 27 » ou « 39 ») pour les traiter en base quatre.

L'enseignant présente au tableau, bien en vue, ceux des travaux des élèves qu'il a choisis (par leurs différences spécifiques, pour les travailler, et non pas parce que ce seraient « les meilleures »), avec toutes les précautions matérielles propres à bien visualiser les paquets réalisés (collés au scotch ou dessinés) et les mots qui les désignent.
Pour la confrontation, il est nécessaire d'avoir en évidence les désignations différentes.
Par exemple, il pourra y avoir une incohérence entre la phrase et les paquets faits, auquel cas **la mise en relation du « faire » et du descriptif** fera surgir, dans son va-et-vient, la modification nécessaire.

Exercice

• *On pourra trouver par exemple :*

décrit comme 1 gros paquet *et un petit paquet.*

Le renvoi par l'enseignant à la classe (ou à l'équipe d'élèves) va permettre une prise de conscience par les élèves : est incorrect ce qui est désigné par petit paquet puisque sont regroupés aussi bien 2 paquets de 4 et 1 paquet de 3 (sous le terme petit paquet).

Le positif, cependant, ici, est dans la distintion faite entre les désignations des 2 types de paquets (par les qualificatifs « gros » et « petits »)[42].

42. Il pourrait y avoir des termes spécifiques, comme « train et wagon » ou encore « troupeau et bergerie », etc.

• *Ou encore, face à une organisation correcte :*

Il arrive que les élèves trouvent plusieurs façons différentes de la désigner :

*1) – soit « **3 moutons et 3 moutons seuls** » : l'élève dissocie mentalement les unités non attachées (les moutons seuls) des autres unités (moutons attachés), mais le vocabulaire est encore impuissant, ne sachant pas signifier ce qui est groupement et les différences entre groupements alors que la réalisation « agie » est correcte.*

*– soit « **3 paquets et 3 moutons seuls** », où apparaît dans les mots la distinction entre l'unité première et les « paquets » (mais indifférenciation entre ces derniers) qui sont nommés de la même façon alors qu'ils sont de nature différente.*

*2) « **je vois 4 moutons attachés, 2 moutons et 3 qui sont seuls** » : les différentes unités sont dissociées (mentalement), mais pas dans leur appellation (sauf une esquisse dans le besoin de préciser « attachés »);*

*3) « **2 paquets de 4, 1 gros paquet de 4 et 3 tout seuls** » : la différenciation des 3 ordres d'unités apparaît dans leur désignation. Toutefois, le descriptif (1 gros paquet de 4, sans indiquer qu'il est formé de 4 paquets de 4) est encore insuffisant.*

Perception du tout

L'erreur, de la part de l'enseignant, serait de chercher à tout rectifier. Ce serait prématuré. Il a à chercher justement comment relancer pour que ce soient les élèves eux-mêmes qui rectifient, ajustent en mettant en relation des mots utilisés par les élèves et les types de paquets que veulent désigner ces mots. Mais il faut comprendre que les difficultés résident ici dans le fait que la précision de chaque désignation suppose une perception du « tout », les « gros paquets » n'ayant de sens que par rapport aux « petits paquets ».

L'enseignant va être attentif aux observations des élèves, pour les pousser jusqu'au bout (de leur propre logique). Ce qui peut se faire suivant plusieurs directions :
– les paquets ne sont pas les mêmes (différences de nature entre les types de groupement),
– dans l'un il y a des moutons non attachés et dans l'autre ils sont tous attachés (perception de l'unité de référence par rapport aux autres).

À partir du moment où un fil est tiré, il faut organiser le va-et-vient entre la parole des élèves et le résultat concret.

Exemple :

– « pourquoi dis-tu que les paquets ne sont pas les mêmes ? »

– « montre-les ».

Il ne faut pas hésiter à défaire et refaire l'un ou l'autre des paquets pour **mieux montrer ce que l'on désigne et mieux désigner ce que l'on montre**.

▲ Activités

Mais ce travail de *conscientisation* doit devenir celui de toute la classe, même s'il démarre sur la production d'un élève. L'enseignant se doit de garder le souci permanent (effet-miroir) de renvoyer à tous ce qui est fait ou dit, pour que les uns ou les autres puissent intervenir à n'importe quel moment[43].

Chemin faisant, les incohérences seront forcément repérées par les élèves, le « juge » étant non pas l'enseignant, mais le « faire » avec la médiation justement des autres élèves qui pourront trouver qui des mots, qui des faire en guise d'argumentation.

Toute cette phase est loin d'être un moment de vocabulaire formel. Elle est un moment décisif de pré-conceptualisation puisque **travail de différenciation des types de groupement opérés** – c'est-à-dire **approche des différents ordres d'unités**. Car le travail sur les mots, dans un renvoi constant au faire, permet cette mise à distance nécessaire à la prise de conscience, tout en donnant un corps symbolique aux différentes unités en voie de construction.

Exemple :

- « 1 paquet de 4 x *4 allumettes est forcément plus gros qu'un paquet de 4 ».*

Les élèves sont ainsi amenés à vouloir utiliser des mots différents pour nommer des paquets différents, ou inversement le même mot pour désigner un même type de paquet (troupeau, wagon, paquet...).

Par exemple encore :

*- entre «**tas**», «**groupe**» et «**paquet**», le mot choisi pourra être «paquet»,*

*- entre «**paquet de 4* x *4**» et «**paquet de quatre**», ils pourront prendre comme terminologie «**gros paquet**» et «**petit paquet**»,*

- ou encore «paquet» pour désigner ceux de 4 et «tas» pour ceux de 4 x *4.*

L'important est d'en arriver à un choix de mots justifié et collectif.
L'enseignant pourra marquer ostensiblement au tableau les choix faits,

43. De plus, il faut éviter l'enfermement dans lequel tombe si souvent la transmission habituelle où la classe assiste (ou se détourne) du dialogue fermé entre un élève et l'enseignant, qui très vite n'intéresse plus les autres, alors que tous pourraient en tirer profit. C'est un travail à conquérir par l'enseignant sur lui-même que de toujours laisser ouverte à tous (dans les modes d'intervention) la réflexion en cours, d'où qu'elle vienne, sauf, bien sûr, si c'est dans le cadre du travail interne à un petit groupe d'élèves.

accompagnés des matériaux concrets représentés (allumettes en paquets et élastiques…).
Les élèves auront pu remarquer que certains moutons ne sont pas attachés (par exemple les 3 qui restent seuls) ou au contraire, étant attachés, qu'on fait jouer à ce paquet le même rôle qu'à un paquet de 4.

L'enseignant doit s'emparer, bien sûr, de ces remarques, pour mener une discussion systématique, faire s'exprimer les élèves là-dessus, en prenant appui sur les discordances.

C'est le va-et-vient entre dire ce qu'on a fait et faire ce qu'on a dit qui augmente la conscience et de ce qu'on a fait et de ce qu'on en dit tout en donnant sens à leur relation.

Il y a là travail de différenciation – des unités différentes à compter séparément – et de structuration. Quoique différentes, **ces unités forment un tout entre elles**, par rapport au dénombrement recherché.

Pourtant, point n'est besoin de vouloir tout clarifier d'un coup. Il peut suffire de constater qu'un élève affirme «*moi, je les ai pas attachés parce qu'il n'y en avait pas 4*» : affirmation qui ne peut trouver forcément de justification, ici. Ce n'est qu'une multiplicité de manipulations sur des nombres différents et dans des «pays» différents qui amènera les élèves à percevoir que c'est *plus simple* et plus économique de grouper toujours par 4 (au pays de quatre) ou par 5 (au pays de cinq) puisqu'on a moins de groupements à faire en mettant le plus d'allumettes possibles dans chaque groupement.

Du coup, s'il reste moins d'allumettes (que 4 ou 5), on ne mettra pas un élastique, ce qui n'a plus d'importance puisque les élèves « tolèrent » et intègrent même, maintenant, la nécessaire **coexistence de plusieurs types de groupement** (qui prennent chemin faisant statuts d'unités de nature différente), qui se comptent à la fois séparément tout en leur donnant existence, ensemble, pour désigner la totalité structurée que constitue l'écriture numérique cherchée.

Il y a dans cette phase, faisant suite à la conquête de **schèmes d'action** (que sont les groupements et regroupements successifs) la construction à leur tour de **schèmes de représentation** : depuis les mots différents pour en désigner les types de groupements obtenus jusqu'à leur coexistence et leur coordination qui devient nécessaire pour formuler en définitive le dénombrement réalisé. Et c'est grâce au va-et-vient entre actions et représentations des résultats de ces actions que se consolide le tout.

• On change encore le nombre d'allumettes (« 39 » en numération décimale, qui se traduira par 213 en base quatre).

Mais, déjà, on peut tenter de changer de pays (pays de six, par exemple) tout en évitant encore la répétition d'un même chiffre pour des unités d'ordres différents.

> L'objectif est d'arriver à une dénomination à la fois collectivement choisie (pour chaque unité qui a sa désignation propre) et cohérente entre les groupements qui s'articulent les uns aux autres[44] sans se préoccuper pourtant encore de leur positionnement, puisque les mots choisis suffisent pour les reconnaître.

– On répète toujours la situation de départ : « il s'agit de savoir combien il y a de moutons dans le champ, dans ce pays où on ne sait compter que jusqu'à 4 (ou cinq ou six pour d'autres pays) ».

– On laisse faire les élèves. L'observation attentive des élèves par l'enseignant sera la meilleure évaluation (non dite comme telle) faisant le point sur leur cheminement, ce qui pourra l'amener à créer des conditions d'accélération pour ceux qui sembleraient « en retard ».

Par exemple, faire déplacer tel ou tel élève pour observer ce que font les autres – mais pas pour lui montrer ce que fait le « meilleur élève » – pour l'amener à voir plusieurs élèves en cours de travail tout en incitant à échanger verbalement entre eux.

Cette 3e phase « Formuler » a pour objectif d'asseoir un peu plus les acquis de la phase précédente, de reprendre un moment le va-et-vient entre le faire et le langage. Peut-être y a-t-il un point ou un autre qui sera précisé en cours de route. Chaque élève ayant terminé ses manipulations, l'enseignant demande la phrase descriptive (exemple : *j'ai 2 gros paquets, 3 moutons et 1 petit paquet*) et là, en situation, il prend 2 ou 3 manipulations et / ou les phrases correspondantes, pour les traiter, sur le champ, avec les élèves.

Les séances qui suivront n'auront pas d'autre objectif que de fixer les conduites opératoires menées (fabrication des paquets de 4 et des paquets de 4 x 4 correctement, avec pose devenue systématique d'élastiques) et le vocabulaire utilisé.

Le changement de base (pays de 6, 5 ou 7) accroîtra cette consolidation puisque sera réinvesti un certain mode de groupement et regroupement comme **invariant opératoire**, qui est la marque indiscutable d'une conceptualisation en cours. Bien sûr, il y aura des tâtonnements, mais l'important sera de laisser chaque élève aller jusqu'au bout de son « faire » et, à partir de là, comme toujours, d'organiser la **confrontation dans le va-et-vient du « faire » et de la verbalisation de ce « faire »**.

44. Ces mots pourront être, suivant les types d'unité : « gros paquet, petit paquet, troupeau, wagon, moutons seuls, etc. ». L'important est donc que les mots trouvés soient clairement définis et décidés ensemble.

Le passage du « faire au dire » est un travail de conscientisation qui exige et construit la capacité de « mettre à distance ». Mise à distance qui s'opère précisément quand le registre de la manipulation passe au registre de la formulation.

> ***Piaget*** *compare l'inconscient cognitif à l'inconscient affectif* [45] *en précisant, dans le cas du cognitif : « Conscience relative du résultat, et inconscience presque entière des mécanismes intimes conduisant à ces résultats.*
>
> *Ceux-ci sont plus ou moins conscients, en ce sens que le sujet sait à peu près ce qu'il pense d'un objet ou d'un problème et qu'il connaît à peu près ses propres opinions là-dessus, en particulier* ***dans la mesure où il parvient à les formuler verbalement pour les communiquer à autrui ou pour s'opposer à des jugements différents ».***
>
> *Plus loin, Piaget insiste sur le fait que les schèmes conceptuels ne peuvent qu'être « reconstruits » par la pensée, dans la mesure où ils « créent des liaisons nouvelles » en écartant l'opinion répandue d'une sorte de retranscription dans la pensée des schèmes sensori-moteurs mobilisés avant.*
>
> *Le travail cognitif est autre, bien qu'il soit aussi « rétrospectif »* [46]*, c'est-à-dire s'appuyant sur les résultats d'une action pour remonter aux processus intimes par lesquels ils ont été produits.*
>
> *Piaget insiste toujours sur cette rétroaction de la prise de conscience « de la périphérie au centre », des résultats jusqu'aux processus antérieurs.*

Les élèves ont mené jusque-là une activité de codage : c'est-à-dire, à partir du tas informe d'allumettes, en vrac, fabrication de paquets de différentes « grosseurs » (dans les structures internes de groupement) puis désignation du résultat obtenu. Inversement, on peut passer à une activité de réversibilité (du « dire » au « faire »).

Fixant un pays donné, demander aux élèves de constituer avec les allumettes ce que représente « 1 gros paquet, 2 petits paquets et 5 allumettes » qui peut être aussi : « 1 train, 2 wagons et 5 moutons » (c'est-à-dire en utilisant le vocabulaire minutieusement mis au point collectivement).

> Au terme de cette étape, la conceptualisation des unités d'ordres différents est, de fait, construite pour l'essentiel. Le travail sur les formulations, qui débouche sur le **choix de mots significatifs** pour traduire sans ambiguïté les groupements différents réalisés, a été pour cela une médiation fondamentale, permettant la conscientisation des invariants.

45. Conférence donnée en décembre 1970 à un Congrès de psychanalystes américains (archives J. Piaget), dans laquelle Piaget développe en quoi « *les questions relatives à l'inconscient cognitif sont parallèles à celles que soulève en psychanalyse l'inconscient affectif* ».
46. *La Prise de conscience* (PUF, 1974), où Piaget insiste sur cette phase spécifique, de caractère constructif, dans le cognitif (qu'il compare d'une certaine façon à la *catharsis* en psychanalyse).

4

Étape 4 : CODIFIER

... inventer une écriture codifiée

▲ Introduction du thème

« Voilà qu'il arrive une maladie curieuse dans ce pays : les habitants ne savent plus écrire de mots. Alors, comment faire pour qu'on comprenne le message ? »

Déroulement

Cette étape ne peut être commencée que lorsque tous les élèves de la classe se sont construits réellement (concrètement et mentalement) les différents types d'unités (on sera à la 6e ou 8e séance), c'est-à-dire savent faire convenablement, dans un pays donné, les groupements et, de plus, savent les désigner correctement (suivant les conventions de vocabulaire choisies par la classe).

Tous les moments de cette étape vont consister en un travail sur l'écriture elle-même, pour la réduire, la simplifier, en vue de parvenir à notre mode actuel de codification.

Codification

Cette phase sur la codification ouvre un travail de simplification/unification dans la représentation d'un nombre.

Travail qui va être l'objet de nouveaux processus dont la difficulté (*et l'opérationnalité*) réside dans l'exercice permanent d'une mise à distance réflexive, condition pour qu'il y ait à la fois mise en cohérence et recherche de simplification.

> *« Le simple est toujours le simplifié... il apparaît comme le produit d'un processus de simplification. », écrit Bachelard*[47].

47. Bachelard G., *Le nouvel esprit scientifique*, PUF, 1934.

Après avoir pris un nombre précis, dans un pays donné, et après avoir fait les groupements respectifs, les avoir nommés avec les mots choisis en classe, alors intervient une nouvelle contrainte :

Remarque : l'enseignant précise qu'on sait encore écrire des chiffres (jusqu'à 4 compris). Si les élèves le demandent, on peut préciser qu'on sait quand même faire des dessins (mais en évitant que ces dessins soient la reproduction détaillée des groupements réalisés [48]).

Une objection pourrait être soulevée : maintenant que les élèves savent bien se servir des mots, pourquoi les leur enlever ?

Or, les mots étant les vecteurs des groupements d'ordres différents (qu'ils ont aidé à dégager et à conceptualiser), il s'agira de chercher un autre mode de désignation de ces contenus : un codage – à inventer – qui permette un usage aussi commode que possible de ces contenus.

Représentation symbolique

On poursuit la recherche dans le champ spécifique des représentations symboliques dont le travail de simplification va en être l'objectif, champ décisif où l'imaginaire va aussi trouver à s'exercer.

Il est étonnant de constater combien les élèves imaginent aisément des figures, dessins, signes à la place des mots [49]. La confrontation, organisée par l'enseignant, leur permet de voir la nécessité d'une désignation commune et de la choisir.

Par exemple :

❄	gros paquet (ou train) pour 4 x 4
▲	petit paquet (ou wagon) pour 4
❑	mouton tout seul pour l'unité 1

Alors, avec un nouveau nombre, on leur demande de fabriquer « l'étiquette » du nombre. On pourra avoir des écritures différentes [50] :

48. Les dessins reproduits dans les pages précédentes voulaient seulement représenter pour le lecteur le concret des allumettes regroupées ou non par des élastiques.
49. Une telle multiplicité de dessins, signes, etc. que l'on trouve dans les classes, n'est pas reproduite ici. Est représenté seulement l'un des exemples possibles.
50. Avant la décision collective « dessins communs à toute la classe », il y aura eu toutefois des échanges avec des dessins différents suivant les élèves ou les équipes d'élèves.

Exemples de transcriptions d'élèves (à partir de dessins qui varient d'un élève à un autre) :

a) ❄ ❄ ❑ ▲ ▲ ▲ *écriture de type additif*

b) 2 ❄ ❄ 3 ▲ ▲ ▲ ❑ *où apparaît le nombre de paquets correspondant mais sans le 1 (puisqu'il n'y a pas répétition de* ❑ *)*

c) 3 ▲ 2 ❄ 1 ❑ *écriture de type multiplicatif*

La confrontation amènera les élèves à constater que dans b) on se répète en quelque sorte en mettant 2 et 3 alors que signes s'ajoutent ensuite, d'où inutile de les compter puisque le chiffre y est (ou inversement inutile de répéter les symboles).

Certains élèves peuvent préférer a), d'autres c). On peut laisser ces 2 choix en prenant d'autres bases.

Exemple :

en ***base huit*** *comment écrire : 7 petits paquets, 5 gros paquets et 4 tout seuls. L'obligation de compter et recompter les signes répétés comme dans a) pour ne pas se tromper amènera les élèves à préférer c), perçu désormais comme plus simple (moins de signes à écrire) et plus commode (on n'a plus besoin de compter les groupements puisqu'on a tout de suite leur nombre 3, 2 ou 1 à côté des signes qui indiquent le type de groupement correspondant).*

Plusieurs séances peuvent être menées pour préciser cette 4e étape, avec des activités de codage et décodage, dans des bases différentes.

L'enseignant pourra donner des nombres de 2 chiffres pour éviter une fixation sur les nombres de 3 chiffres.

Il pourra donner aussi des nombres où l'une des 2 premières unités est « absente », et l'on obtiendra par exemple : 4 ▲ 2 ❄.

Le « zéro » n'étant pas indispensable ici, il est inutile et même prématuré de le traiter trop vite[51].

On peut, entre-temps, organiser des jeux d'envoi de messages entre élèves ou groupes d'élèves.

Exemple : un élève (ou une équipe) envoie un message codé à un autre élève (ou une autre équipe) qui doit le décoder (c'est-à-dire faire les groupements voulus d'allumettes) et inversement. Les élèves seront amenés à voir, chemin faisant, qu'il faut préciser le pays à chaque fois pour comprendre le message.

51. Alors que les manuels scolaires le font intervenir en définitive très vite et surtout comme « fait accompli », notion à recevoir telle quelle, comme donnée indiscutable, privant les élèves de la conscience de son utilité et plus encore du plaisir d'en redécouvrir eux-mêmes les secrets !

Quand le maniement de cette nouvelle écriture est bien approprié par tous les élèves, on introduit une dernière contrainte.

Le tableau ci-dessous représente les modes d'écriture qu'on retrouve dans le processus historique de l'écriture numérique.

Des *calculi*, des traces dans l'argile, des signes différents sont répétés suivant les groupements qu'ils représentent :

calculi : golfe arabo-persique (Irak et Iran actuels, vers 3 500 av. J.-C.) représentent un type de groupement suivant la forme donnée à l'argile.

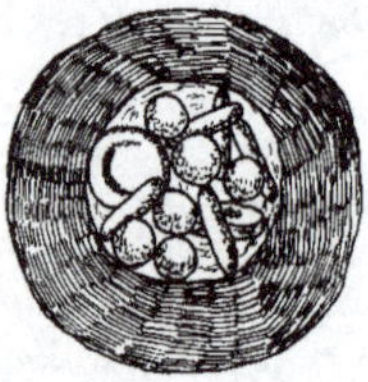

Une bulle (boule creuse d'argile séchée) contenant des *calculi* pour garder la mémoire du nombre.

Tablettes sumériennes (Suse, environ 3 000 av. J.-C.) où *calculi* et bulle ont laissé place à des encoches sur des tablettes, 1ers signes pictographiques d'une écriture numérique naissante, avant l'écriture cunéiforme (avec dessin des animaux comptés).

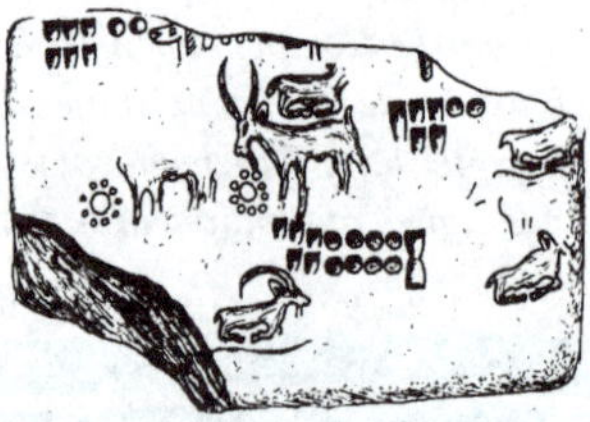

Écriture cunéiforme des Babyloniens (environ 2 000 av. J.-C.) : nombre 23.

3 unités et 2 unités de dix : l'unité 

et le paquet de dix : 

∩∩III **Écriture égyptienne** (environ 2 350 ans av. J.-C.): nombre 23.

3 unités et 2 unité de dix : l'unité |

et le paquet de dix : ∩

Écriture maya (environ de 300 à 800 av. J.-C.) : nombre 7 

• pour 1 pour 5 ——

5

Étape 5 : ÉCRIRE UN NOMBRE AVEC DES CHIFFRES

... peu de signes pour désigner beaucoup !

▲ Introduction du thème

« Une anomalie arrive encore dans ce pays: les gens ne savent même plus dessiner ! Ils ne savent écrire que des chiffres »
(jusqu'4 au PAYS DE QUATRE).

Déroulement

À partir des travaux précédents des élèves et en s'assurant qu'elles soient claires pour tous, l'enseignant retranscrit au tableau les différentes symbolisations d'un même nombre.

Par exemple :

3 ❄ 2 ❑ 1 ▲
1 ▲ 3 ❄ 2 ❑
2 ❑ 3 ❄ 1 ▲

On ne peut donc plus utiliser que : ❄, ▲, ❑. Alors, que faire ?

Pourtant des élèves peuvent tout à fait contester et dire que ces écriture sont justes, commodes, déchiffrables, alors pourquoi aller chercher encore ?

Discussions

Des apports historiques confortent cette idée en montrant qu'il a fallu beaucoup de temps à certaines civilisations pour se poser cette question, ou même que certaines en ont emprunté l'idée à d'autres (Exemple : les Arabes d'Orient à l'Inde, les Européens aux Arabes).

Une discussion rapide peut s'engager dans la classe où certains peuvent trouver cependant qu'avec seulement des chiffres, ça ferait moins de choses à écrire !

Mais la question demeure : comment faire ?
Pourtant, dans une classe de CE1 a suivi le dialogue suivant :

> *Un élève :* « c'est facile, y a qu'à effacer les dessins ». *L'enseignante prend alors l'éponge et commence à effacer ostensiblement les dits « dessins ».*
> – *Alors un autre élève s'écrie :* « mais non, on va rien comprendre !».
> – *L'enseignante arrête, et renvoie à la classe :* « on va rien comprendre quoi ? ».
>
> – *On commence à s'expliquer.* « Mais on va croire qu'il y a des messages différents ! »... *sur quoi se poursuit une discussion en classe.*
> – « J'ai une idée, *dit un 3e élève,* on pourrait faire comme quand on se met en rang ».
>
> *L'enseignante lui dit :* « *fais-le* ». *Alors, il cherche un élève, puis un autre élève, en évaluant leur taille, les met l'un devant l'autre, puis va chercher un 3e élève plus grand que les 2 précédents et il affirme, content :*
>
> – « On pourrait faire pareil avec les paquets ».
> *On lui demande de s'expliquer. Il dit :*
>
> – « On met d'abord les tout-seuls là où il y a le moins ».
>
> *(2) puis les petits paquets (3), puis les gros paquets (1), avec une étiquette à chacun pour les chiffres. Ce qui donne : 231. L'inscrivant au tableau, l'enseignante veille à restituer la lecture de ce nombre de gauche à droite : 2, 3, 1.*

La numération positionnelle était trouvée, conforme à notre écriture de gauche à droite. Mais il ne restait plus qu'à en changer le sens (de droite à gauche).

On peut dire bien sûr que ce qui s'est passé est exceptionnel, trop exemplaire. Disons plutôt que l'exemplaire était la conduite d'animation de l'enseignante de la classe au cours de toutes les séances précédentes, son attention permanente aux actions et productions des élèves, son exigence quant à la poursuite jusqu'au bout de chaque étape.

En effet l'enseignante n'intervenait jamais au niveau de « *c'est bien, c'est faux* », mais toujours au niveau de l'organisation des échanges, des confrontations, de l'analyse au cours de ces confrontations et de l'invitation toujours à faire, à dire, à représenter.

Propositions

Bien sûr, il peut y avoir d'autres propositions : **utiliser des couleurs différentes** pour chaque « unité » ou encore des **hauteurs de chiffres différentes**[52].

Il s'agit ici que les élèves explorent (en faisant) chacun des propositions pour être en mesure d'apprécier par eux-mêmes celle qui leur paraît la plus

52. Procédé utilisé par les Sumériens dans une première étape de l'écriture cunéiforme.

commode, la plus simple. Si les élèves restent fixés sur le choix de couleurs, on peut introduire comme situation plus contraignante (et réaliste) le fait de n'avoir qu'une couleur à sa disposition.

> *Dans un CM1 où une enseignante avait fait vivre cette démarche sur la numération, et après qu'elle ait apporté le sens conventionnel de l'écriture (de droite à gauche), des élèves font remarquer que ce n'est pas normal, puisqu'on lit de gauche à droite.*
>
> *Alors, un élève d'origine maghrébine fait observer que, par contre, dans l'écriture arabe, c'est « normal ».*
>
> *L'enseignante donne alors à ce moment-là l'information suivant laquelle l'écriture des nombres a été apportée par les Arabes (qui l'ont eux-mêmes empruntée à l'Inde) : et voilà l'intrusion, en situation, des valeurs culturelles propres !*

La numération positionnelle a donc fait son apparition. L'introduction du «0» va alors prendre tout son sens.

Écriture positionnelle

Il en a été ainsi dans l'histoire de la numération où l'introduction du zéro s'est faite bien après l'installation d'une écriture positionnelle.

On peut observer que la manipulation, encore nécessaire à un certain nombre d'élèves, va être peu à peu délaissée au profit d'une description verbale des différentes unités.

Ainsi sera préparé *le passage à la base dix*, mais directement avec des nombres de trois chiffres pour laquelle la manipulation deviendra trop encombrante (dix est désigné en montrant les dix doigts et sans que jamais 10 ne soit écrit par l'enseignant; car l'objectif est que ce soient les élèves qui en trouvent l'écriture). Mais il y faudra, avant, l'introduction du «zéro».

Lecture orale des nombres : cette lecture, quelle que soit la base, se fait de gauche à droite en lisant par exemple «trois, un, deux» pour 312.

6

Étape 6 : ZÉRO

… quand représenter « rien » devient indispensable pour faire lien !

▲ Introduction du thème

Déroulement

Il est très important que l'introduction du « 0 » se fasse comme nécessité fonctionnelle – comme il en a été historiquement – pour éviter des confusions dans la généralisation de l'écriture positionnelle et afin d'en rendre l'usage simplifié.

Car « 0 », dans son introduction par les hommes du passé n'a pas valeur de nombre, au sens de rendre compte d'un comptage. Ce n'est qu'au XIXe siècle, avec la notion de cardinal d'un ensemble vide, que 0 s'est vu attribuer la signification d'un nombre et qu'il a été intégré notamment dans la suite des nombres entiers : 0, 1, 2, 3, 4... prenant ainsi la première place de cette suite.

Il est important de constater que 0 a d'abord était introduit « après » 9 et non avant 1, pour signifier sa fonction spécifique liée à l'écriture positionnelle et non pas avec une fonction de nombre[53].

Énigme du zéro

Le « zéro » est de l'ordre d'une énigme qui, pendant des millénaires, a été refusé comme « existant ».

L'introduction du « zéro » dans cette démarche est donc maintenant capitale puisqu'il s'agit bien d'en faire surgir la nécessité, par rapport à ce qui vient d'être construit par les élèves. La situation proposée se présente comme réinvestissement de ce qui précède. Mais elle va s'avérer réinvestissement créatif puisqu'une nouvelle forme d'impossibilité va apparaître, un manque auquel il faudra bien chercher à faire face.

53. Il est intéressant de constater sur les calculettes et téléphones actuels la position de 0 après 9.

Et si l'on veut laisser la balle dans le camp des élèves, en quelque sorte, il faudra pour l'enseignant savoir ne pas intervenir, si ce n'est en rappelant ce qu'ils ont construit dans la phase précédente.

– La plus ancienne mention connue des chiffres en Europe, issue d'un manuscrit espagnol (976) comporte les neuf chiffres « indo-arabes »

(écriture de droite à gauche pour respecter la transcription venue d'orient, avec des calligraphies variées suivant les pays et les aléas des retranscriptions manuelles) :

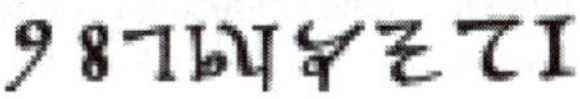

C'est avec des calligraphies proches que Gerbert d'Aurillac (juste avant « l'An mil » où il devint Pape) fait entrer en France les neuf chiffres sur des « apices », c'est-à-dire des jetons qui étaient disposés dans de colonnes différentes (suivant l'ordre des groupements, de droite à gauche) pour faire les calculs, avec l'usage des abaques.

On raconte d'ailleurs que, pendant longtemps, et même après sa mort, Gerbert fut tenu pour suspect « d'avoir goûté à la science des infidèles Sarrasins, il avait sûrement dû vendre son âme à Lucifer… au point qu'en 1 648, l'autorité pontificale jugea nécessaire de faire ouvrir son tombeau pour vérifier si les diables de l'Enfer ne l'habitaient pas encore… ! »[54]

Mais dans les pays d'Orient avait commencé à figurer comme point (ou petit cercle qui signifiait « vide » en sanskrit) ce qui devint le zéro. On trouve dans leurs archives (dès le ve av. J.-C.) par exemple :

٠٩٨٧٦٥٤٣٢١

Ce n'est qu'au XIIe-XIIIe s. que fut introduit le « zéro » en Italie par Fibonacci et seulement en 1 479 qu'on le trouve imprimé à Venise, puis en France sous la forme :

1234567890

54. Ifrah G., *op. cit.*, p. 296.

Le zéro et la base 4

On revient à la base quatre (pour une manipulation aisée).

> « **Maintenant, puisque vous savez comment faire pour compter des objets au PAYS DE QUATRE, et que vous savez aussi comment écrire le nombre trouvé. Vous allez chercher à faire de même avec les nombres suivants d'objets : 18, 24, 6** ».
>
> **Remarque importante** : ces nombres ne sont pas « énoncés » par l'enseignant (surtout au cycle 2), pour éviter toute confusion entre la désignation des nombres en base dix, non encore officiellement abordée en classe, et le pays de quatre où l'on travaille.
>
> Ce sont des tas d'allumettes déjà préparés par l'enseignant qui sont répartis entre les uns et/ou les autres : l'enseignant choisit soit un même nombre pour tous, soit une répartition entre des groupes différents d'élèves, pour organiser ensuite des confrontations.
>
> Il peut organiser un jeu entre équipes fonctionnant par paires. Aux unes par exemple il donne « 18 » allumettes et aux autres « 24 ».
>
> La consigne est que chaque équipe fabrique un message pour l'autre équipe, chacune devant déchiffrer à son tour le message numérique de l'autre.

Ainsi « 18 » allumettes (données directement comme ensemble d'allumettes déjà comptées par l'enseignant) vont se trouver, au pays de quatre, et suivant l'usage établi précédemment, correspondre à :

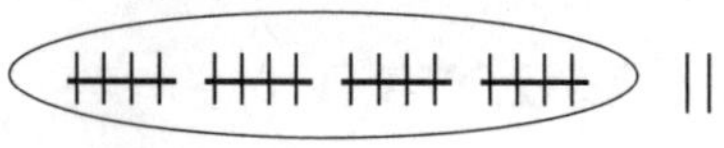

soit 1 gros paquet (de 4 x 4) et 2 allumettes seules.
(absence ici de petit paquet ||||)

ou à : ❄ ❑ ❑ en reprenant les conventions de signes (manque ici : ▲)
ou encore à : ❄ 2 ❑ ou : 1 ❄ 2 ❑

et avec seulement les chiffres, hésitation (et tentation) à écrire « 12 » dans la logique convenue antérieurement où le chiffre des unités est à droite et les paquets à sa gauche.

Réflexion et questionnement

Or, le groupement manquant (paquets de 4 allumettes) pose problème pour l'écriture globale du nombre, pour en rendre efficace la communication à d'autres. Peut-être faudra-t-il attendre la manipulation avec les autres nombres à trouver (à partir de « 24 » ou « 6 » allumettes) pour que ce problème devienne plus flagrant pour les élèves.

De toute façon, vient le moment où s'affirme de façon plus forte la nécessité d'une représentation symbolique en conformité avec la convention d'écriture, non point formellement, mais dans le but de se faire comprendre ou de comprendre soi-même un message reçu.

C'est pourquoi l'échange de messages entre équipes d'élèves trouve sa raison d'être, mettant en acte cette nécessité de type social (propre aux communications). Nécessité y compris par rapport à soi-même quand on veut garder la mémoire écrite d'un comptage[55].

D'où la prise de conscience qui vient d'une écriture dont la cohérence interne est liée à la commodité de son usage. Cohérence à construire entre les signes des groupes (paquets) d'ordres différents afin d'éviter toute confusion possible entre eux.

D'où un moment d'étonnement, de questionnement (« que faire ? »), de besoin de faire « quelque chose » qui permette de comprendre quels sont les « paquets » à compter…

C'est dans ce moment de trouble (qui n'est pas à craindre, bien au contraire!) que le besoin va grandir de trouver un signe pour indiquer cette place manquante, faute de quoi on ne peut déchiffrer : c'est la naissance de ce qui sera « zéro » !

Ainsi, tout le travail lancé auprès des élèves aboutit aux productions suivantes (base quatre) : (* ou tout autre signe).
• Au tas de « 18 » allumettes correspond : 1*2 qui deviendra 102.
• Au tas de « 24 » allumettes correspond : 12* qui deviendra 120.
• Au tas de « 6 » allumettes correspond : *12 ou 12 qui deviendra 012 ou 12.

Le va-et-vient entre les groupements concrets d'allumettes (avec pose d'élastiques) et l'écriture numérique trouvée s'avère très important pour bien « voir » où il y a manque.

Confrontations

Mais pour que soit soulevée par les élèves la question que pose cette absence d'unité, cela suppose que l'enseignant aura pris soin de faire reprendre, en début de cours, les conventions d'écriture préalablement construites.
Qu'il y ait constitution d'équipes ou non, en classe, il sera important que l'enseignant organise une confrontation des résultats – en donnant la parole aux élèves pour s'en expliquer – avec, collés au tableau par exemple, les groupements obtenus pour chaque nombre face à l'écriture trouvée.

55. Problème vécu au sein des civilisations de l'histoire des hommes.

Des confrontations différentes seront discutées, travaillées avec l'ensemble de la classe :

• celle des groupements faits avec l'écriture correspondante pour chaque nombre (quand par exemple : 2 désigne suivant le cas soit des unités, soit des groupes de 4; et 1 désigne soit un groupe de 4 soit un groupe de 4 x 4).

• celle des écritures différentes trouvées, suivant les élèves, pour un même nombre (par exemple 1*2, 1-2, ou 102).

• celle des écritures différentes trouvées pour les différents nombres (par exemple ce qui différencie 1*2 et 12*).

Il ne s'agit pourtant pas de « noyer » les élèves par trop de confrontations au tableau. C'est l'enseignant qui, ayant observé ici ou là telle ou telle façon de faire, et ayant en tête le « cap » à tenir, va sans doute choisir de faire confronter certains des résultats obtenus, notamment à partir de leurs différences (voire contradictions) en s'assurant que la réflexion qui s'engage concerne toute la classe et ne se fasse pas seulement entre les élèves (ou équipes) concernées. Mais pour cela, faut-il que soit assurée la représentation très concrète (avec les groupements d'allumettes face aux écritures numériques correspondantes), devant tous les élèves, des « objets »[56] de la réflexion engagée.

Dans le cas où des équipes en « doublette » ont été organisées, il faut les laisser se rencontrer librement, pour que les élèves aient un espace de discussion et d'argumentation, entre eux, avant de passer à une confrontation générale, laquelle pourra d'ailleurs s'appuyer sur les constats auxquels ont abouti les équipes adverses. L'enjeu pour l'enseignant, comme en bien d'autres moments de toute démarche, est qu'il s'apprenne lui-même à gérer de tels moments, dont l'organisation est toujours délicate mais les effets extrêmement fructueux.

Parce que de tels moments dépendent de la pertinence, pour l'enseignant, de se saisir de tel ou tel problème rencontré ici ou là, de telles différences, de telles contradictions pour en faire, en les élucidant ensuite avec la classe, des tremplins pour comprendre plus.

Mais s'il est vrai que les élèves se montrent capables de bien plus qu'on ne le croit dans les conceptualisations en cours, il est non moins vrai que l'enseignant lui-même, observant (souvent avec étonnement) les pas en avant positifs qu'apportent les élèves, saura s'en saisir pour le profit de tous. Et pour son propre profit, chemin faisant.

56. En entendant par « objets » aussi bien les allumettes organisées en paquets que l'écriture des chiffres correspondants.

Car s'il est un constat encourageant à faire, quand les élèves sont réellement impliqués dans la construction de leurs savoirs, c'est combien l'enseignant lui-même le devient – à la place qui est la sienne – dans l'analyse et l'affinement toujours en développement des modes de conduites d'animation à tenir, pour que se développent d'étapes en étapes de telles démarches.

Créer dans le symbolique

A cette étape de la démarche, les élèves peuvent choisir de mettre un point, ou un trait, ou toute autre marque à leur guise pour indiquer l'unité manquante. Il est même heureux qu'ils « inventent » un signe à eux, faisant passer ainsi dans le symbolique un « quelque chose » qui fait existence pour eux. D'autant plus marquant que ce « quelque chose » est précisément «rien», rien comme quantité mais pas rien comme place, comme position.

Car ce nouveau venu, inattendu et fort insolite s'affirme indispensable à insérer pour que les chiffres écrits à sa droite ou à sa gauche puissent être « lus », déchiffrés dans leur signification : comptage d'un certain nombre de groupements, le type (l'ordre) de ces groupements étant manifesté par la position de chaque chiffre de droite à gauche, le référent étant l'unité, à l'extrême droite de ce positionnement.

Le signe « 0 », qui prend la place des marques trouvées par les élèves, est introduit plus tard dans le raisonnement par l'enseignant comme convention (sociale, historique). Mais il peut l'être en chemin par les élèves eux-mêmes qui en ont déjà rencontré l'usage. Pourtant ce signe, s'ils le connaissent, s'ils l'ont déjà rencontré, ils se trouvent maintenant en situation de pouvoir enfin le faire leur, puisqu'ils se mettent à « *comprendre ce qu'ils savaient déjà* »[57].

Il est très important d'apporter là des documents et données historiques, le « zéro » n'ayant pas été inventé dans toutes les civilisations et de plus, étant arrivé très tard dans nos pays européens.
Si des situations qui peuvent paraître anecdotiques apportent quelque piment, elles ont toutefois pour fonction de montrer à quel point les connaissances ont une histoire et combien les apports des cultures et civilisations, entre elles, ont été un facteur décisif dans la propagation et l'affinement de ces connaissances.
Ainsi le zéro n'est-il apparu que dans certaines civilisations. Mais toujours, cependant, en liaison avec une écriture positionnelle des nombres, et donc pour indiquer une absence, dans un positionnement donné.

57. Expression entendue dans le vécu d'une démarche-adultes, au cours d'exclamations diverses, suivant qu'est «découverte», avec plus ou moins de rapidité et d'étonnement, la connexion ainsi faite avec le 0 familier (trop familier, justement, pour avoir été vraiment compris !).

Quand le zéro libère des prisonniers... : on raconte qu'à Bagdad, où fut créée la « Maison de la Sagesse », à l'un des plus hauts moments de la civilisation arabe, vers l'an 800, et alors que le calife Al-Ma'mun venait de remporter une victoire sur les armées byzantines, il proposa un étonnant échange à l'empereur d'Orient : les prisonniers contre des livres !

Le marché fut conclu : un millier de guerriers chrétiens libérés regagnèrent Constantinople, tandis qu'en sens inverse une dizaine d'ouvrages rarissimes arrivaient à Bagdad, accueillis dans l'exaltation de la « Maison de la Sagesse ».

Parmi ces livres, l'un d'eux, le *Siddhantha* écrit par Brahmagupta, mathématicien indien, tenait dans ses pages « dix petites figures : les dix chiffres, y compris le zéro, avec lesquels nous calculons ! ».[58]

Ce zéro qui s'appelait d'abord « *çunya* » (« vide » en sanskrit) devint «*sifr*» dans la traduction arabe, puis « zéphirum » et enfin « zéro » dans la traduction latine. Or l'importance grandissante que prit par la suite ce « rien qui peut tout » fit que le mot arabe de *« sifr »* devint « chiffre » pour désigner plus généralement tous les chiffres de notre numération.

Il est donc important que l'enseignant donne les moyens aux élèves de restituer le zéro non pas avec sa valeur de nombre, qu'il a prise des siècles après qu'il ait été inventé, mais comme signe à part qui n'intervient qu'au moment où la symbolisation se construit dans l'idée d'un positionnement[59] du comptage des « groupes » différents, les uns par rapport aux autres.

Il est étonnant de noter que les grandes civilisations que furent celles d'Égypte, de Grèce et de Rome n'inventèrent pas le « zéro », ce qui mit une certaine limite à leurs avancées (qui par contre sont si importantes en géométrie).

Exprimer le manque n'était pas considéré comme important, comme utile. Mais, plus pesant encore était l'interdit, dans de nombreuses traditions, issu de représentations venues de la mythologie, qui repoussait l'idée d'un vide assimilé à l'obscurité, au chaos, au désordre... la création étant assimilée à la lumière. Pour les Grecs « *rien ne peut être créé de rien* » (Lucrèce) et « *la nature a horreur du vide* » (Aristote).

Les suites eurent des conséquences multiples, y compris pour notre calendrier grégorien à cause duquel (ne comportant pas d'année « 0 ») nous avons à tort fêté le début du 3e millénaire à l'ultime moment du 31 Décembre 1999, au lieu de le faire[60] au 31 Décembre 2000 ! Par contre, les axes de coordonnées cartésiennes tiennent leur l'efficacité étonnante au fait qu'elles ont pour origine le point de coordonnées (0, 0).

58. Guedj D., *Le théorème du perroquet,* roman, Le Seuil, 1998, p. 221.
59. Positionnement où comptent à la fois la position de référence initiale – la place de l'unité, la direction (horizontale ou verticale) – et le sens du positionnement – de droite à gauche ou inversement, de bas en haut ou inversement.
60. Fête pourtant partagée par le « Royal Greenwich Observatory » en Angleterre, gardien officiel du temps mondial !

Sachant qu'à partir de l'idée de positionnement, les usages de ce positionnement dépendent seulement de choix sociaux, collectifs (tout comme il en est dans la classe quand il s'agit de se déterminer pour une signe commun).

Ainsi, le zéro devient-il paradoxalement indispensable :

• le zéro dans l'écriture numérique permet une immense commodité puisque, grâce à lui, tous les nombres entiers (mais aussi d'autres nombres comme les décimaux) sans exception pourront être « nommés » et utilisés dans les calculs.

• le zéro joue un rôle fondamental dans la conceptualisation de la numération car son introduction intervient dans et pour la représentation de l'unicité globale du « tout » d'un nombre (qui relie et structure les parties chiffrées de ce nombre) : 132 tout comme 102 en base quatre désignent chacun UN seul nombre, alors qu'ils sont constitués de plusieurs chiffres, comme il en est de chaque mot constitué de plusieurs lettres.

C'est pour préserver cette unicité de signification que le zéro a pour fonction de situer les unités d'ordres différents entre elles, puisqu'elles dépendent les unes des autres. Donc le zéro permet de déchiffrer le nombre en son entier par les unités d'ordres différents qui le composent et dont le zéro assure la lecture correcte. C'est en ce sens que réside l'extrême importance de zéro, qui est de représenter « rien » pour faire lien !

L'enseignant variera les exemples numériques et, là aussi, proposera des activités de codages et de décodages. Entre-temps il introduira, en base quatre, par exemple « 16 » allumettes (toujours directement données, sans verbalisation) afin que les élèves soient amenés à trouver 100.
Mais il n'est pas assuré que les élèves pourront dès ce moment là faire le « saut mental » qui les conduit à construire et comprendre l'écriture « 100 ».

C'est l'étape suivante qui sera décisive à cet égard dans la mesure où elle assurera une continuité de mise en cohérence de l'écriture successive de tous les nombres.

Nombre de 2 chiffres

Ayant travaillé systématiquement sur l'écriture de nombres de 3 chiffres, il est temps de réinvestir sur des nombres de 2 chiffres, par exemple 32 (en base quatre). Là, les élèves peuvent être tentés de conserver l'écriture de 3 chiffres en mettant 032 par exemple, ou encore 020.

D'où la question (que les élèves ne se posent pas forcément) de ce « 0 » à gauche tout à fait conforme à ce qui a été fait jusque là, mais dont il y a à prendre conscience que son écriture n'est pas du tout indispensable.

C'est la consolidation du principe de l'écriture positionnelle, liée à la maîtrise du déchiffrage d'un nombre de droite à gauche, qui amènera les élèves eux-mêmes à considérer comme inutile (quoique juste) tout « 0 » se trouvant à la gauche du dernier chiffre non nul le plus à gauche.

L'enseignant, là encore, attendra que la question se pose pour les élèves ou que des contradictions d'écriture apparaissent entre les élèves[61] pour s'en saisir et les faire réfléchir, les faire argumenter à ce sujet, afin que ce soient eux-mêmes qui en arrivent à conclure que le ou les « 0 » à gauche deviennent non pas faux, mais inutiles à écrire, alors même qu'ils sont indispensables ailleurs.

Ainsi, par exemple, dans l'écriture de 030, les deux « 0 » n'ont pas du tout la même importance : l'un est indispensable (celui de droite) et l'autre inutile (celui de gauche). Constat dont il faut attendre le moment propice, avec les élèves, pour qu'ils en prennent une conscience claire. Inutile de vouloir tout dire, tout « régler » tant que les acquis ne sont pas encore suffisamment « installés ». Ce à quoi va contribuer la phase suivante d'écriture de la suite de nombres.

Pourtant il sera utile aussi de noter[62] que l'usage de l'écriture de l'heure, par exemple (07 heures 04), maintient l'écriture du « 0 » placé en premier, à gauche. Là, c'est le fait de l'usage de machines prévues avec 2 colonnes pour les heures et 2 colonnes pour les minutes, puisque le nombre maximum d'heures est de 24 heures (pour une journée) et de 60 minutes (pour une heure), donc pas plus de 2 colonnes sont utiles pour les heures comme pour les minutes.

61. Par exemple les uns écrivant 032 et d'autres 32; ou 020 pour 20; ou encore 003 pour 3, etc.

62. Au CP, on se contentera de constater, avec les élèves, que même quand on met le 0 devant, cela ne change pas, comme ils l'ont vu eux-mêmes, la connaissance du nombre ; mais, dans les classes suivantes, on pourra apporter d'autres arguments, liés aux mécanismes techniques.

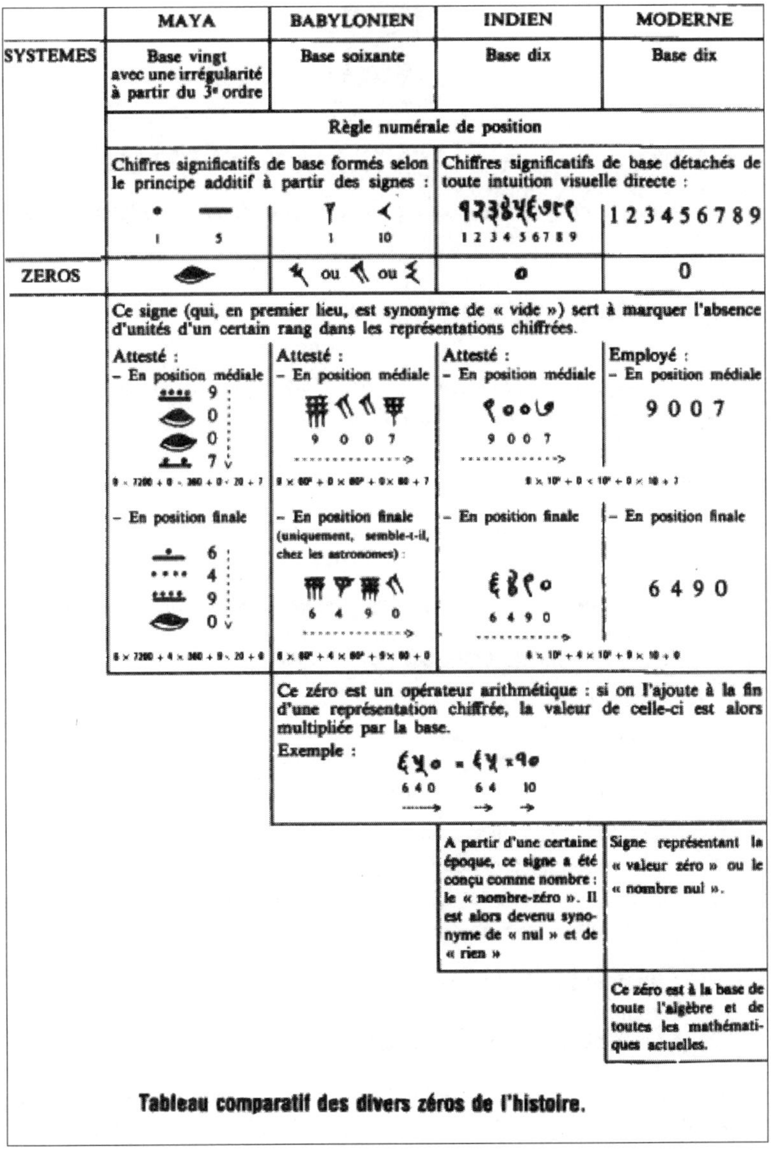

Tableau comparatif des divers zéros de l'histoire.

Tableau extrait de Ifrah, G., *op. cit.*, p. 279.

7

Étape 7 : LA SUITE DES NOMBRES

... quand le chiffre 4 en base quatre disparaît et que s'installe 10 !

▲ Introduction du thème

« Écrivez la suite des nombres, au PAYS DE QUATRE, c'est-à-dire à partir de 1, en ajoutant chaque fois 1 de plus (une allumette de plus). »

Déroulement

Tout est prêt pour que les élèves construisent la liste successive des nombres à partir de 1, dans une base donnée.

> *Conseil : écrivez les nombres en les séparant bien (pour qu'on puisse distinguer les nombres les uns des autres, par exemple en les mettant les uns au dessous des autres). Chaque fois que vous avez une hésitation, revenez aux allumettes et faites les paquets nécessaires.*
>
> *En cours de route, l'enseignant précise qu'il s'agit d'écrire tous les nombres qui se suivent depuis 1, jusqu'au plus grand possible de trois chiffres. Il est précisé aussi que ce travail est strictement individuel.*

L'activité demandée aux élèves, si elle se présente comme une forme d'application plus généralisée de tout ce qui a été précédemment construit, va toutefois apporter de nouvelles avancées, de nouvelles prises de conscience, indispensables pour « asseoir » plus encore la notion de numération :

- par l'usage non plus aléatoire mais systématique du zéro, chaque fois qu'il devient perçu comme nécessaire. Donc pour son intégration généralisée dans l'écriture positionnelle.
- par la disparition définitive (mais non point forcément immédiate) du « **chiffre 4** » en base quatre alors que, paradoxalement, les groupements ont été systématiquement faits de 4 en 4, c'est-à-dire avec l'utilisation omniprésente du « **nombre quatre** ».

Dans cette activité, on peut souvent constater que le 4 apparaît juste après 3 (avec des variantes suivant les élèves). Ainsi on peut voir la suite :

1, 2, 3, 4, 11, 12, 13, 14, 21, ...

Et pourquoi n'en serait-il pas ainsi quand il y a encore bien peu d'allumettes à compter et qu'au pays de quatre il avait été précisé qu'on savait compter jusqu'à 4 compris ! (donc on peut bien pouvoir l'écrire !). Une telle suite de nombres peut se poursuivre ainsi sans l'usage du zéro, ce qui arrive fréquemment. Et il serait tout à fait dommage que l'enseignant intervienne pour « corriger ».

Car c'est quand un plus grand nombre survient, par exemple pour celui qui suit 33 (ou 34), ou plus tard celui qui suit 133 ou 134, que le nombre suivant à écrire devient « compliqué » à concevoir, tant cela fait de chiffres 4 qui se catapultent les uns les autres, d'où l'embarras manifeste exprimé par tel ou tel…

Actions et manipulations

C'est là que l'enseignant insiste pour que justement l'élève reprenne ses allumettes pour reproduire avec des paquets (et élastiques) ce qu'il a représenté avec son nombre tel qu'il l'a écrit, ou plutôt le nombre juste précédent afin de voir, quand on ajoute 1, ce qui est modifié. Si besoin, l'enseignant invite aussi l'élève à se rappeler, dès les débuts de la démarche, comment il avait organisé ses paquets afin de faire de même.

Mais l'enseignant, s'il fait revenir aux actions et coordinations d'actions antérieures, n'a pas à « faire » à la place de l'élève. Au plus, il mettra (momentanément) plusieurs élèves ensemble pour « démêler » ce moment difficile entre actions (groupements successifs avec pose ou non d'élastiques), et organisation entre eux des groupements et de leur écriture symbolique. Dans cette symbolisation, interviennent les différents types de groupement (de droite à gauche) et c'est là que, reprenant les impératifs qui ont émergés à la phase antérieure – et donc avec l'introduction du 0 – les élèves vont pouvoir relier, structurer et finalement reconstruire en son ensemble l'écriture qui convient pour ce nombre.

La patience de l'enseignant est décisive, car il se doit d'accepter ce qu'il pourrait considérer comme des « temps morts », alors qu'ils sont des temps de mûrissement, d'intégration, dans la réflexion des élèves. L'expérience d'animations multiples des processus vécus de cette démarche montre la coexistence, souvent, à cette phase là, de l'écriture du chiffre 4 ainsi que de celle de 0. Par exemple, il n'est pas rare de trouver « 40 » juste après « 33 ». Là, le retour aux actions avec les allumettes et élastiques a une fonction décisive, si est repris le souci de la cohérence qui était construite bien avant (dès qu'un groupement par 4 est fait, on met un élastique qui signifie l'introduction d'un nouveau type de groupement) : d'où une compréhension renouvelée de la signification prise par cette action de pose des élastiques, suivie du comptage des groupes suivant leur « ordre » (par 4 ou par 4X4), comptage dont les nombres qui en résultent sont, toujours, disposés de droite à gauche, etc.

Ce sont ces actions, reprises et retravaillées dans ce contexte-là qui vont provoquer les bonds qualitatifs qui font passer de 33 à 40 puis à 100. Le zéro se met à exister pour de bon, comme signifiant qui, maintenant, tient la route. Ces bonds qualitatifs pourront avoir lieu, bien sûr, à d'autres endroits et moments de l'établissement de la liste de nombres.

Il arrive fréquemment qu'il y ait un retour de l'élève sur les nombres précédents de sa liste, dans les prises de conscience qui viennent de surgir pour lui, puisqu'il vient de dénicher une cohérence dans l'écriture symbolique. Ainsi, s'il a écrit 24 (après 23) il voit maintenant qu'il vaut mieux écrire[63] 30 ; alors, en remontant vers des nombres inférieurs dans sa liste, si après 13 il a écrit 14, il corrige de lui-même pour mettre 20.

Placement du 10 !

Enfin, revenant encore plus avant, il va se rendre compte que ce « 4 », juste après 3, devrait s'écrire autrement : c'est désormais 10 qui convient. Quatre s'écrit 10 ! Il y a renversement délibéré ici des progressions pédagogiques usuelles[64], toujours dans le but de faire que se construise par les élèves la teneur conceptuelle du sens et de la fonctionnalité de la numération.

Il est important de constater que 10 (en base quatre) est redécouvert par les élèves et non « reçu » comme venant de l'enseignant. C'est à partir des réinvestissements que font les élèves des principes de numération déjà construits par eux qu'apparaît ce « 0 » qui, désormais est en mesure de prendre sens.

Ce qui peut apparaître comme surprenant, il est vrai, c'est l'insolite de cette arrivée de 10 après des nombres qui lui sont supérieurs ! Parfois même de 10 après 100 ! Et donc 10 prend existence, dans sa signification et son usage, non pas forcément après 3 (au pays de quatre) mais après des nombres bien supérieurs et cela, par une sorte de réflexion à rebours (qui entre dans une dynamique de réversibilité de la pensée) au cœur même de la recherche d'une cohérence représentative.
Il ne peut en être qu'ainsi quand ce qui est prétendu « simple » n'est que d'apparence, alors qu'il s'agit de susciter une activité de la pensée qui conduise, au terme d'un parcours cognitif, au « simplifié ».

> *« La pédagogie de la raison doit donc profiter de toutes les occasions de raisonner. Elle doit chercher la variété des raisonnements, ou mieux les variations du raisonnement ».*[65]

63. Puisque « 4 » paquets de 4 deviennent « 1 » gros paquet de 4x4 (c'est la pose de l'élastique qui marque ce passage de 4 à 1).
64. Où, en base dix, 10 est introduit juste après 9, rendant cette arrivée seulement obligée, incompréhensible et réduite à des procédures appliquées de remplissage de colonnes (dizaines et unités). Et ceci, à longueur de leçon…
65. Bachelard G., *La philosophie du non*, PUF, coll. « Quadrige », 8e éd., 1981,p. 144.

Recherche de cohérence

Ce faisant, les élèves découvrent que sont liés ces deux types de mise en cohérence dans une cohérence plus structurée encore. Cohérence de niveau supérieur qui s'établit non dans un pas à pas progressif, linéaire, mais par bonds qualitatifs, et même dans un apparent désordre, dans sa mise en place, dû au va-et-vient comparatif entre ce qui est avant et ce qui est après.

> On peut constater maintenant que la mise en cohérence que les élèves construisent n'est plus seulement, ici, **entre les chiffres d'un même nombre**[66] mais entre les **nombres d'une même base** et cela, dans et pour la mise en ordre de la suite successive des nombres.

Il n'y a là aucune perte de temps. Il suffit de mesurer les enjeux, à quel niveau se situe la réflexion et l'importance des gains. Par exemple, à propos de la comparaison de la valeur des nombres entre eux, de l'appréciation de l'ordre de grandeur pour chacun, etc.

Se joue ici, à travers ces réinvestissements multiples, une **conceptualisation en extension** plus affirmée, s'opérant et se traduisant par une maîtrise grandissante de la numération écrite des nombres.

On est loin d'une logique d'exposition systématiquement croissante des nombres comme on peut le voir dans des manuels scolaires courants, leçon après leçon. On peut comprendre maintenant combien une telle logique habituelle de transmission est forcément peu compréhensible pour les élèves, qui sont privés de sa raison d'être.

Soumis à des activités d'application de règles obligées dont ils ignorent le bien-fondé (surtout lorsque les nombres arrivent par saccades)[67], les élèves sont ainsi empêchés d'aller jusqu'aux noyaux conceptuels et donc empêchés pour cela d'aller quérir les potentialités créatrices dont ils sont porteurs – au risque de penser qu'ils en sont dépourvus – conduits au contraire à se persuader qu'apprendre c'est bien retenir ce qu'il FAUT faire… et non pas devenir capable de **POUVOIR FAIRE ET PENSER** par eux-mêmes !

Si l'enseignant ose par contre poursuivre, dans le pari engagé auprès des élèves, alors sera établi par ceux-ci, au terme de cette phase de la démarche, la suite des nombres au PAYS DE QUATRE (base quatre).

66. Comme dans la 5e étape de la démarche.

67. Par ex. : de 10 à 15, de 11 à 13, 16 et 17… de 20 à 40, de 40 à 60, de 70 à 80, de 80 à 100… Tranches de nombres souvent justifiées seulement par le vocabulaire et non par une nécessité de construction conceptuelle.

Écriture des suites

C'est bien une forme de réinvestissement créatif, en extension cette fois, qui se joue dans cette phase si importante d'écriture de la suite des nombres. Étapes de construction, de création, dans la constitution de cette liste, qui ont donné lieu à des prises de conscience nouvelles, à des réajustements, à des structurations qui se catapultent en se coordonnant pour en arriver, en définitive, à **SIMPLIFIER** l'écriture des nombres tout en l'unifiant !

1, 2, 3, 10, 11, 12, 13, 20, 21, 22, 23, 30, 31, 32, 33, 100, 101, 102, 103, 110, 111, 112, 113, 120, 121, 122, 123, 130, 131, 132, 133, 200, 201, 202, 203, 210, 211, 212, 213, 220, 221, 222, 223, 230, 231, 232, 233, 300, 301, 302, 303, 310, 311, 312, 313, 320, 321, 322, 323, 330, 331, 332, 333...

Simplifier : c'est bien l'aboutissement de toute une activité foisonnante de recherche inventive en même temps qu'exigeante et têtue qui se manifeste. Têtue parce que tournée vers une « sortie » de la confusion, de l'ambivalence, de la multiplicité encombrante des nombres de la suite. Il n'est que de voir le contentement des élèves[68] quand « ils y arrivent » !

Contentement partagé par tous, enseignant et élèves, « *qui permet de tracer ce léger dessin d'une utopie scolaire* » dont parle Bachelard[69] s'insurgeant sans cesse contre une pédagogie néfaste dans laquelle *« qui enseigne commande »* et ne cessant de mener une critique acerbe contre : « *Les éducateurs qui ne font rien pour guérir l'anxiété qui saisit tout esprit devant la nécessité de corriger sa propre pensée et de sortir de soi pour trouver la vérité objective* »[70] alors qu'il s'agit de considérer pleinement l'élève, comme tout sujet apprenant, pour lequel :

« Sans cesse le psychisme humain, à quelque niveau que ce soit de l'éducation, doit être rendu à sa tâche essentielle d'invention, d'activité d'ouverture » [71].

68. Mais aussi de tant d'adultes (en formation), particulièrement ceux pour lesquels demeurent encore des souvenirs malheureux des apprentissages de leur enfance. Ainsi cela arriva-t-il à une jeune femme qui, ayant brusquement éclaté en sanglots sur sa feuille où elle alignait une suite de nombres dans une autre base, et qui près une sortie brutale de la salle, revint un court moment après, mais avec le sourire, en déclarant : « cette fois, enfin, je sais faire des maths ! ». Et de nous raconter ses souvenirs douloureux et humiliants de son enfance.

69. Bachelard G., *La formation de l'esprit scientifique*, Vrin, 12e éd., 1983, p. 245. Bachelard revient sans cesse sur la question pédagogique (les dernières pages de ses ouvrages y font généralement référence), dans sa réflexion permanente sur la formation d'une pensée scientifique.

70. Bachelard G., *op. cit.*, p. 209.

71. Bachelard G., *La philosophie du non*, *op. cit.*, p. 130.

C'est le pari, et l'exigence tenace, de telles démarches que de tenter de mettre en perspective une telle « utopie », qui s'avère utopie concrète quand les élèves – et l'enseignant – qui y sont engagés en montrent réellement que c'est possible.

Une logique de construction conceptuelle

Le chemin ainsi pris est à rebours des progressions habituelles ?
Bien sûr, puisqu'il suit une logique de construction conceptuelle et non une logique progressive d'exposition, distribuée toujours dans l'après-coup de la connaissance de la notion[72].

Deux logiques qui s'opposent, en fait. Opposition dont l'ignorance (ou le déni) crée une impasse néfaste à la fois dans l'introduction des notions en mathématiques en même temps que dans la conception des progressions établies.
La logique de construction conceptuelle place l'élève délibérément devant de vrais obstacles à affronter, et donc l'invite à mobiliser ce qu'il s'est déjà construit par lui (éventuellement pour en poursuivre la construction) pour le mettre à profit et inventer encore dans des situations nouvelles.

C'est un travail scrupuleux mais plein d'effervescence, en va-et-vient entre le retour aux activités (manuelles ou mentales) de groupement-regroupement et les écritures représentatives des comptages obtenus afin de les coordonner entre elles. Le retour aux allumettes et élastiques est toujours rendu possible, si nécessaire, pour bien saisir les modifications d'écriture qui interviennent (par exemple le passage de 13 à 20, ou encore de 33 à 100).
D'ailleurs, c'est dans la poursuite d'une telle dynamique de recherche que, arrivés à 333, des élèves manifestent la curiosité de connaître le nombre suivant[73], toujours en ajoutant une unité.
Bien sûr, il ne s'agit aucunement d'y répondre directement si ce n'est en les renvoyant à leur propre recherche pour qu'ils en trouvent eux-mêmes la réponse.
La tentation vient pour certains d'écrire 334 puis 340 ou encore 400 pour arriver enfin à 1000 et cela, sans qu'il n'y ait plus besoin de manipuler allumettes ni élastiques.

---

72. Déjà, Archimède distinguait méthode de démonstration et méthode de découverte : «*l'application de la méthode de démonstration repose nécessairement sur la connaissance préalable du résultat à démontrer*», ce qui la distingue de « la méthode de découverte », où il s'agit justement de trouver cette connaissance. *Cf.* « Quel savoir ? », premier chapitre de l'ouvrage : Bassis O., *Se construire dans le savoir à l'école et en formation d'adultes*, *op. cit.*
73. L'enseignant, bien sûr, peut susciter cette recherche, suivant les classes du cycle 2 ou 3.

Recherche individuelle

Dans tout ce parcours, chaque élève trouve sa vitesse de croisière et ses sentiers de détour. C'est ce qui fait de la démarche une réelle aventure, à coup sûr, où chacun est invité à se frayer un chemin au travers de branches abruptes ou de touffes obscures, parfois, mais avec des éclaircies et surtout la perspective d'un but à découvrir.

Mais l'enseignant est là, toujours en recherche attentive tout au long du parcours[74], dans une présence confiante (quoique qu'avec une certaine retenue quant au risque qui peut le tenter de « souffler » des réponses), restant à l'affût d'encouragements nécessaires quand des craintes se manifestent, en faisant revenir notamment aux actions (réelles ou imaginées concrètement) avec les allumettes et élastiques, toujours plus rassurantes parce que déjà travaillées, antérieurement.

Il a été annoncé dans cette phase que la recherche se ferait individuellement[75]. C'est en vue d'une forme d'auto-évaluation par chaque élève de ce qu'il s'est déjà construit, tout en poursuivant cette construction. En même temps, cela permet à l'enseignant de repérer les manques (et donc y compris les siens, dans les étapes antérieures) pour y subvenir, en situation de recherche nouvelle (ou renouvelée) pour l'élève.

Cette recherche individuelle est possible dans cette phase, pour chaque élève, car malgré ses difficultés propres, elle arrive après que des pôles essentiels de la conceptualisation aient eu lieu : groupements par 4, puis par 4x4, comptages respectifs de types de groupements obtenus (comme unités d'ordres différents) et écriture des chiffres correspondants – pour constituer le nombre en son ensemble – dans un positionnement de droite à gauche, avec maintenant introduction d'un « 0 », dans ce positionnement, quand l'une des unités (groupement correspondant) est absente, afin de laisser la cohésion au tout.

Extension de l'écriture numérique

Autant d'étapes en principe franchies, mais seulement à propos de tel ou tel nombre, alors qu'il s'agit ici de construire l'invariance de la procédure complexe globale pour tous les nombres, quels qu'ils soient. Ce qui rend normal, pour qu'un tel objectif puisse être atteint, que ce soit grâce au réinvestissement dans de multiples situations d'écriture numérique qu'un tel objectif puisse être atteint. Situations multiples justement ici, pour tous les nombres de la suite à traiter.

74. Sa recherche propre est, comme toujours tout au long des démarches, l'observation et l'analyse des cheminements de élèves.

75. Mais, là encore, pas de règle formelle, car chaque enseignant décide, suivant les chemins pris.

Si l'enseignant a été amené à faire revenir tel ou tel élève aux allumettes (et aux élastiques) des débuts, à des moments délicats dans la suite des nombres (par exemple : après, 23 ou 24; ou après 33; ou après 133…), il pourra cependant observer que des « tournants » de conceptualisation se manifestent justement par le fait que des élèves en arrivent à ne plus avoir besoin de manipuler. Soit ils le font encore, comme ils disent « dans leur tête », soit ils sont passés à une étape encore supérieure en ayant compris, et bientôt définitivement que « 4 devient 1 » (4 d'une unité devient 1 d'une unité d'ordre supérieur) et que « 0 » devient alors indispensable suivant qu'il reste ou non des unités de l'ordre inférieur.

Arrivé à ce point de non retour, l'enseignant amène à comparer la liste des nombres enfin trouvée avec les précédentes sur lesquelles il y avait eu des tâtonnements, des rectifications (c'est pourquoi il est judicieux de laisser des traces écrites au tableau de ces différents essais) et où l'on peut voir apparaître « 0 », au fur et à mesure des avancées :

- « *que s'est-il passé ?* »

Les élèves vont constater la disparition de l'écriture du chiffre « 4 » et vont peut-être en même temps s'étonner, quand même, de ce quatre omniprésent tout au long des groupements par 4, et 4x4 qu'ils n'ont cessé de faire systématiquement.

- « *qu'en pensez-vous ? et que pouvez-vous en dire maintenant ?* »

Constat curieux : 4 n'est plus écrit alors qu'on s'en est servi… !

Ainsi est dégagé de façon explicite maintenant qu'au PAYS DE QUATRE, le chiffre 4 disparaît de l'écriture de tous les nombres (4 unités d'un groupe devient 1 unité d'un groupe d'ordre supérieur). Ce qui rend l'usage du 0 définitivement indispensable.

Mais il y a des « 0 » qui sont écrits, et même de plus en plus quand on a « corrigé »… en remplaçant un groupe de 4 par 0… ou plutôt par 10 !

Tout ce cheminement n'est pas automatique : il y faut un mûrissement de la réflexion, une « abstractisation »[76] des procédures en cours. Il faut que se construisent des schèmes organisateurs (des actions) auxquels succèdent des schèmes représentatifs (des résultats de ces actions).
Schèmes dont l'enseignant peut mesurer leur présence, à chaque étape, dans les conduites (concrètes et/ou représentatives) des élèves, au cours des paliers successifs de réinvestissement dans lesquels ils poursuivent leurs recherche.

76. Ce mot, qui ne veut pas être pédant, doit être pris comme indiquant une dynamique mentale d'objectivation, c'est-à-dire comme un mouvement de la pensée et non comme un état. *Abstractisation* étant pris au sens d'« abstraire » c'est-à-dire d'extraire des actions précédentes un objet de réflexion issu des schèmes qui sous-tendent ces actions.

Le lecteur comprendra que ce sont tous les cheminements de la conceptualisation qui sont en cours; et que chaque étape construit le support de son réinvestissement, dans une étape suivante, accroissant d'autant son efficience.

Changer de base

Encore une étape de réinvestissement. Et donc une nouvelle occasion de mettre à l'épreuve, tout en la consolidant, la conceptualisation en cours. Il s'agit maintenant de changer de base. Pourtant l'enseignant aura pu, sans que ce soit systématisé, changer de « pays »[77] avec les élèves.

Mais ici, reprenant le travail d'ajustement des chiffres pour **chaque nombre,** reprenant aussi le travail **des nombres entre eux d'une même base**, il s'agit d'aller jusqu'au travail d'ajustement de la numération dans le **passage d'une base à une autre**.

Le but en est que se dégage l'invariance du concept de numération et que l'entrée dans la numération décimale se fasse dans une grande clarté.
Il arrive qu'à cette étape, le besoin d'avoir recours aux allumettes cesse, tant les actions deviennent intériorisées, laissant ainsi place à des schèmes cognitifs qui eux-mêmes changent de registre[78] et font émerger de nouveaux schèmes, à la fois plus complexifiés et plus unifiants (comme ceux qui permettent l'écriture de la suite ordonnée des nombres d'une même base).

Il arrive même, dans certains cas, qu'il soit possible de « mettre au défi » tel ou tel élève[79] en lui demandant d'énoncer oralement et tout haut, directement, dans telle autre base qu'il choisit à son gré, la suite des nombres. La vigilance doit être tenue de faire taire les autres, car l'enjeu – lancé vraiment dans un esprit de jeu, sur fond de pari positif – est que l'élève prenne conscience qu'il est tout à fait capable d'y arriver tout seul.

Il est sûr que d'autres élèves voudront à leur tour montrer ce dont ils sont capables ! C'est un moment de jubilation dans la classe, vécu souvent comme un challenge pour chacun et pour tous. Les réinvestissements peuvent se faire individuellement, par écrit, et là l'enseignant peut organiser des échanges entre élèves ou chacun à la fois réinvestit dans la base de son choix et devient déchiffreur (et évaluateur) de la base choisie par un autre, ce qui lui demande une grande vigilance et ouvre sur des discussions, entre élèves, au bénéfice d'une plus grande intériorisation, encore, du principe de numération.

77. On l'a vu, le mot de « pays » laissera sa place au mot de « base » en cours de route.
78. Il en est ainsi des schèmes d'action (les actions de groupements et de pose d'élastiques) aux schèmes représentatifs de ces actions (l'intervention coordonnée de la position des chiffres dans le nombre, et de l'usage du zéro).
79. Dans les classes du cycle 3 ou avec des adultes en formation pédagogique (particulièrement parmi ceux qui n'ont que souvenirs douloureux de leurs apprentissages des maths).

Bachelard, encore, voit bien que, comme milieu formateur, « **les camarades sont plus importants que les enseignants** », lesquels « *donnent des connaissances marquées du signe néfaste de l'autorité* ». Ce qui lui fait souhaiter une grande place aux échanges, argumentations, etc., dans la mesure où y devient nécessaire «*un effort constant de désubjectivation*».

> « Pour que la science objective soit pleinement éducatrice, il faudrait que son enseignement fût socialement actif »[80].

Moment d'effervescence, de jubilation où l'enseignant, dans une telle démarche, comme on l'a vu tout au long, restant attentif à assurer les échanges entre élèves, demeure toutefois soucieux de ceux qui pourraient être « en panne » afin de revenir éventuellement avec eux sur tel ou tel moment de la démarche pour qu'ils puissent « reprendre pied ».[81]

Il est courant de constater, dans ces moments où l'écriture numérique est en train d'arriver à terme, combien les élèves sont heureux de se prouver à quel point ils sont devenus « forts » puisqu'ils peuvent, « de tête » seulement, compter en allant à leur gré d'un « pays » à un autre.

Parce que dans de tels moments, et grâce à eux, se développe une sorte de fluidité de l'activité cognitive, où les écritures numériques s'enchaînent les unes les autres, avec des temps d'arrêt de plus en plus rares et de plus en plus courts. Il se joue, en fait – dans ce vécu d'une pensée en permanente activité– une conceptualisation de la numération écrite qui se déploie et s'affirme.

Cela sera notamment favorisé, après chaque « voyage » dans tel ou tel autre pays, par une réflexion (sollicitée par l'enseignant) sur ce qui est «pareil/pas pareil » d'un pays à l'autre. Ainsi pourra être dégagé qu'au pays de cinq, on groupe toujours par cinq, mais que le chiffre 5 ne s'écrit pas (lui-même devenant 10). Ces moments de « mise en recul » (*méta-cognition*) par rapport aux productions successives, sont décisifs pour que soient cernés les « invariants opératoires », par delà les spécificités propres aux cas particuliers.

Parmi les bases, pourra être explorée la base deux. Situation intéressante qui correspond à l'usage seulement de deux signes (1 et 0) dont on trouve l'application technique en informatique[82].

80. Toutes citations extraites du dernier chapitre de Bachelard, *La formation de l'esprit scientifique*, Vrin, 12e éd., 1983.
81. Ou tout au moins, pour l'enseignant, saisir ce qui « manque » afin d'envisager quelles activités proposer pour, s'il le faut, reprendre une autre fois. On peut aussi mettre tels et tels élèves ensemble pour favoriser des échanges accélérateurs.
82. Dans chaque micro-circuit qui transmet l'information, 1 et 0 correspondent au fait que le courant passe ou ne passe pas.

Au cours de ces réinvestissements multiples, ayant produit des suites de 1 en 1, et ayant particulièrement travaillé chaque fois les passages à 10, 20, 30… (suivant les bases), il paraît tout à fait possible de produire de nouvelles suites de 10 en 10, et de 100 en 100, en avant comme en arrière puisqu'on a vu combien la constitution initiale des suites se faisait dans un va-et-vient entre nombres inférieurs et nombres supérieurs.

Et il n'est pas impossible, bien sûr, que certains parmi les élèves, demandent à réinvestir en base dix, s'ils ne le font déjà d'eux-mêmes. Mais les avancées irréversibles qui se sont déjà affirmées, préparent fort aisément le franchissement de ce nouveau palier qui est l'accès enfin à la base dix.

Désignations orales dans les différentes bases

Elles sont toutes simples : lire les chiffres de gauche à droite, tels qu'ils se présentent. Il est utile de remarquer, bien sûr, l'anomalie due au fait que les nombres ***se déchiffrent*** de droite à gauche alors qu'ils ***se lisent oralement*** de gauche à droite. Il est parfaitement possible de dire que cette anomalie vient du fait que, comme on l'a vu à la 5e étape, ce choix est conforme à celui de l'écriture arabe et orientale, qui est de droite à gauche, alors que dans nos pratiques culturelles nous écrivons et lisons de gauche à droite.

Question de choix culturels et habitudes sociales dont nous avons hérité historiquement pour l'écriture des nombres[83].

83. On peut aussi laisser aux élèves pendant un temps le choix d'écrire de droite à gauche ou inversement. Mais faut-il qu'ils voient la nécessité d'indiquer par une flèche le sens du décryptage, ce qui a été fait dans certaines classes.

8

Étape 8 : LA NUMÉRATION DÉCIMALE

… quand la numération décimale dévoile ses secrets !

▲ Introduction du thème

Déroulement

Au pays de « dix », l'objectif, là encore, est de dresser la liste de tous les nombres successifs, de 1 en 1, conformément à ce qui a déjà été fait dans les autres bases.

Ce moment, qui est l'aboutissement de tous ces périples, se présente très simplement comme le réinvestissement de tout ce qui a été fait avant, dans d'autres « pays ». Mais ici, ce pays, c'est le nôtre. Paradoxalement, la petite difficulté pédagogique est qu'à « dix » ne correspond aucun signe particulier. On ne peut faire référence qu'aux dix doigts des deux mains pour signifier la quantité représentée dans chaque groupe[84]. Ce qui, par contre, est compréhensible justement, puisque c'est sur le corps humain qu'est prise cette référence, et que c'est bien ainsi qu'il en a été par les hommes d'autrefois[85].
Donc tout sera repris, y compris encore avec des allumettes et élastiques (sans obligation toutefois). Le travail peut se faire en petites équipes[86] Notons qu'il est intéressant de constater que certains élèves mettent du temps à découvrir que ce « pays de dix » est le nôtre !

Il est important de laisser le temps nécessaire aux préparatifs (manuels et mentaux). Encore une occasion pour l'enseignant de voir pour tel ou tel élève ce qu'il ne s'est pas encore construit afin de le mettre à l'aise pour faire, à son rythme, ainsi que dans l'échange et la discussion.

84. Tout comme l'ensemble des vingt doigts des pieds et des mains a servi de base pour certaines civilisations (dont les Celtes et les Mayas).
85. Il est bien sûr important d'aborder (ou de reprendre) des données historiques liées à différentes bases apparues dans telle ou telle civilisation (notamment : base cinq, base dix, base vingt, base soixante… et base deux en informatique).
86. Les élèves pourront, comme pour les bases précédentes, faire des paquets de dix et de cent (en prenant soin de les attacher toujours avec des élastiques) et d'en garder à disposition dans des boîtes pour faciliter les temps de manipulation.

La suite des nombres en base dix

Il est demandé ensuite à chacun d'écrire (les uns au dessous des autres pour plus de clarté) les nombres successifs trouvés, à partir de 1. Ainsi verra-t-on dix écrit par « 10 », puis 20 le suivant de 19, etc., jusqu'à 99 suivi de 100, et ainsi de suite. Bien sûr, la quantité d'allumettes est telle (et tant mieux !) que seront sollicités ici plus particulièrement le recours aux schèmes cognitifs déjà construits.

Par commodité il peut s'avérer commode d'introduire dans cette phase les mots « dizaines » et « centaines » (pour « paquets de dix » et « paquets de dix fois dix »).[87]

Mais il est préférable de ne pas se presser à introduire trop vite le vocabulaire et même de demander de ne pas utiliser le vocabulaire connu des élèves qui risquerait dans un premier temps de créer une confusion entre des repères qui peuvent être encore formels et le réinvestissement des processus opératoires en construction.

> *Il est arrivé dans une classe qu'un élève demande à l'enseignant : «* Si j'ajoute 1 à 999, qu'est-ce que cela devient ? *» L'enseignant ne répondant pas et renvoyant l'élève à sa recherche, ce dernier revient un moment après en explosant : «* j'ai trouvé : ça fait dix cent ! *» L'élève venait de découvrir « mille », son premier nombre de quatre chiffres en numération décimale, et créer ainsi une nouvelle unité !*[88]

Bien sûr, si le comptage de 1 en 1 est arrivé à terme, tout comme pour les bases déjà vues, les comptages de 10 en 10 et de 100 en 100 s'avèrent maintenant très faciles. Avec, en plus, l'expression d'une jubilation à constater qu'on peut y arriver désormais, bien plus directement qu'auparavant et donc, sans recours aux allumettes.

Toutefois, revenir aux allumettes reste toujours possible.

---

87 C'est un recours précieux que de faire indiquer aux élèves sur leurs nombres, les places respectives de *u* (unités), *d* (dizaines) et *c* (centaines) : *c d u*
par exemple : 1 8 4
Mais faudra-t-il toutefois ne pas confondre l'indication « positionnelle » d'une unité dans l'écriture numérique avec le « nombre total » de centaines, dizaines, unités qui composent la valeur globale du nombre. Ainsi, le nombre 184 en base dix comprend 1 centaine, 18 dizaines et 184 unités.

88. On peut remarquer qu'en cela cet élève (tchadien) venait de re-créer l'usage oral longtemps utilisé de « douze cent », ou « dix-sept cent » pour désigner 1200 ou 1700. Précisons que ceci s'était produit au Tchad, lors de ce grand projet (de 4 ans) au cours duquel cette démarche de numération fut créée.
Cf. le dernier chapitre de l'ouvrage : Bassis O., *Se construire dans le savoir à l'école et en formation d'adultes*, *op. cit.*, ainsi que : Bassis H., *Des maîtres pour une autre école : former ou transformer ?*, *op. cit.*

Car l'enjeu de la réussite de tous les élèves dans l'apprentissage de la numération est trop important pour chacun et pour la suite de la scolarité en mathématiques, pour en faire l'impasse. Au contraire, tout doit être mis en œuvre (manipulations concrètes, aide d'autres élèves, patience et encouragements) pour que tous y arrivent.

Réinvestissements

De la même façon qu'il y a eu des réinvestissements dans d'autres bases, il est intéressant de faire travailler les élèves en système binaire (base deux) où n'intervient que 1 et 0, ce qui permet une écriture numérique avec le minimum de signes différents pouvant être utilisée en informatique (correspondant au courant qui passe ou non dans les mini-réseaux).

Réinvestir en base « douze » pose un nouveau problème qui devient la nécessité d'inventer deux nouveaux symboles pour désigner « dix » et « onze », par exemple : α et β.
D'où la suite des nombres : 1, 2, 3, 4, 5, 6, 7, 8, 9, α, β, 10, 11, 12, 13, 14, 15, 16, 17, 18, 19, 1α,, 1β, 20, 21, 22, 23…

Autant de réinvestissements qui consolident le sens et l'efficacité de la numération positionnelle et de l'importance et de la signification du zéro.

9

Étape 9 : VOCABULAIRE DE LA BASE DIX

… quand le vocabulaire est plein d'histoire !

▲ Introduction du thème

Déroulement

L'essentiel de l'activité mathématique est terminé, sur la numération. Reste à aborder le vocabulaire spécifique de la base dix. Mais il doit être clair que c'est maintenant seulement un problème de vocabulaire.

Les mots « dizaine » et « centaine » ont été abordés juste avant pour désigner les groupements correspondants. De plus, dès les classes de l'école maternelle, et en liaison avec le vocabulaire entendu, utilisé « à la maison » ou à tant d'occasions, d'autres mots ont été retenus et utilisés, sous forme de comptine ou autre.

Or, il s'agit ici de rester dans la dynamique de la démarche, c'est-à-dire, même si les élèves disent « savoir », de faire toujours référence à la construction opératoire des unités et positionnements respectifs, en prenant en compte l'usage du 0 chaque fois que nécessaire.

1) Avec le mot « dix », l'élève peut lire directement 17, 18, 19 à la place de «un-sept, un-huit, un-neuf » suivant l'usage oral convenu dans les bases précédentes. Remarquer que dire « dix-sept » permet ici de mieux qualifier le fait que 1 désigne une dizaine, est donc placé à gauche du chiffre des unités.

2) Mais il faut lui apprendre le vocabulaire particulier de « onze, douze, treize, quatorze, quinze, seize », en constatant que là, dans la racine des mots, est indiqué d'abord le nombre des unités (un pour onze, deux pour douze, trois pour treize, quatre pour quatorze, cinq pour quinze et six pour seize).

Il est temps de faire observer que le langage et les mots utilisés sont liés aux habitudes et cultures de chaque pays. Et de même que dans les étapes vécues de la démarche, à l'échelle de la classe, des mots et expressions ont été utilisés, chemin faisant, de même au cours de siècles des habitudes de langage se sont installées, et parfois avec des incohérences.

Cela dit, pour se faire comprendre, il faut bien utiliser le même vocabulaire et cela, on ne peut le choisir tout seul : il faut se mettre d'accord. Il n'y a aucun inconvénient, au contraire, en classe de nommer les nombres 12, 13, 14, 15, 16 avec le vocabulaire : dix-deux, dix-trois… dix-six.

On peut attendre plus tard (surtout au Cours préparatoire) pour en venir au vocabulaire usuel.

3) Il peut être vraiment préférable de commencer par le vocabulaire des dizaines, de dix à soixante. Ainsi, les élèves sont capables de lire tous les nombres de 17 à 69 inclus, et donc directement après la connaissance toute simple du mot « dix ».

Là aussi on voit que la progression proposée ici, dans l'introduction du vocabulaire, ne suit pas une progression linéaire.

Cette progression va délibérément dans le sens d'une progression qui s'appuie sur la construction conceptuelle, surtout d'abord lorsqu'il y a lien, cohérence avec le vocabulaire usuel.

4) « Cent » doit être rapidement introduit, puisqu'il décuple les pouvoirs de lecture et d'écriture. Ainsi, par exemple, 845 est plus aisément lu que 71. Avec « cent », la lecture de toutes les centaines est appropriée d'un coup. Il en sera de même pour « mille ».

5) La désignation orale de 70 à 99 pourra aisément passer d'abord par l'usage des mots « septante, octante, nonante » utilisés dans un français ancien et bien plus conformes à la cohérence entre unités et lecture orale (et avec le même type de désignation que quarante, cinquante, soixante). La référence aux langues belges, suisses, espagnoles à ce sujet est aussi fort utile tant sur le plan mathématique que culturel.

Mais on peut observer que le seul chiffre des unités « non entendu » dans l'énonciation correspond à la présence du zéro.

Et donc il y a une forme d'anomalie de ne pas le nommer alors qu'on a pu en apprécier dans la démarche tout l'importance. Là aussi, question d'habitudes sociales (et vestige aussi d'une difficulté à nommer ce qui manque…).

Quelques difficultés

D'où les difficultés qui risquent d'arriver quand par exemple « quatre cent trois » peut-être traduit par 4003 par les élèves, comme dix-sept par 107, etc. Occasion (mais avec des élèves du cycle 3) de constater combien la précision entre ce qui est pensé, ce qui est dit et ce qui est fait demeure un travail jamais tout à fait achevé)[89].

Mais occasion aussi d'affiner les déchiffrages réciproques à faire entre écriture et oralisation des nombres. Là, des formes de jeu peuvent s'imaginer entre élèves (ou groupes d'élèves) ou les uns donnent aux autres, les uns sous forme écrite et les autres par la désignation orale (et inversement), à retrouver quel nombre désigné.
Et de ces jeux peuvent être extraits, relevés par les élèves, les « pièges » possibles, qui seront écrits sur affiche et soigneusement notés par écrit.

Des observations retirées, de nouvelles conclusions peuvent être dégagées, renvoyant en fait à la conceptualisation de la numération où le nombre écrit étant un « tout », il ne peut être dissocié. Ainsi par exemple « vingt trois » ne peut s'écrire 203 qui correspondrait à « deux cent trois ».

D'où un retour réflexif fort utile qui permet de retrouver la cohérence déjà construite et, cette fois, en relation avec le vocabulaire d'usage.

Ce n'est que plus tard que seront introduits « soixante-dix » (vestige de la numération à base soixante, d'origine babylonienne, et encore présente dans le comptage des minutes et des secondes), puis « quatre-vingt » (reste de la numération celte à base vingt) et enfin quatre-vingt-dix.

De toute façon, il vaut mieux attendre plus tard dans l'année de CP pour introduire le vocabulaire usuel. Ce qui n'empêche pas l'utilisation de ces nombres, mais, au contraire, dissocie le processus de construction conceptuelle (née des nécessités internes) de l'introduction obligée des contraintes historico-sociales du vocabulaire usuel.

---

89. Ce qui permet de relativiser les essais-erreurs des élèves, rencontrés en cours de route pour constater qu'il en a été de même tout au long de l'histoire et que nous en sommes, aussi, tributaires.

DEUXIÈME PARTIE

LES OPÉRATIONS

10

L'ADDITION

▲ Introduction du thème

Déroulement

Pendant des années, en relation avec l'impact souvent mal compris de l'introduction possible des « mathématiques modernes » dans l'enseignement, des polémiques ont traversé des conceptions différentes concernant l'introduction des opérations élémentaires que sont addition et soustraction.

Fallait-il ou non utiliser des diagrammes représentant des ensembles de nombres ?

Et pour quels avantages ?

Les manuels scolaires, au fil des ans, ont laissé trace de ces va-et-vient qui présentaient ou non les opérations soit directement à partir de diagrammes, soit à partir de situations concrètes ou avec un mélange des deux sans ligne de conduite claire permettant à l'enseignant de se frayer un chemin.

Avec toujours le risque à la clé de laisser les élèves dans la confusion entre les types d'opérations à utiliser dans une situation donnée.

Le parti pris, ici, en liaison avec le choix fondamental qui est de créer les conditions de la construction cognitive par les élèves des concept clés, est d'insérer dans les processus l'étape de représentation « ensembliste », comme médiation conscientisante.

Un schéma global simplificateur entre les grandes étapes envisagées étant :

Objets ➝ Actions sur les objets ➝ Représentations (ensembles) ➝ Opérations

Donner sens à l'addition

Il s'agit ici de donner sens aux articulations entre ces différentes étapes, condition pour que les élèves deviennent réellement partie prenante dans la gestation des opérations.

Les évaluations nombreuses faites en cours de scolarité font apparaître la difficulté pour les élèves, dans une situation-problème, de reconnaître quelle opération est en jeu.

Ce qu'il faut assurer, c'est donc la saisie par les élèves de la pertinence ou non telle ou telle opération dans telle ou telle situation. C'est cet objectif qui assure la raison d'être des étapes pédagogiques choisies. D'autant qu'ensuite, les techniques opératoires proprement dites – et leurs processus constructifs par les élèves – s'articulent au sens même des opérations et en relation avec ce qu'ils se seront construits sur la numération.

Car une connaissance, pour être apprise, demande d'abord à être comprise et pour qu'il en soit ainsi, c'est comme l'aboutissement d'étapes dont il serait illusoire de penser pouvoir faire l'économie. C'est d'ailleurs le vécu de ces étapes qui donne à cette connaissance nouvelle, pour l'élève, quelque saveur à apprendre, quelque saveur à savoir.

Dans le cas de l'addition, quand il y a travail direct sur les nombres, soit la non-référence à une situation concrète, du domaine du quotidien, laisse non résolu le problème de la reconnaissance par l'élève d'une situation de type additif, soit de même une entrée directe par un diagramme-réunion laisse l'élève désarmé dans la relation avec le concret. C'est donc une question de construction de sens qui se joue, d'abord pour chacune des opérations envisagées.

Cette première démarche d'introduction de l'addition peut être initiée dès la grande section de l'École Maternelle.

Elle se présente en fait comme « problème-sans-question », faisant travailler sur les représentations successives, évolutives, produites par les élèves, depuis le mime et le dessin jusqu'au diagramme de la réunion de deux ensembles.

Elle précède donc immédiatement l'introduction de l'opération addition.

Situation de départ

Elle est écrite au tableau par l'enseignant et y restera en permanence :
« Maman va au marché, elle achète 3 bananes et 4 oranges. »

Notons le choix d'objets différents (bananes et oranges) : l'addition est une opération concernant les nombres (qui caractérisent des collections d'objets) et non les objets.

Les étapes qui suivent vont distinguer, au fur et à mesure :

- l'action sur les objets, par le rassemblement de 2 collections d'objets (qui concrétisent la réunion de deux ensembles);
- l'opération réunion de 2 ensembles disjoints (A et B) comme notion plus abstraite (modélisante) à partir des représentations de l'action précédente sur les collections d'objets.[90]
- l'opération addition sur les nombres définis comme cardinaux des ensembles précédents.[91]

1. Mime-manipulation

Consigne : « **Mimez** »

L'important du mime, dans la restitution chronologique qu'il permet, c'est que les élèves vivent l'action de rassembler (dans le sac ou le panier, ou même dans les bras) les 2 « collections » d'objets achetés.

Il est intéressant, comme pour toute lecture-mime, d'utiliser une pratique de type Boal : tout élève de la classe qui n'est pas satisfait de ce qu'il voit faire peut venir remplacer « l'acteur », sans qu'il soit nécessaire de verbaliser dans un premier temps.

Cependant, la verbalisation, après coup, permettra aux élèves de justifier les actions, par rapport au texte. Ainsi, l'action significative ici est que l'acteur qui joue la maman cherche à utiliser un sac (ou l'équivalent) pour, très concrètement, emporter tout ce qui a été acheté (symbolisé par des objets quelconques pris dans la classe).
Le mime ne donc pas se contenter de gestes évocatifs, mais doit aller jusque dans le mime effectif de la succession des actions menées.

On peut aussi étaler tous les dessins par terre et mettre les élèves autour en cercle avec possibilité de se déplacer pour voir tous les dessins.

---

90. Si C est l'ensemble-réunion : C = A U B.
91. Si c = card. C, a = card. A, b = card. B, on a : card. (AUB) = card. A + card. B. Soit : a + b = c.

2. *Dessin*

1re consigne : « Faites un dessin » (individuellement), qui peut être précisée : « **pour expliquer, pour comprendre l'histoire** ».

Inutile de donner d'autres précisions, elles seraient prématurées. Car il s'agit de laisser s'exprimer la représentation « actuelle » que s'en fait l'élève, sans aucune censure castratrice qui aurait pour effet d'empêcher, ensuite, tout processus de mathématisation de sa part.

Sur la plupart des dessins, on peut voir quantité de détails, toujours très colorés : le chemin de la maison au magasin, la maman et ses vêtements, la maman devant l'étalage (exemple fig. 1). Les dessins peuvent représenter des moments différents : avant l'achat, ou pendant, parfois après (au retour à la maison).

FIG. 1

FIG. 2

Les objets achetés sont, de toute façon, nettement dessinés, en général. Ils sont séparés, spatialement, rarement entourés.

Olivier, élève réputé « très bébé, rêveur, ne s'implique pas » par l'enseignante habituelle, réalise pourtant (fig. 1 puis fig. 2) un dessin où les deux collections d'objets apparaissent comme ensembles. De plus, depuis les bras, partent des sortes de flèches indiquant l'action de rassemblement des deux collections.

L'enseignant va choisir plusieurs dessins, suivant leurs évocations différentes, leurs dissemblances. Dans un CP, une enseignante avait demandé aux élèves de classer tous les dessins obtenus, d'où une intense activité d'observation.

On peut aussi étaler les dessins par terre et mettre les enfants autour, en cercle, avec possibilité qu'ils se déplacent pour voir tous les dessins.

2e consigne : « Observez ces dessins »

Consigne suivie d'une verbalisation permettant de mettre l'accent sur telle ou telle différence, sans chercher à ce qu'elle soit forcément significative.

3e consigne : « Maintenant que vous avez vu plusieurs dessins, essayez de dessiner ce qui vous paraît important pour bien comprendre ce qui s'est passé ».

Cette 2e série de dessins (individuels) permet de constater souvent des modifications notables. Le panier, parfois absent du 1er dessin, apparaît; les fruits y sont représentés, mêlés entre eux, ou séparés, ou même entourés (fig. 3 à 6). Mais, les personnages, maisons, chemins, magasin, sont encore lourdement présents, coexistant avec une approche plus précise quant au traitement du contenu mathématique. Voici, pris dans ces dessins, des détails importants :

FIG. 3

FIG. 4

FIG. 5

FIG. 6

Il est important que l'enseignant sache décoder ce que les productions des élèves traduisent de leur cheminement mental. Dans la figure 3, l'important est la conscience que les fruits rassemblés constituent un seul ensemble (futur ensemble-réunion). La figure 4 esquisse la disjonction entre les 2 ensembles de fruits, en mettant l'accent sur le panier (réunion). Dans la figure 5, la disjonction est bien affirmée ainsi que l'importance des collections, prenant le pas sur les objets. La figure 6 comporte tout, de façon bien explicite.

Conscient des accents différents portés sur tel ou tel dessin, l'enseignant va afficher au tableau quelques-uns d'entre eux.

4e consigne : « Observez et dites ce que vous trouvez ».

L'enseignant pourra préciser : « *Est-ce qu'avec ces dessins on peut bien comprendre ce qui est le plus important ?* ».

Que disent les élèves ? : « *C'est le panier qui est le plus important* » *ou encore « la maman, ça fait rien, c'est plus la peine de la dessiner* ».

Alors l'enseignant invite les élèves à observer plus particulièrement comment sont représentés fruits et panier, et les différences entre les dessins. Il n'est pas forcément utile d'attendre à tout prix une verbalisation très précise à ce sujet.
Il suffit de créer les conditions pour que les élèves « voient » ces différences. L'obligation de verbaliser « correctement » pourrait être un frein pour certains élèves pourtant impliqués dans le cheminement.
Le dessin est pour eux une médiation qui a fonction de langage.

3. Du dessin au diagramme

5e consigne : « Refaites encore un dessin, mais essayez de bien montrer ce qui vous paraît le plus important ».

On peut voir se multiplier les dessins du type de la figure. 6, y compris lorsque ce dernier n'est pas apparu dans la phase précédente.

En effet, il est bien la manifestation d'une activité éminente de synthèse comme aboutissement d'une structuration fine.

C'est à un tel moment qu'une élève, expliquant son dessin (de type fig. 6) se mit à effacer à la main l'anse du panier, disant à l'enseignant qui l'interrogeait sur ce geste : « on n'en a plus besoin » (fig. 7 et 8).

Cette élève passait, par ce geste, du dessin au diagramme, comme un dernier pas, mais combien décisif, sur un chemin de plus en plus dépouillé. Saut qualitatif où le panier disparaît pour faire place à l'ensemble-réunion. Il y a eu processus d'ABSTRACTISATION.

FIG. 7

FIG. 8

Cependant, chemin faisant, dans tel ou tel dessin, des élèves avaient déjà placé des étiquettes-cardinaux mettant en évidence soit les nombres donnés dans le texte de départ, soit leur somme, soit les deux.

L'enseignant va encore afficher quelques productions pour travailler sur ces étiquettes, afin de commencer plus explicitement l'approche de l'addition.

Peu à peu, et notamment au cours des réinvestissements ultérieurs dans d'autres situations additives, les dessins des objets (bananes et oranges, ici) vont perdre leur forme concrète pour n'être plus évoqués que par des traits ou des croix.

Et peu importe désormais pour les élèves que bananes et oranges (ou autres choses) soient représentées de la même façon puisqu'à ce niveau, ce ne sont plus ces objets concrets qui nous intéressent, mais leur existence en tant qu'éléments. L'accent se mettra peu à peu sur les ensembles eux-mêmes – et non plus sur les éléments – caractérisés dorénavant par leur étiquette-cardinal (fig. 9 à 11).

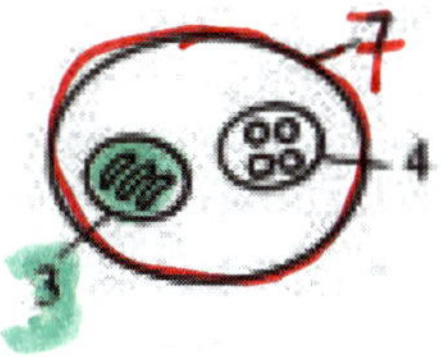

FIG. 9

FIG. 10

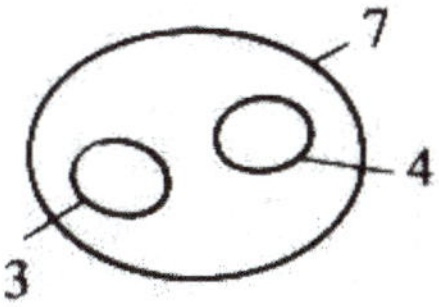

FIG. 11

Faisant remarquer aux élèves que seuls, 3 et 4 étaient donnés dans le texte de départ, l'enseignant pourra demander de dessiner de couleur différente l'ensemble-réunion (et son cardinal).

L'objectif est d'amorcer **la mise en relation qui, au couple (3, 4) fait correspondre 7**.
Tout est prêt pour que l'enseignant introduise la notation conventionnelle **3 + 4** comme étiquette de l'ensemble-réunion :

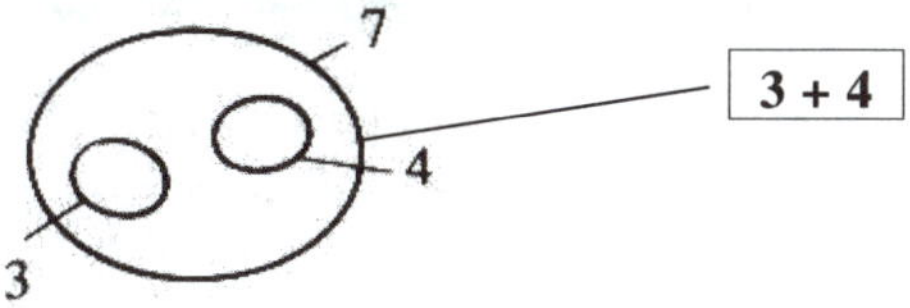

FIG. 11

L'observation des élèves concernant le fait que le même ensemble peut aussi bien avoir pour étiquette 3 + 4 que 7 permet d'introduire le signe « = ».

D'où l'écriture de l'égalité : **3 + 4 = 7**

Bien sûr, d'autres situations additives, faisant intervenir d'autres types d'objets et d'autres nombres, seront nécessaires pour fixer la notion de réunion de 2 ensembles disjoints.

Mais on constatera que les élèves, délaissant peu à peu les détails concrets de la situation, vont de plus en plus directement au diagramme comme représentation de la situation, franchissant d'emblée des étapes désormais inutiles.

Ainsi peut-on représenter les grands étapes de la démarche introductive de l'addition par :

Situation ⟶ Mime ⟶ Dessin ⟶ Diagramme ⟶ Opération

> *En Grande section de Maternelle, cette démarche fonctionne jusqu'aux abords de cette dernière étape qu'il serait trop pressé de vouloir à tous prix inclure. Il suffit bien pour les élèves de Maternelle d'aller du mime jusqu'à l'équivalent de la figure 8 (fig. 9 ou 10) quand ont été introduits les nombres comme cardinaux d'ensembles.*

Le passage entre la manipulation des objets et l'opération sur les nombres sera plus affirmé encore quand, quels que soient les ensembles (la nature de leurs éléments) ayant pour cardinaux 3 et 4, les élèves seront assurés que leur réunion a toujours pour cardinal 7.

Mais cela dépend des démarches préalables vécues par les élèves à propos de la construction du concept de nombre, à partir de classes (d'équivalence) d'ensembles ayant même cardinal.

4. Technique de l'addition

Les étapes de la démarche qui en permet la maîtrise sont simples, si ont été solidement construits préalablement par les élèves :

➤ le concept de numération établi directement avec des nombres de 3 chiffres, ou même plus (*cf.* : démarche numération) et réinvestie en numération décimale.
➤ le concept d'addition lié à la notion de réunion de 2 ensembles disjoints (ce qui précède).

On peut commencer par l'établissement de la table d'addition – construite par les élèves – qui se présente comme réinvestissement du tableau cartésien à double entrée[92] permettant la capitalisation systématique de tous les résultats obtenus à partir des situations additives traitées, et l'extension à l'addition de nombres résolue, maintenant, sans le support de situations concrètes.

Il est important, pour que les élèves remplissent à leur gré le tableau, non seulement qu'ils reprennent ce qu'ils se sont construit concernant l'usage d'un tableau à double entrée mais qu'ils aient un temps d'exercices de révision de la numération décimale (notamment en utilisant allumettes et élastiques pour bien saisir le passage à la dizaine).

Pour remplir le tableau, il suffit dans un premier temps qu'ils mettent ensemble (c'est-à-dire en faisant un ensemble-réunion) les tas d'unités, (par exemple : 7 + 9), et qu'ils procèdent comme ils savent le faire en base

92. On verra dans le 2e tome de cet ouvrage (à paraître), la démarche spécifique qui introduit et construit le tableau à double entrée, dès la classe de Grande Section de Maternelle.

dix, c'est-à-dire en faisant apparaître une dizaine (avec pose d'élastique qui manifeste concrètement le passage de dix unités à une dizaine).

D'où le résultat à mettre dans le tableau : 7 + 9 = 16.

Ce faisant, certains parmi les élèves auront pu procéder avec : 9 + 7 = 16 dont le résultat 16 n'est pas à mettre dans la même case.

Une telle constatation, renouvelée, permet ainsi d'aborder la propriété de l'addition qui est la **commutativité**. Mot qui n'a pas à être énoncé, mais dont le contenu est déjà là.

+	1	2	3	4	5	6	7	8	9	10
1										
2										
3										
4										
5										
6										
7										
8										
9										
10										

Mais pour aborder de façon générale la technique la situation-type proposée est de travailler dans une petite base (quatre ou cinq, pour des commodités de manipulation de groupements et élastiques), et de présenter par exemple le diagramme suivant à compléter (base 5), accompagné des demandes suivantes :

1) « fabriquer » les nombres donnés 131 et 112 avec des bûchettes (ou des allumettes) comme il a été fait dans la démarche sur la numération (paquets avec élastiques).

2) rassembler les « nombres » ainsi constitués pour ré-organiser les paquets (de différents ordres) correspondant au cardinal de la réunion.

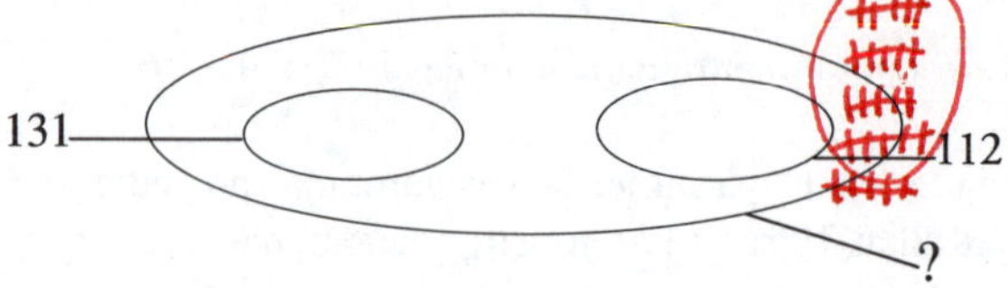

Que font les élèves ?

> *Ils sont amenés à mettre ensemble les unités des différents ordres. Le résultat sera écrit dans l'étiquette, mais assorti de l'égalité 131 + 112 = 243 (en base cinq) et l'écriture verticale sera introduite :*
>
> $$\begin{array}{r} 1\,3\,1 \\ +\ 1\,1\,2 \\ \hline 2\,4\,3 \end{array}$$
>
> *cette écriture se justifie, en relation avec les manipulations des élèves, puisque les unités sont ajoutées entre elles, les paquets de 4 entre eux ainsi que les gros paquets de 4 x 4.*

Trois autres cas, introduisant le principe de la retenue, seront ensuite proposés :

- 124 + 213 = 342. Le rassemblement des « paquets » fabriqués correspondant aux 2 nombres 124 et 213 fait apparaître un nombre d'unité d'ordre zéro (4 + 3) supérieur à la base 5, d'où nécessité de faire un nouveau paquet de 5 (il reste 2 unités) qui viendra s'ajouter aux paquets de 5 déjà fabriqués.

$$\begin{array}{r} 1 \\ 1\,2\,4 \\ +\ 2\,1\,3 \\ \hline 3\,4\,2 \end{array}$$

C'est l'irruption de **la retenue**, au niveau des unités du 1er ordre (paquets de 4), mais comme réinvestissement créatif du principe de la numération, par les élèves eux-mêmes, et non comme leçon supplémentaire « à retenir » !

- 122 + 231 = 403. La retenue, ici, va se faire au niveau du 2e ordre : 1 paquet de 5x5 viendra s'ajouter aux précédents.

$$\begin{array}{r} 1 \\ 1\,2\,2 \\ +\ 2\,3\,1 \\ \hline 4\,0\,3 \end{array}$$

- 224 + 133 = 412. Retenue à la fois au niveau du 1er ordre et du 2e ordre.

$$\begin{array}{r} 1\,1 \\ 2\,2\,4 \\ +\ 1\,3\,3 \\ \hline 4\,1\,2 \end{array}$$

Ajoutons le cas d'une retenue au niveau du 3e ordre, créant la nécessité d'un nombre de 4 chiffres (abordé seulement en CE1).

Résultats obtenus

À chaque fois, il sera demandé aux élèves d'écrire l'addition verticalement, après chaque manipulation.

On peut mesurer ici les effets positifs (et simplificateurs) du travail de construction de la numération positionnelle puisque ce sont les élèves eux-mêmes qui en sont auteurs, par le jeu des paquets de cinq.

Un peu plus tard, l'enseignant demandera aux élèves de calculer directement (sans manipulation) une addition à retenue, leur laissant cependant accès autant que nécessaire à la manipulation.

C'est la pratique renouvelée de la retenue (grâce aux manipulations avec élastiques) qui amène les élèves à se rendre compte qu'il est plus aisé de commencer à additionner les unités d'ordre zéro, puis celles d'ordre 1, etc… faisant ainsi l'opération de droite à gauche. Mais l'enseignant sera à l'affût du moment le plus opportun pour le faire verbaliser.

Arrivés là, les élèves peuvent réinvestir rapidement dans n'importe quelle base et, particulièrement, dans la base dix.

Bien sûr, des exercices multiples d'addition sont nécessaires… mais cela peut devenir un jeu pour les élèves (y compris comme défis entre eux), à ceci près que leur contentement de se découvrir de telles capacités qu'ils s'ignoraient et le fait qu'il n'y ait pas besoin de leçon spécifique pour savoir faire tant d'additions avec tant de retenues leur offre une grande satisfaction et fierté.

Ce qui pu s'exprimer, lors d'une visite d'enseignants dans une classe, laissant ces derniers fort étonnés de voir la dextérité des élèves qui en arrivaient à faire aisément des additions de plusieurs nombres avec des retenues multiples dans n'importe quelle base.

Et cela, alors que les enseignants qui observaient, n'ayant pas connaissance eux-mêmes des bases et qui s'en étaient inquiétés auprès de l'enseignant de la classe, entendirent cette réponse : « *Ne vous faites aucun souci, les élèves vous expliqueront* ».

Ce qui eut lieu, pour la plus grande joie des élèves.

11

LA SOUSTRACTION

▲ Introduction du thème

Déroulement

La soustraction est certainement plus difficile à aborder que la multiplication. Se définissant comme opération inverse d'une autre opération (l'addition), elle présente des avatars spécifiques : loi de composition interne non partout définie dans N mais, surtout, son intervention dans des situations de réalité fort différemment perçues par les élèves, ce qui rend difficile le fait que cette opération – à elle seule – permette de résoudre une multiplicité de situations[93].

L'outil « soustraction » ne peut donc se conquérir qu'au terme d'une démarche plurielle où, au-delà des caractères propres à chacune des situations soustractives, sera dégagée – par les élèves – leur commune architecture mathématique, ouvrant sur l'unicité de l'opération utilisée.

Dans la plupart des approches de la soustraction, on part d'une situation soustractive concrète. Exemple : j'ai 8 œufs, j'en casse 3.

On imagine concrètement, voire on manipule, et on introduit dans la même leçon l'opération $8 - 3 = 5$, en l'accompagnant parfois de : $3 + \bullet = 8$.

On prend parfois, encore, une autre situation (« il manque ») et on fait de même. D'où, quand surviennent des exercices d'application comportant des situations nouvelles (différence, complémentarité), une grande difficulté, sinon l'impossibilité, pour les élèves, de s'y reconnaître et de trouver l'opération voulue.

Représentation ensembliste

Il y a quelques années, il a été introduit un diagramme faisant apparaître l'ensemble C qui est complémentaire de B (de cardinal 3) par rapport à A (de cardinal 8) :

93. C'est-à-dire que, dans N, on ne peut soustraire un nombre à un autre que si le premier lui est inférieur.

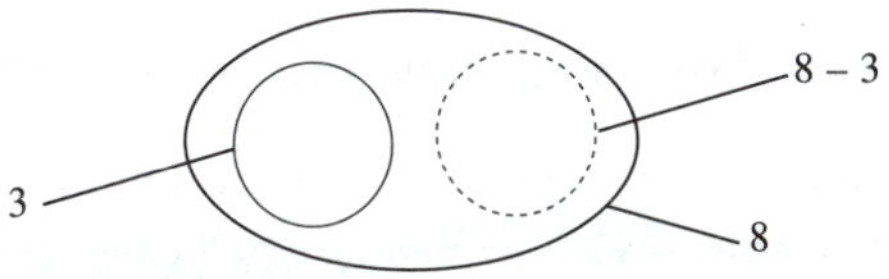

en reprenant l' opération 3 + • = 8 pour annoncer bientôt 8 – 3 = 5.

Actuellement, les diagrammes ont disparu, laissant place à des dessins d'objets, quand il s'avère que chaque nombre (qui figure dans la situation), certes issu d'un dénombrement d'objets, est pourtant ce qui caractérise une « collection » d'objets – comme cardinal d'un ensemble – et non ce qui caractérise les objets eux-mêmes, qui ne sont qu'éléments de cette collection.

Il y a là un détournement de sens mathématique très interrogeant. De plus, comme on va le voir dans ce qui suit, la représentation ensembliste est une médiation importante, pour les élèves, dans les processus de construction par eux des contenus mathématiques.

Parce que cette représentation ensembliste, dans la mesure où elle « colle » à la reconstitution d'une situation, donne les moyens de faire état des « collections » à traiter sous chaque terme numérique de la situation initiale.
Ainsi peut-on avoir la trame d'un processus allant des « objets » du départ à l'opération-soustraction :

Objets	⟶	**actions**	⟶	**représentation**	⟶	**opération**
(collections)		(enlever, ajouter, comparer...)		(diagramme)		(soustraction)

D'où un double avantage, dans l'intermédiaire que constituent les représentations d'ensembles :

• une fonction de médiation qui a sa raison d'être mathématique (chaque nombre étant une propriété spécifique de l'ensemble des objets traités et non directement des objets eux-mêmes)

• une fonction de médiation qui a sa raison d'être dans une démarche de construction de savoir, comme étape représentative dans un parcours (depuis les actions initiales jusqu'à l'opération entre les nombres).

▲ Étape 1

Présentation des différentes situations soustractives

Une première approche pourra être faite de chacune des situations suivantes, avec le soin d'en restituer à chaque fois les données très concrètes, tant dans les collections d'objets à manipuler que dans les actions impliquées par chaque situation.

Pour cela, on n'hésitera pas à faire mimer cette situation pour en voir les actions successives et le résultat. Ensuite, pour chacune d'elles, l'enseignant demandera de bien distinguer de quels nombres on part (liés à quels ensembles d'objets) pour saisir ensuite à quel nouveau nombre on arrive, représenté par quel nouvel ensemble.

L'enseignant peut demander aux élèves de dessiner en fin de compte, après chaque situation, le dessin qui permet le mieux de comprendre ce qui s'est passé (on retrouve – réinvesties – les étapes clés d'introduction de l'addition). L'important est que chaque situation soit bien caractérisée dans sa spécificité, condition pour arriver – mais plus tard – au contenu opératoire commun.

• **S1 EXEMPLE : Paul a 9 billes, il en perd 4.**
Il y a un ensemble de départ, une partie de cet ensemble s'en détache.

*L'action : **on enlève**, on perd…*
Le résultat : CE QUI RESTE

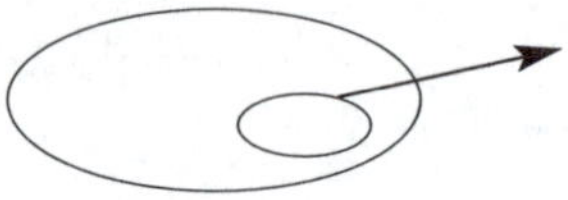

C'est le cas le plus couramment utilisé et souvent le seul; d'où le risque pour les élèves de ne mettre en relation la soustraction que dans ce cas-là.

• **S2 EXEMPLE : Pour jouer au scrabble, j'ai besoin de 7 lettres; j'en ai 5.**
Il y a un ensemble de 5 lettres; il me faut aller chercher un ensemble de 2 lettres pour compléter mon jeu.

*L'action : **chercher à ajouter.***
Le résultat : CE QUI MANQUE

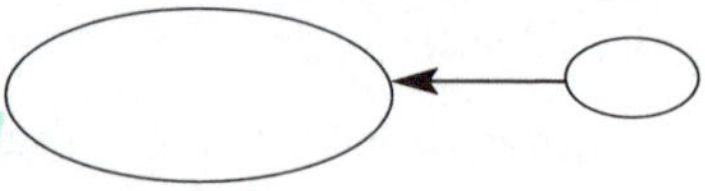

• **S3 EXEMPLE : Paul a 9 billes. François en a 5.**
Il y a 2 ensembles disjoints entre eux; aucune action n'est indiquée si ce n'est le souci de comparer ces 2 ensembles.

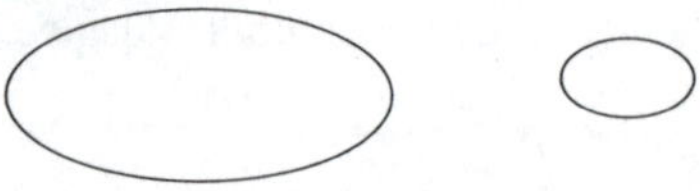

On compare.
Le résultat : LA DIFFÉRENCE

• **S4** EXEMPLE : **Dans un bouquet de 15 fleurs, 8 fleurs sont des œillets.**
Deux ensembles, là aussi, dès le départ, mais l'un est inclus dans l'autre. Aucune action n'est indiquée, si ce n'est le fait de chercher le nombre de fleurs autres que les œillets.

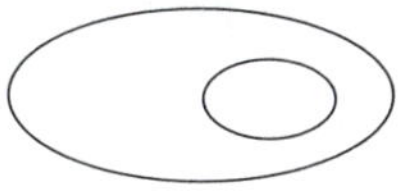

On compare.
On cherche LE COMPLÉMENT

• **S5** EXEMPLE : **Dans mon immeuble, j'habite au 3e étage et mon amie habite au 11e étage** (ou encore : j'ai 9 ans et ma sœur a 12 ans).

Il y a, à la fois, réinvestissement de S3 et S4 mais apparaissent ici des grandeurs continues sur lesquelles sont dénombrés des *intervalles.*

L'une des 2 grandeurs recouvre en partie l'autre, la comparaison se faisant à partir d'une même origine (ou point de référence) : l'étage 0 ou rez-de-chaussée, l'année présente pour les âges.

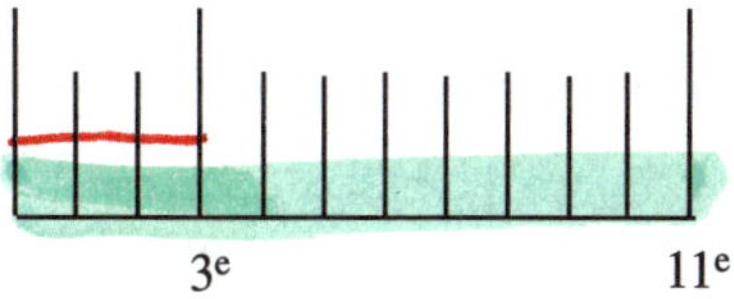

On cherche la DISTANCE

On va donc tenter de créer les conditions pour que s'engage un processus de recherche qui, partant d'une manipulation ou d'un mime, se fera de façon décisive sur les représentations (ensemblistes) des actions menées sur les collections d'objets, passant ainsi du dessin au diagramme et à la confrontation des diagrammes.

L'introduction du signe « – » ne se fera que plus tard, après qu'on ait dégagé – ou plutôt que les élèves aient dégagé – l'architecture commune des ensembles manipulés, quelles qu'en soient leurs significations concrètes préalables.

Ainsi le diagramme :

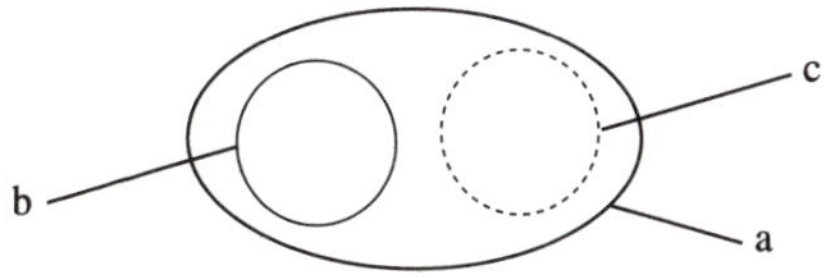

qui ouvrira plus tard sur : $a - b = c$

arrivera pour les élèves comme instrument commun de compréhension, d'autant mieux perçu qu'il sera bien distingué de la réunion :

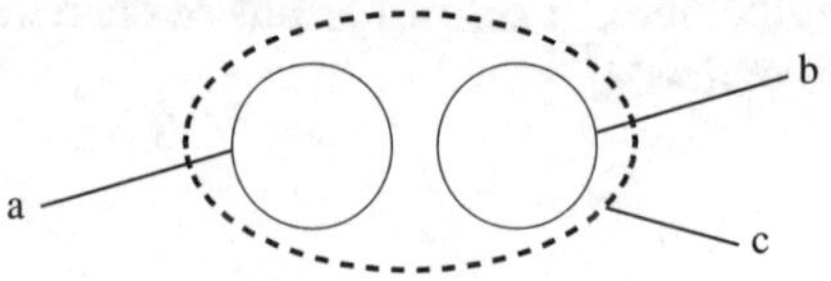

dont les élèves savent que : a + b = c

Mesurons bien quelle activité mentale sera nécessaire à l'élève pour qu'il se construise un outil opératoire unique : l'opération soustraction.

Il est placé devant des situations totalement différentes : soit un seul ensemble de départ (S1, S2); soit deux ensembles (S3, S4, S5). Dans S1 et S2, deux actions contraires : soit une partie qui disparaît (on enlève, on perd, on casse…), soit un ensemble qui vient s'adjoindre au premier (on cherche un autre ensemble pour le réunir au premier).

Dans S3 les 2 ensembles sont disjoints, alors que dans S4 et S5 l'un des ensembles est inclus dans l'autre. S5 enfin est différent des précédents parce qu'il fait intervenir non plus des objets mais des intervalles, comptés sur des grandeurs (longueurs souvent) continues.

On comprend alors l'inefficacité que produit une introduction de la soustraction faite seulement à partir d'une ou deux de ces situations, laissant l'élève démuni quand, devant un exercice dit « d'application », il se retrouve devant une situation qui lui apparaît, à juste titre, comme tout à fait nouvelle.

▲ Étape 2

Traitement par équipes des situations soustractives

Au cours de cette étape, seront étudiées séparément, chacune pour elle-même et par des groupes différents d'élèves, les différentes situations soustractives (de type S1, S2, S3, S4, S5) où le plus grand soin sera pris d'un départ très concret, collant au plus près avec la situation de réalité (y compris en reprenant le mime), pour travailler ensuite sur les représentations multiples (des actions et résultats d'actions), pour les affiner, les « simplifier », et ne conserver que ce qui est strictement indispensable pour en comprendre l'ossature mathématique : en vue de parvenir au diagramme.

Il s'agit que les élèves représentent en final les ensembles liés aux deux nombres donnés et à celui qu'ils auront permis de trouver.

Il sera demandé pour l'étape suivante à chaque groupe de transcrire sur une grande affiche les dessins, schémas, diagrammes qui accompagneront la présentation qu'ils feront ensuite (y compris avec le mime de départ) devant la classe, de leur situation.

Au cours de cette étape, on peut inclure (suivant le temps pris par les uns ou les autres) l'idée de « fabrication de problèmes » où les élèves pourront imaginer des situations soustractives en relation ou non avec la situation sur laquelle ils ont travaillé.

▲ Étape 3

Confrontation entre elles des situations soustractives

Cette étape, la plus décisive, va se saisir des matériaux produits par les groupes précédents pour en organiser la confrontation systématique, avec la présentation de leur affiche (par colonne distincte pour chaque groupe).

Pour chacune des situations, il sera important de dégager en final la signification du résultat : qu'il soit le RESTE, le MANQUE, la DIFFÉRENCE, le COMPLÉMENT, la DISTANCE. Sachant d'ailleurs que d'autres situations soustractives sont possibles comme combinaisons des précédentes.

La confrontation permet de dégager le diagramme commun représentatif (et explicatif). Pour cela, un temps d'observation silencieuse sera demandé aux élèves.

Aucune question n'est nécessaire, sinon : « ***observez, comparez*** ».
L'objectif de la confrontation verbale qui suivra sera de mettre en relief à la fois les caractéristiques propres à chaque situation et l'agencement mathématique commun exprimé de façon évidente par le diagramme, qui se présente à chaque fois comme ayant la même ossature.

S1 énoncé	S2 énoncé	S3 énoncé	S4 énoncé	S5 énoncé
dessins intermédiaires	...	...	...	...
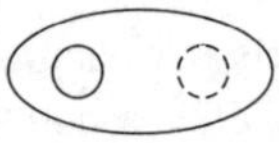	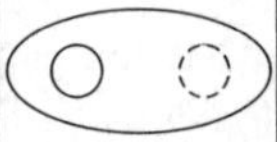	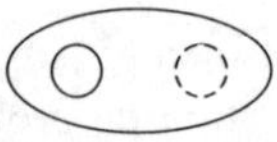	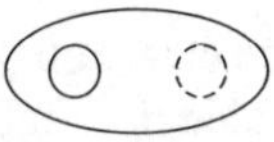	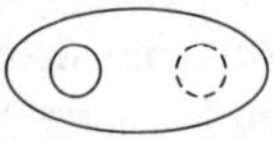
formulation du résultat “Il reste... billes”	“Il manque...”	“ Paul a ... en plus de... ”	“ Il y a ... ”	“Jusqu’ à... Il y a ”
LE RESTE	LE MANQUE	LA DIFFÉRENCE	LE COMPLÉMENT	LA DISTANCE

Ainsi sera mis en évidence au tableau le diagramme commun :

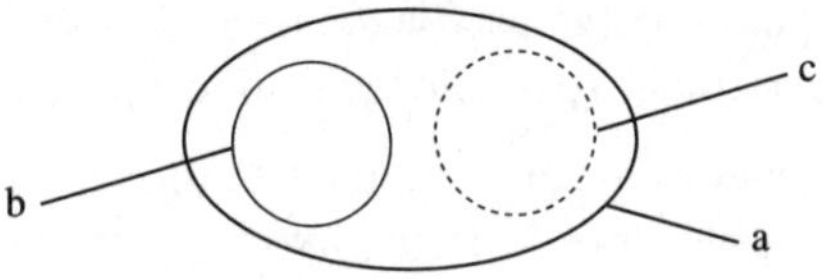

et le fait qu’à chaque fois, la situation, partant d’un couple de nombres (a, b) dont le travail sur la situation permet de produire un nouveau nombre *c*. À partir de (a, b) correspond en final *c*.

soit : (a,b) $\longrightarrow$ c qui permet d’écrire maintenant a – b = c

On pourra ainsi au bas de chaque colonne faire correspondre précisément pour chaque couple de nombres concernés, l’opération qui conclut et donne le résultat.

Il pourra être utile de revenir ensuite sur un exemple de situation additive pour bien caractériser l’opération nouvelle, en comparant son diagramme représentatif de celui issu d'une situation soustractive.

Puis on associera à chacun l'opération correspondante, concernant les cardinaux des ensembles désignés.

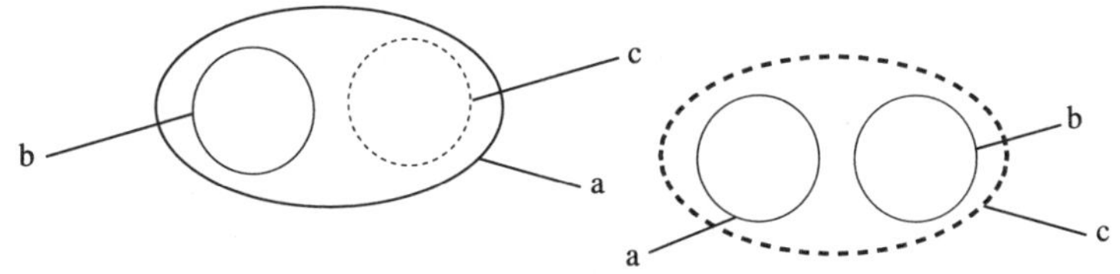

$a - b = c$ sachant déjà, pour l'addition : $a + b = c$

Remarquons que dans les deux cas on est passé par des phases de même nature :

Mime ⟶ dessin ⟶ diagramme ⟶ opération

Revenons et examinons maintenant, une à une, chacune des situations soustractives pour en analyser les cheminements propres.

– S1 : Paul a 9 billes, il en perd 4.

Mime : il y a successivement :

– Paul et ses 9 billes

– Paul qui perd 4 billes

(l'important du mime est le fait de la disparition des billes perdues)

– Il reste des billes à Paul : il y en a 5.

Dessin : le dessin suivant, fait par un élève,

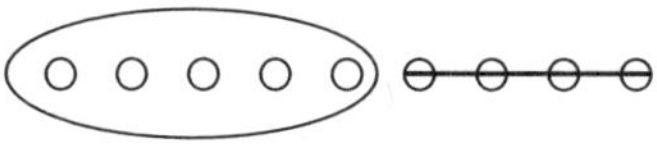

fait apparaître en raccourci – simultanément – les 3 phases, que l'on peut restituer dans les 3 moments successifs de fabrication du dessin :

les 9 billes qui sont là

les 4 billes qui sont perdues

les 5 billes qui restent

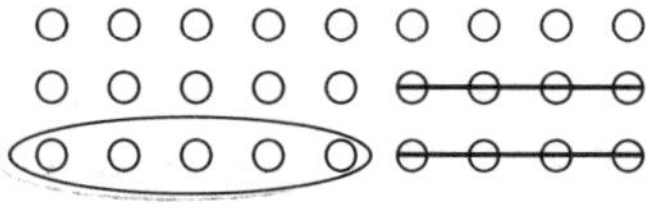

Diagramme : il y a diagramme à partir du moment où les élèves ne considèrent plus seulement les objets dans leur diversité, mais dans la « collection » qu'ils constituent (c'est-à-dire dans leur ensemble). Ce qui est mis en évidence par le fait qu'ils entourent ces objets et qu'ils mettent une étiquette numérique (cardinal de l'ensemble). Dans la constitution du diagramme, on retrouve les phases précédentes :

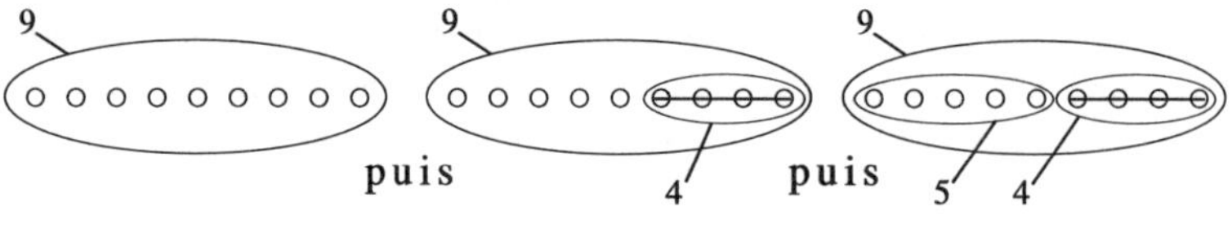

Enfin le dessin des objets (éléments) disparaît pour laisser place seulement à l'ensemble correspondant (les éléments deviennent moins intéressants que leur nombre). Le diagramme, épuré, devient :

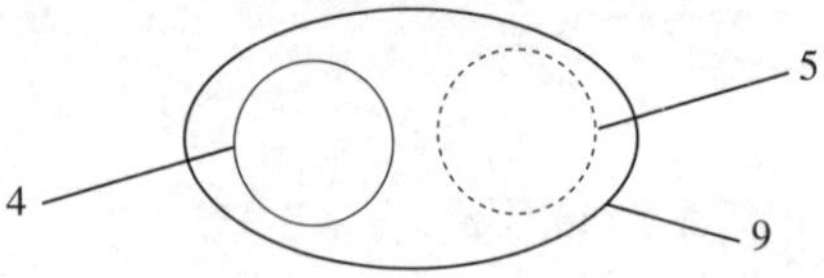

Les nombres 9 et 4 étant donnés au départ, le diagramme indique comment se situent les uns par rapport aux autres les ensembles qu'ils caractérisent. On est passé progressivement de la manipulation (mimée puis dessinée) des objets, à la manipulation dessinée et structurée des ensembles.

Pour en arriver à la correspondance (9, 4) ➤ 5 soit l'opération 9 – 4 = 5

Formulation : la formulation a commencé avant, au cours des dessins (et déjà dans le mime), comme verbalisation descriptive ou explicative.

On demande aux élèves d'exprimer simplement par une phrase la conclusion : « *Il reste 5 billes à Paul* »

– S2 **J'ai besoin de 12 sucres pour faire un dessert, j'en trouve 8 dans le sucrier.**
***Mime* (ou manipulation)** mettant en évidence le fait d'aller chercher les 4 sucres qui manquent.

Le *dessin* fera apparaître les sucres manquants de façons diverses par les élèves (par exemple avec des couleurs ou des formes différentes).
Le passage au *diagramme,* amorcé souvent dès le dessin, se fera par l'entourage des ensembles d'objets auxquels sont associées des étiquettes numériques. On demandera ensuite un « dessin simplifié » (les objets n'étant plus dessinés, c'est devenu inutile puisque l'étiquette indique combien il y en a), et 2 couleurs pour distinguer les ensembles donnés de l'ensemble trouvé.
On arrive à la correspondance : (12, 8) ➤ 4 soit l'opération : 12 – 8 = 4

Formulation : il manque 4 sucres pour faire le dessert.

– S3 **Paul a 9 billes. François en a 5**.
***Mime* (ou manipulation)** : l'important est la présence simultanée des 2 ensembles disjoints : les 9 billes de Paul et les 5 billes de François. L'action de comparaison peut se faire en mettant chaque bille de Paul face à une bille de François, ce qui fait apparaître les 4 billes de plus de Paul.

Le *dessin* doit respecter la correspondance terme à terme entre les billes de Paul et celles de François :

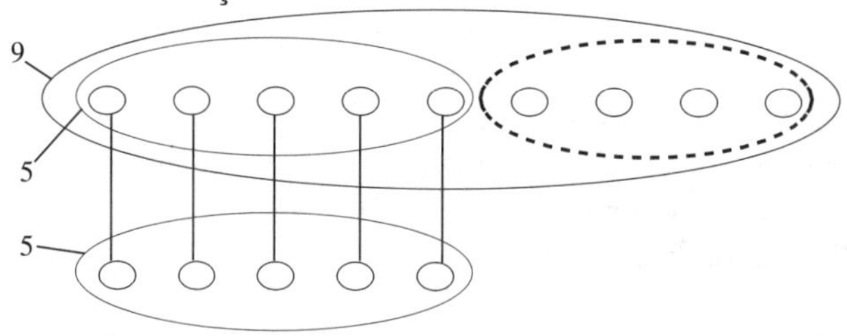

Le diagramme deviendra ensuite :

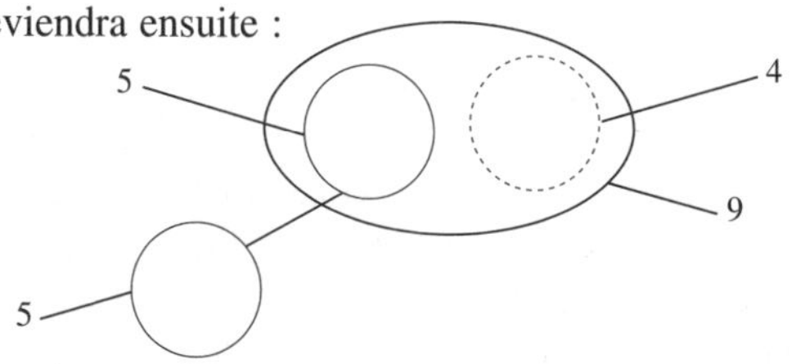

pour ne conserver, plus tard, que :

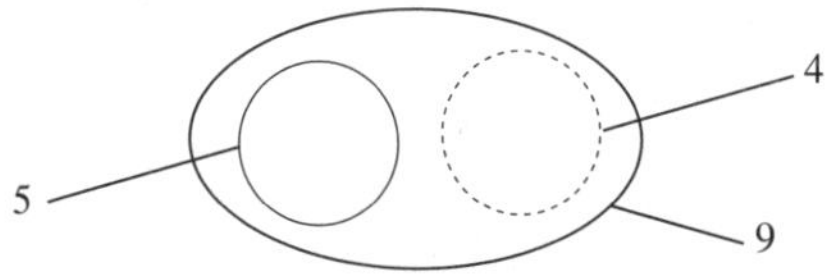

On arrive à la correspondance : (9, 5) ⟶ 4 soit l'opération : $9-5=4$

Formulation : On exprimera de toutes les façons possibles :
- Paul a 4 billes de plus que François.
- François a 4 billes de moins que Paul.
- Il y a une *différence* de 4 billes entre celles de Paul et celles de François.

– S4 Dans un bouquet de 15 fleurs, il y a 8 œillets.
La ***manipulation*** (par exemple avec de petits cubes) consiste à restituer les données.

Le *dessin,* directement, peut y suffire. Dessin très concret montrant bien la différenciation des fleurs et permettant un contrôle par les élèves eux-mêmes. On trouvera par exemple des élèves qui font 2 ensembles disjoints de 15 fleurs et de 8 œillets, ayant du mal à percevoir l'inclusion exprimée par « dans ». D'où un travail nécessaire, à la fois de logique et de vocabulaire (travail qui peut être l'objet d'une 1re confrontation entre élèves de plusieurs interprétations de l'énoncé). La confrontation ne peut être profitable que si l'enseignant joue son rôle de miroir, de mise en relation systématique et d'exigence d'explicitation. Passé ce type de difficulté (du domaine de la psycho-génétique, en liaison avec la maturation mentale des élèves), le diagramme viendra rapidement.

Formulation : ce qui est délicat ici, c'est la désignation des autres fleurs que les œillets. La seule formulation correcte fait intervenir la négation : dans le bouquet, il y a 7 fleurs qui ne sont pas des œillets. D'où un travail de logique qui doit prendre tout le temps nécessaire, s'appuyant comme toujours sur les observations, formulations des élèves.
On peut introduire le mot d'ensemble complémentaire suivant la classe.
On arrive à la correspondance : (15, 8) ⟶ 7
soit l'opération : 15 – 8 = 7

– S5 Dans mon immeuble, j'habite au 3e étage et mon amie habite au 11e étage.

Le *dessin,* directement, doit coller au plus près avec la situation de réalité. Ainsi, si les élèves sont tentés par un ensemble avec des croix, par exemple (parce que trop conditionnés par les diagrammes précédents), il faut exiger une plus grande ressemblance avec la réalité – pour bien comprendre ce que signifient les étages. Car ici ce sont des intervalles qui sont comptés et on doit les voir apparaître sur le dessin. Sinon, le risque est grand d'une ambiguïté pouvant amener certains élèves à penser qu'il y a 7 étages entre le 3e et le 11e.

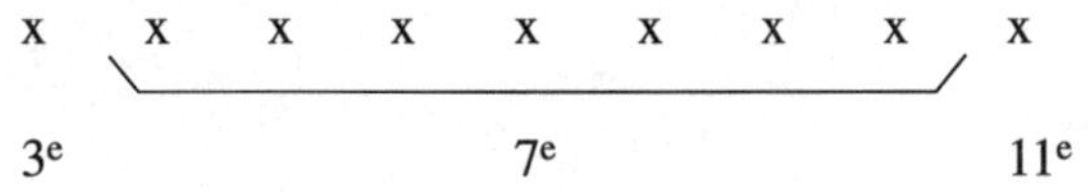

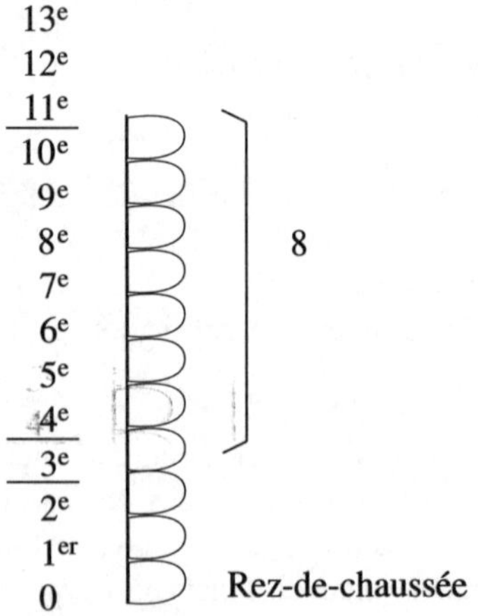

N'oublions pas que, plus est élevée l'exigence de mathématisation, plus on doit être proche des données concrètes de départ, afin de mieux s'en dégager, ensuite.
Ce n'est que lorsque le dessin est devenu suffisamment explicite qu'on peut faire apparaître comme ensembles les 3 premiers étages, les 11 étages et la distance entre le 3e et le 11e.

Le dessin se transforme en diagramme :

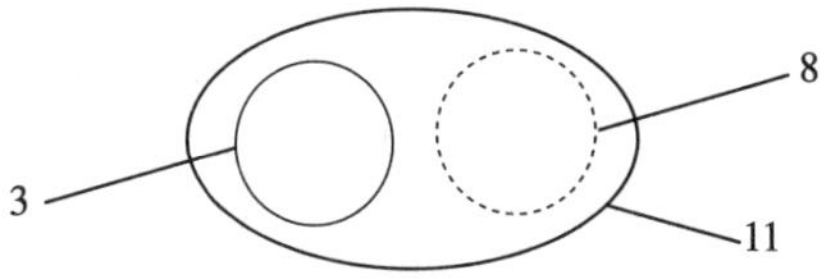

Formulation : Il y a 8 étages pour aller de mon appartement à celui de mon amie. On peut introduire le mot de *distance.*
La distance est de 8 étages.
On arrive à la correspondance : (11, 3) ⟶ 8 soit l'opération : $11 - 3 = 8$

Des réinvestissements multiples pourront être trouvés.
Par exemple : pour aller de la ville A à la ville B il y a 28 km, nous en avons déjà parcouru 12, etc.

▲ Étape 4

Technique de l'opération soustraction

Approche d'une propriété spécifique de la soustraction

Des situations systématiques de ces types de situations soustractives (notamment distances égales sur un parcours, différence d'âge entre deux personnes, etc.) permettent d'approcher une propriété remarquable :

• Une différence entre deux termes ne change pas que l'on ajoute ou que l'on retranche un même nombre aux deux termes de cette différence.

• Soit : $a - b = (a + c) - (b + c)$ ou encore $a - b = (a - d) - (b - d)$
Propriété qui était inexistante pour l'addition.

Avec les élèves, on peut les faire réfléchir, à propos de l'âge, sur la situation suivante :

> *J'ai 8 ans et ma sœur en a 12. Je peux me poser la question de son âge quand j'en aurai moi-même 12, mais aussi quelle âge avait-elle quand je suis née.*

Et chaque élève peut faire des comparaisons de même type avec des exemples personnels pris entre frères et sœurs, enfants et parents ou grands parents, entre copains, etc. De même pour une situation où deux enfants ont des billes et qu'à chacun on apporte en plus le même nombre de billes : qu'advient-il de la différence ? etc.

L'important ici est de laisser libre cours aux exemples pris par les uns et les autres mais ensuite de demander d'en discuter en petits groupes, de prendre un ou deux exemples et d'écrire sur une affiche ce qu'ils trouvent (avec schémas possibles) et si possible une phrase qui exprime ce qu'ils ont constaté.

On peut faire le même type d'exercice à propos des étages : aller du 3e au 11e, c'est franchir le même nombre d'étages que du 1er au 9e, du 5e au 13e, etc. Et on peut aussi faire chercher aux élèves des situations similaires. En faisant observer que le nombre trouvé s'obtient en allant du premier (non compté pour respecter l'intervalle) au dernier. Il n'y a pas à craindre de laisser les enfants compter « sur leurs doigts »[94] en étant vigilant quant au problème spécifique des intervalles à respecter[95].

Car là encore la propriété à dégager le sera d'autant mieux qu'elle prend racine dans des situations concrètement différentes : c'est ce qui demeure invariant dans la procédure opératoire qui est à dégager.

Technique de la soustraction

Bien sûr, sur de petits nombres, l'opération soustraction démarre, surtout dans la mesure où on associe :

par exemple : à $9 - 4 = 5$, l'opération $9 = 4 + 5$.

Mais on peut aussi, en réinvestissant la « distance », aller de 4 à 9 pour trouver 5.
Le sens de l'opération soustraction ayant été largement travaillé, la technique de la soustraction va s'appuyer sur deux notions :
- les principes de fonctionnement de la numération
- la propriété précédente

Arrivé à ce stade (CE1, CE2) on suppose maîtrisée la pratique de la numération décimale positionnelle[96]. L'enseignant va procéder par étapes :

> *1) On met en œuvre la pratique de la numération dès un premier exemple d'opération avec des nombres de 2 chiffres (base dix) : 36 – 24.*
>
> *Pour cela, on fera prendre le temps aux élèves de refaire des paquets de dix*[97] *et on demandera tout simplement aux élèves de trouver le résultat en « enlevant » 24 à 36. Les élèves vont procéder très simplement en s'occupant des unités entre elles et des dizaines également entre elles pour donner le résultat : 36 – 24 = 12.*

94. Il sera temps, lorsque les procédures seront construites, de passer plus directement à un comptage mental. On ne peut « brûler » les étapes sans y perdre des points d'appui qui jouent un rôle, dans la construction, comme il en a été sur le plan de la genèse historique des notions et procédures d'usage.
95. En effet, on n'atteint un étage que par un intervalle, de même l'âge suivant que par l'intervalle d'une année, etc.
96. Maîtrise indispensable qui conditionne non seulement cette partie du programme, mais bien d'autres encore non moins importantes !
97. À moins qu'on n'ait gardé en classe (boîtes conservées précieusement) des paquets d'allumettes (regroupés par dix, notamment) déjà prêts pour les usages à venir (les techniques opératoires particulièrement).

2) L'exemple suivant est : 31 – 17. Là, on demande aux élèves de procéder directement avec dizaines et unités (concrètement : les paquets avec élastiques et allumettes séparées).

En laissant libre les élèves, (sachant toutefois qu'ils savent pouvoir faire et défaire des dizaines suivant les besoins, comme cela s'est déjà produit lors de la découverte par eux de la retenue pour l'addition).

Ainsi auront-ils à leur disposition, les deux nombres concrètement restitués en dizaines et unités, sachant qu'il faut enlever au premier le nombre d'allumettes exprimé par le second :

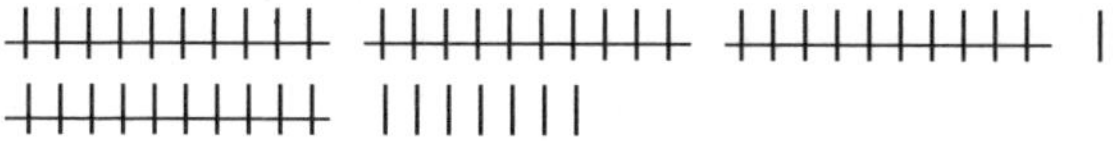

Là, les élèves constatent d'eux-mêmes que c'est infaisable si on n'enlève pas l'élastique d'une dizaine du premier nombre pour pouvoir soustraire les 7 unités du second.

D'où, pour les dizaines qui restent et en enlevant la dizaine de 17, il reste en définitive 1 dizaine et 4 unités soit : 31 – 17 = 14;

Alors que, pour la retenue dans l'addition, il fallait fabriquer certaines dizaines supplémentaires (mettre des élastiques dès qu'on avait dix allumettes), ici, pour la soustraction, il fait **défaire une dizaine** (et donc enlever un élastique) pour pouvoir ensuite enlever les unités prévues.

3) Mais en s'appuyant sur la propriété dégagée plus haut, une autre façon de faire va être introduite par l'enseignant : puisqu'une différence ne change pas en ajoutant un même nombre aux deux termes de la soustraction, dans les pratiques habituelles, au lieu de défaire une dizaine, quand c'est nécessaire, on ajoute au contraire une dizaine au premier nombre ainsi qu'une dizaine au deuxième nombre.

Ainsi cela donne :

$$\begin{array}{rcc} & 3^{1} & 1 \\ - & {}^{1}1 & 7 \\ \hline & 1 & 4 \end{array}$$

Le plus important, dans cette procédure dite « experte » est que les élèves en comprenne le sens en mettant en relation – à la fois de façon concrète et de façon cognitive – avec les étapes construites précédemment.
Il est intéressant que les élèves puissent manipuler l'équivalent de cette procédure avec des paquets de dix pour bien voir ce qui se joue [98].

98. C'est quand les unités d'ordre différents du 2e nombre ne peuvent être directement « enlevées » à celles du 1er nombre, qu'alors on se permet d'ajouter aux deux membres une dizaine supplémentaire pour pouvoir en défaire une du 1er nombre.

Il arrivera un moment où le passage par la manipulation deviendra inutile pour les élèves (ils le feront « de tête ») et où l'usage oral habituel prendra le relais, grâce aux apports verbaux de l'enseignant.

> *4) Ainsi pourra-t-on complexifier les soustractions lorsqu'elles se font sur des nombres de trois chiffres. Mais on peut très bien faire le pari que les élèves sont capables de se donner à eux-mêmes des exemples de soustraction dont ils ont à découvrir comment s'y prendre quand les « retenues » changent d'ordre ou se trouvent accumulées sur tous les ordres.*

C'est pourquoi une telle maîtrise de la pratique généralisée de la technique soustractive se présente bien plus comme « réemplois créatifs » que comme leçons supplémentaires.

C'est d'ailleurs, à ce titre, une excellente évaluation de la solidité ou non des constructions cognitives antérieures. Et c'est certainement l'enseignant qui a à s'interroger sur tel palier non encore franchi (et donc revenir à cet endroit des apprentissages) que ce soit au niveau de la classe en son ensemble ou que ce soit plus particulièrement au sujet de tels ou tels élèves. Un climat d'aide, s'il est instauré dans la classe, peut parfaitement assurer un lien d'apprentissage.
L'enseignant alors veillera à constituer de petites équipes en conséquence.

C'est là, assurément aussi, un apprentissage à la solidarité, dans les apprentissages fondamentaux.

Où ceux qui aident y gagnent en compréhension plus grande pour eux-mêmes et ceux qui sont aidés en plus grande confiance en soi.

12

LA MULTIPLICATION

▲ Introduction du thème

Déroulement

La multiplication est introduite (dès le CP) ici comme loi de composition interne dans N à partir de l'addition réitérée de type $a + a +...+ a$ de b termes égaux à a dont le produit a x b est une contraction.[99]

Remarques :

• Les facteurs a et b jouent des rôles dissymétriques; il faudra un travail ultérieur pour les dégager de leur spécificité.

• Cette introduction ne s'appliquant qu'à des naturels, elle nécessitera plus tard des réinvestissements spécifiques aux autres nombres : décimaux, rationnels, relatifs... Mais c'est parce que la connaissance se construit par paliers que chacun d'eux doit être solidement bâti.

La démarche qui suit a été menée de nombreuses fois en fin de CP et au CE1. Elle peut l'être aussi bien au CE2.
Elle se présente comme réinvestissement de l'addition à partir des décompositions additives d'un naturel. Cette démarche a pour objectif de faire se construire le sens de la multiplication.

Préalablement, des activités libres de décompositions additives auront été menées par les élèves.
(Exemple : 7 = 4 + 1 + 2 ; 9 = 3 + 3 + 2 + 1) comme autant d'écritures tirées de la constitution de tas d'objets où chaque élève détermine comme il l'entend :

– *le nombre de tas*
– *le nombre d'objets par tas*

99. Loi qui fait correspondre à un couple de nombre (a, b) un nouveau nombre c tel que : a x b = c.

Chacune des manipulations est suivie, au début tout au moins, de diagrammes du type :

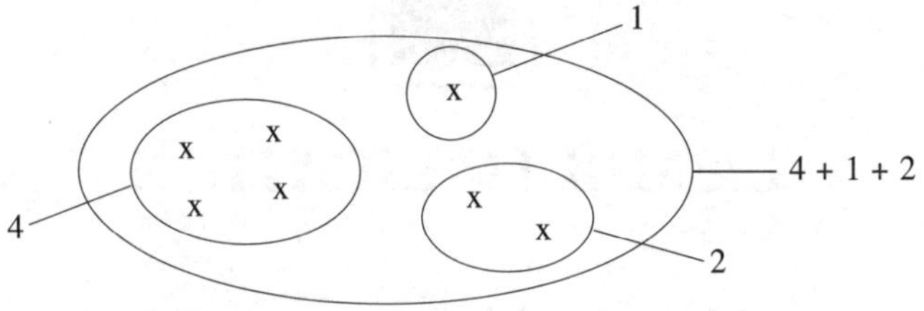

La démarche consiste en un travail de décomposition additive systématique d'un entier naturel suffisamment riche en diviseurs (pour permettre plusieurs décompositions multiplicatives). Pour cela, on prendra 12.

▲ Étape 1

Recherche et confrontation de décompositions additives

Les élèves sont invités (individuellement) à chercher le plus possible de décompositions additives de **12**. Plus simplement, il leur est demandé de constituer des tas (à partir de petits cubes par exemple), aussi librement qu'ils le veulent, de les représenter à chaque fois par un diagramme-réunion, et enfin par une écriture additive.

Les élèves comparent leurs « stocks », constatant des particularités, des différences : nombre de termes, répétition ou non d'un même terme, présence ou non de « 0 »... Constatations encore très empiriques.

L'enseignant demande à chaque équipe de s'organiser pour ré-écrire ces écritures additives, mais avec un feutre et sur des bandelettes de papier afin de pouvoir, ensuite, procéder à un classement.

Il est toujours important d'avoir des « objets » mobiles pour toute conduite de classement, permettant en permanence des rapprochements terme à terme, pour telle ou telle comparaison, et des modifications aussi libres que possible.

On a donc, en vrac, des écritures additives du type :

a : 4 + 8 = 12	f : 3 + 4 + 3 + 2 = 12
b : 10 + 2 = 12	g : 3 + 3 + 3 + 3 = 12
c : 5 + 5 + 2 = 12	h : 9 + 1 + 1 + 1 = 12
d : 2 + 4 + 5 + 1 = 12	i : 4 + 4 + 4 = 12
e : 6 + 6 = 12	etc.

▲ Étape 2

Classement des décompositions additives

La consigne : « **Classez** ».
Aucun critère de classement n'étant donné, on peut trouver :
– le nombre de termes. D'où un classement du type : a, b, e ; c, i ; d, f, g...
– celles qui commencent par 2, ou par 4...
Mais ces classements présentent très vite peu d'intérêt.
– celles où le même nombre est répété. Mais pour ce critère-là, les avis sont partagés. En effet, certains élèves pourront mettre ensemble : c, f, g, h, i, alors que d'autres mettront à part c, f, h.

L'enseignant incitera à pousser le plus loin possible les argumentations avancées en faveur de tel ou tel de ce dernier type de classement, afin que les élèves distinguent :
A) les écritures additives constituées de nombres tous différents entre eux. Exemple : 2 + 4 + 5 + 1.
B) les écritures additives dans lesquelles certains nombres se répètent. Exemple : 9 + 1 + 1 + 1.
C) les écritures additives constituées de la **répétition d'un seul nombre**. Exemple : 4 + 4 + 4.

▲ Étape 3

Introduction de l'écriture multiplicative

C'est le cas des écritures additives B) comportant plusieurs naturels différents mais dont certains se répètent, qui aura permis de mieux cerner la spécificité du cas C). Pour connaître cette addition réitérée de $a + a +$... de b termes égaux à a, il suffit d'avoir a et b.

Des écritures telles que 2 + 2 + 2 + 2 + 2 + 2, où la nécessité se fait jour de devoir compter combien de termes sont égaux à 2, permettront aux élèves de prendre conscience de l'existence et de l'importance de « b » et, du coup, l'introduction de l'écriture 2 x 6 sera comprise comme nouvelle écriture dont l'intérêt est d'être plus brève, plus concise que la précédente. Les autres écritures de type C) seront traduites pareillement, par les élèves.

Et inversement, la donnée par exemple de 3 x 7 devra être transformée en une écriture additive : 3 x 7 = 3 + 3 + 3 + 3 + 3 + 3 + 3

▲ Étape 4

Commutativité

Un peu plus tard, au cours de séquences ultérieures, toutes les décompositions additives de 12 vont donner lieu à certaines observations, si l'enseignant sait en saisir l'occasion.

On peut écrire 12 soit avec 3 x 4 c'est-à-dire 3 + 3 + 3 + 3

soit avec 4 x 3 c'est-à-dire 4 + 4 + 4

Propriété qui se vérifiera sur d'autres couples de naturels :

soit : 3 x 4 = 4 x 3 *c'est la commutativité de la multiplication.*

Notons que les rôles dissymétriques des facteurs permettent de mieux cerner où se situe l'invariant caractérisant cette propriété. En effet, 4 tas de 3 objets étant concrètement différent de 3 tas de 4 objets, il apparaît plus insolite que le nombre total d'objets soit le même.

Remarque pourra être faite que 1 x 12 et 12 x 1 laissent 12 inchangé[100].

▲ Étape 5

Distributivité

Situation classique dont on trouve de nombreux exemples dans la vie quotidienne, dans les situations d'achats ou autre. Par exemple, s'il y a des maisons (ou des objets dans une boîte) réparties régulièrement suivant un espace rectangulaire :

&	&	&	&	&	&	x	x	x	x	x
&	&	&	&	&	&	x	x	x	x	x
&	&	&	&	&	&	x	x	x	x	x

Ainsi peut-on rendre compte de plusieurs façons du nombre total des maisons (ou objets) sachant qu'il y en a en tout 11 x 3 = 33 :

Soit (6 x 3) + (5 x 3) = (6 + 5) x 3 = 11 x 3

Soit (3 x 6) + (3 x 5) = 3 x (6 + 5) = 3 x 11

100. Le nombre 1 est appelé à ce titre l'élément neutre pour la multiplication.

La venue des parenthèses doit prendre le temps de leur justification. On peut laisser dans un premier temps les élèves écrire comme ils le veulent y compris imaginer des messages à s'envoyer d'un groupe à l'autre d'élèves (mais sans dessin pour s'en tenir seulement à l'écriture des opérations successives).

C'est la réflexion qui suit ensuite, dans la confrontation générale, sur les écritures des élèves qui permettra aux élèves de voir les confusions possibles et de s'interroger pour se demander comment faire pour « qu'on ne se trompe pas ».
C'est toujours dans l'esprit de la pratique de démarche qu'il s'agit de se situer, et l'enseignant n'a pas besoin d'être guidé outre mesure s'il en comprend le sens et surtout l'intérêt pour l'apprentissage des élèves dont le pilier est l'activité réfléchissante des élèves, ce qui signifie pour l'enseignant le soin dans la prise en compte (et l'élucidation) de l'apport des élèves.

▲ Étape 6

Apprentissage de la table de multiplication

Elle peut se faire par les élèves eux-mêmes, à partir notamment du comptage des carreaux d'un rectangle, comme pour la table de Pythagore [101].

Ce faisant, les élèves trouveront des moyens « astucieux » pour remplir cette table de plus en plus facilement.

Il sera intéressant de marquer des pauses entre les moments d'établissement de la table entière [102] pour échanger discuter sur les « astuces » trouvées qui sont en fait des propriétés de la multiplication, notamment la commutativité de l'associativité.

101. Ces tables sont issues de : IREM Paris 7, *Histoire des mathématiques pour les collèges*, Cedic, 1980.
102. Qui peut se faire sur un certain nombres de jours. L'important est que les élèves vivent ces moments (sur des temps hors « leçons ») comme une activité ludique justement parce qu'ils y trouvent plein « d'astuces » !

Table de Pythagore (IVe av. J.-C.)

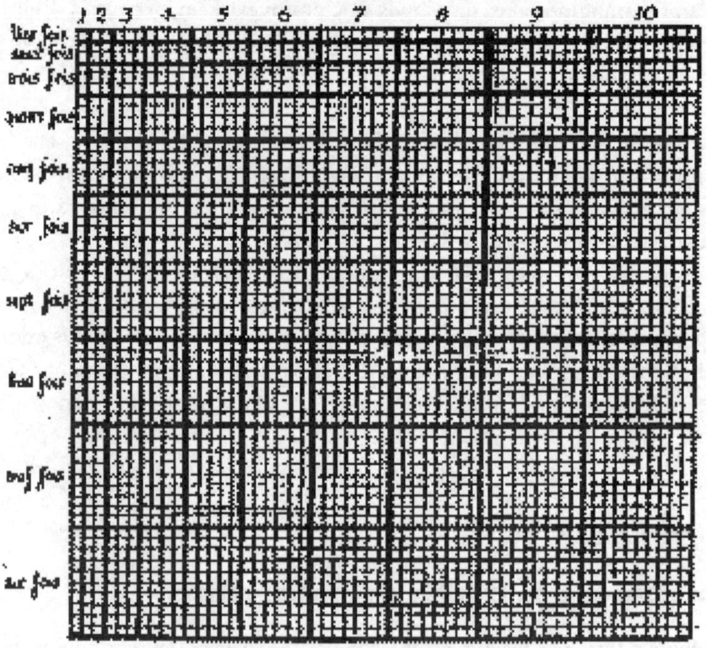

Traduction en chiffres arabes (XVe apr. J.-C.)

Plus de vingt siècles séparent ces deux tables de multiplications.

La table dite de Pythagore indique par les quadrillages l'assimilation d'une multiplication à l'aire d'un rectangle (les grecs disaient « rectangle 3, 2 » pour évoquer la multiplication « 3 x 2 ») ce qui permet d'en comprendre le sens et d'en établir tous les résultats.

La deuxième est quasi notre table actuelle de multiplication (le graphisme des signes garde trace d'un des moments de son évolution).

▲ Étape 7

Autres situations multiplicatives

Comme pour la soustraction, il est important que les élèves vivent d'autres situations multiplicatives, dont les représentations sont différentes bien que chaque fois donnant lieu à des formes d'additions répétitives. Activités de dénombrement liées à un travail de combinatoire. Par exemple, dans une situation où il s'agit de chercher combien de maisons sont possibles en utilisant 3 toits et 4 murs.

D'où un travail sur les représentations multiples (fig. 2, 3, 4) donnant un même résultat, mais à partir de représentations différentes qui, chaque fois, permettent de décoder les additions répétitives.

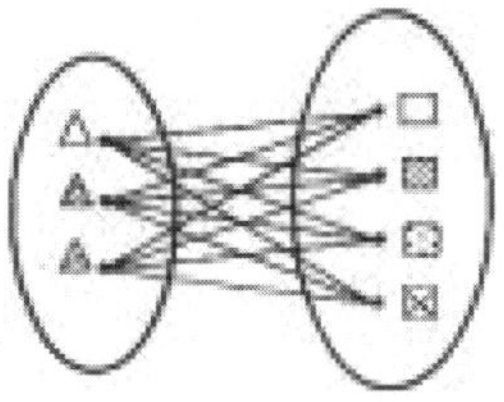

FIG. 2

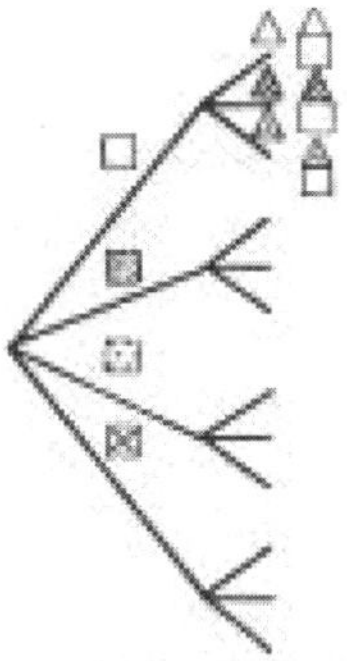

FIG. 3

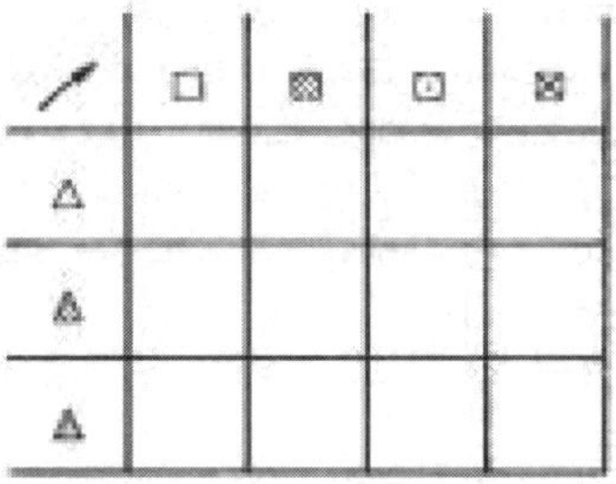

FIG. 4

▲ Étape 8

Technique de la multiplication

C'est la propriété de distributivité qui donne les clés pour entrer dans la technique de la multiplication. Il s'agit de décomposer les nombres à multiplier en fonction des unités, dizaines, centaines,... d'où l'importance d'exercices multiples préalables de décomposition additive d'une multiplication. Ainsi : 13 x 7 = (10 + 3) x 7 = (10 x 7) + (3 x 7) = 70 + 21 = 91
À partir du moment où les élèves commencent à décomposer / recomposer et transformer ainsi une multiplication en une addition (de produits partiels), l'apprentissage de la technique multiplicative ne sera que réinvestissements successifs et progressifs de la distributivité, dans la mesure où les décompositions seront guidées par la connaissance des unités d'ordre différents qui constituent les nombres à traiter.
Il y a donc réinvestissement de la numération positionnelle et de la distributivité de la multiplication.On peut au début laisser poser des multiplications donnant tous les produits partiels utilisés :

```
      34
    x 17
   -----
      28   soit    7 x 4
     210   soit    7 x 30
      40   soit   10 x 4
     300   soit   10 x 30
   -----
     578
```

en décomposant : 34 x 17 = 7 x (4 + 30) + 10 x (4 + 30)
c'est-à-dire : = 7 x 4 + 7 x 30 + 10 x 4 + 10 x 30
Les retenues qui viennent ne sont issues que des additions. Les élèves se sont déjà construits comment procéder. Donc, quelles que soient les complexités à venir (nombres de 3 chiffres, retenues multiples...) les élèves ont de quoi, en s'y exerçant, savoir quelle conduite tenir.
En revanche, on peut chemin faisant leur apprendre comment concentrer l'écriture des sommes partielles, les retenues gardant tout leur sens. Ainsi, la multiplication précédente trouvera-t-elle une écriture plus « ramassée » en devenant :

```
      34
    x 17
   -----
     238
     340
   -----
     578
```

Aux élèves à trouver seuls comment procéder pour toute multiplication : ils en sont capables. Et particulièrement d'aider ceux parmi eux qui auraient manqué quelques marches...

La multiplication égyptienne : une technique simplifiée

Pour multiplier 2 nombres, une seule « clé » :

— doubler successivement le « nombre de fois ».

Ainsi, pour 37 x 26 où il s'agit de trouver 26 fois 37, il suffit de noter :

	1 fois 37, cela fait 37
puis de doubler :	2 fois 37, cela fait 74
de doubler encore :	4 fois 37, cela fait 148
doubler encore :	8 fois 37, cela fait 296
	16 fois 37, cela fait 592

Pour avoir « 26 fois » , il suffit d'ajouter les résultats correspondants à 16 puis 8 puis 2, c'est-à-dire :

– 592 + 296 +74 = 962

Soit le résultat : – 37 x 26 = 962

En définitive, après une suite de duplications, une addition finale donne le produit recherché. En fait, il s'agit de mettre en acte de façon simplifiée le sens même de la multiplication qui est une succession d'additions d'un même terme (ici 37).

Les élèves éprouvent à juste titre le soulagement d'une technique compréhensible, reproductible autant que nécessaire.

De plus, ils trouvent là l'occasion de constater qu'il n'y a pas une seule procédure pour multiplier 2 nombres, ce qui leur permet de relativiser la pesanteur que représente pour beaucoup d'entre eux (si ce n'est pour les enseignants) une technique hors de laquelle « point de salut ».

Il est aussi intéressant de noter que cette technique, réinvestie en base deux (numération binaire utilisant comme seuls signes 1 et 0) est précisément celle qui fonctionne trechniquement dans les machines à calculer. Ce qui donne à ce procédé non point une valeur de musée mais de modernité.

13

LA DIVISION

▲ Introduction du thème

Déroulement

Les pistes de réflexion pour soutenir les actions possibles à mener, à propos de la division, toujours avec le même souci d'éveiller, de nourrir l'intelligence des élèves bien plus que de leur apporter des procédures auxquelles se soumettre, même si la soumission se masque sous couvert de fioritures colorées…

Caractéristiques de la situation de division

L'utilisation de l'opération division concerne une situation de partage telle que :

– *les parts sont égales,*

– *les parts sont les plus grandes possibles.*

Il faut laisser aux élèves la possibilité de dégager eux-mêmes de telles caractéristiques et cerner ce qu'elles ont de complémentaire et de spécifique entre elles. Pour cela, il est bon de laisser libre cours, à partir d'un nombre donné, à tous les partages possibles.
Par exemple : à partir de 13 noix, les partager entre 3 enfants.
Là encore, un objectif est indiqué (sans question) avec toute liberté quand à la conduite à mener. Les étapes possibles sont :

▲ Étape 1

Les élèves cherchent tous les partages possibles

Les distributions entre les enfants peuvent être :

2 – 5 – 3 restent 3 noix

2 – 2 – 2 restent 7 noix

7 – 3 – 3 toutes les noix sont données

3 – 3 – 3 restent 4 noix

4 – 4 – 4 reste 1 noix, etc.

▲ Étape 2

Observation et classement

Les élèves *observent* les différents partages, pour tenter de les classer.
La confrontation permettra de dégager :
- qu'il y a des partages inégaux et des partages égaux;
- que **parmi les partages égaux il y en a un pour lequel les parts sont les plus grosses possibles** soit : 4, 4, 4 et reste 1.

On recommence avec d'autres nombres (premiers ou non) en cherchant ensuite directement et délibérément le cas correspondant aux caractéristiques définies précédemment.

▲ Étape 3

La division permet de trouver 2 nombres

La division est telle que, *partant de 2 nombres, elle permet d'en trouver 2 : le quotient et le reste.*

À partir de situations multiples, les élèves seront amenés à dégager ces 2 nombres en précisant, à chaque fois, leur signification.
Notons que la plupart des partages comportent des restes, ce n'est qu'exceptionnellement que le reste est nul, ce qui engage à dire non pas qu'il n'y a pas de reste, ce qui est faux, mais qu'il *y a **toujours un reste***, même si parfois il est égal à « 0 ».

D'où l'erreur de commencer l'étude de la division par cette situation exceptionnelle (où le reste est nul), laissant penser à l'élève que c'est celle-là la plus générale (alors que c'est l'inverse); ce qui a pour conséquence le peu de cas que les élèves font souvent du reste.

Il y a donc à prendre toutes les précautions pour qu'apparaissent les 2 nombres comme résultat de la « division ».

Par exemple, après chaque manipulation on fera écrire la correspondance entre les 2 nombres donnés et les 2 nombres trouvés :

Exemple : (36, 7) ➝ (5.1) (quotient : 5; reste : 1)

C'est au cours de ces manipulations que les élèves seront amenés à constater que le reste est inférieur au « dividende » (non désigné ainsi, encore); s'il ne l'est pas, c'est que le partage n'a pas été correct, et il faut revenir sur la manipulation.

▲ Étape 4

Deux cas différents de situations de partages propres à la division

Les situations multiplicatives comportaient 2 données du type : nombre de tas, nombre d'objets par tas, (l'objectif étant d'en déduire le nombre total d'objets), ou encore, elles pouvaient se représenter sous forme de quadrillage (étaient donnés le nombre de carreaux correspondant à la longueur et le nombre de carreaux correspondant à la largeur), dont il s'agissait de chercher le nombre total de carreaux.

Ici, les situations propres à la division pourront se présenter sous des formes différentes, compte tenu du fait que la division est l'opération inverse de la multiplication :

> ***a*** *• on donne le nombre total d'objets et le nombre de tas :*
>
> *Exemple : il y a 13 bonbons à partager entre 3 élèves, partage égal, combien de bonbons maximum par élève ?*
>
> *→ il s'agit de chercher* ***le nombre d'objets par tas.***
>
> ***b*** *• on donne le nombre total d'objets et le nombre d'objets par tas.*
>
> *Exemple : avec 20 œufs, j'ai rempli des boîtes de 6 œufs chacune, combien de boîtes remplies ?*
>
> *→ il s'agit de chercher* ***le nombre de tas.***

De même que les situations soustractives sont concrètement différentes (on enlève, on cherche à ajouter, on compare…) et naturellement vécues différemment par les élèves, de même ici, ces situations sont perçues dans leur spécificité et il faut une certaine mise à distance pour en déceler l'activité opératoire commune.

En effet, dans le premier cas la manipulation se fait par une série de distributions de bonbons 1 à 1 par élève, en donnant le plus possible de bonbons à chacun, mais de telle façon que les élèves en aient autant les uns que les autres.
Dans le deuxième cas, on remplit d'abord une boîte, puis une autre et on s'arrête quand il n'y a plus assez d'œufs pour remplir une boîte en entier.

Ces 2 types de conduite sont bien différents :

- dans l'une, on distribue 1 à 1 les objets, en des lieux différents (représentés par les enfants), et en recommençant autant de fois que nécessaire;
- dans l'autre, on accumule d'abord en un même lieu un tas d'objets (6 œufs par boîte) et on recommence le même remplissage en un autre lieu (une autre boîte).

Il s'agit donc (comme pour la soustraction), de faire manipuler (et mimer) aux élèves ces différents types de situations puis d'en dégager l'écriture des différentes opérations menées (on peut aussi passer par l'intermédiaire de dessins ou diagrammes).
Ainsi, pour *a*, on arrive à : 13 = (3 x 4) + 1 et pour *b* à : 20 = (6 x 3) + 2

Ces situations se caractérisent par le fait qu'à chaque fois on distribue soit le maximum d'objets suivant un nombre donné de parts de telle façon que les parts soient égales, puis on compte ce qui reste; soit le maximum de parts avec un nombre donné d'objets par part, puis en compte le reste. Ce qu'il y a de commun, c'est qu'à chaque fois on commence par soustraire un nombre connu à l'avance (nombre de parts ou nombre d'objets par parts) et on recommence jusqu'à ce que le reste soit insuffisant pour constituer une part égale aux autres.
De cette comparaison systématique se dégage toutefois une conduite opératoire commune qui est de soustraire un nombre donné autant de fois que possible jusqu'à ce que le reste soit inférieur à ce nombre. D'où des conséquences à tirer quant à la technique opératoire.

▲ Étape 5

Technique de la division

Parce que lié de près au sens de la division, comme on vient de le voir, chaque élève est à même de « faire » une division quelle qu'elle soit ou, tout au moins, de trouver un procédé de résolution, par une succession de soustractions. Le seul problème qu'il rencontrera sera la longueur de ce procédé et les risques d'erreurs qui en découlent. Tout le problème sera, justement pour les élèves, percevant la nécessité de se donner une économie de moyens, de trouver des « raccourcis » avec des procédures simplificatrices.
Par exemple : soient 75 œufs à mettre en boîtes de 12. Passant de la manipulation – imaginée, voire dessinée, ici – à leur traduction, les élèves seront amenés naturellement à poser une soustraction correspondant, à chaque fois, au remplissage d'une boîte de 12 œufs. Le nombre de soustractions ainsi posées donnera le nombre de boîtes d'œufs remplies, la dernière soustraction indiquant le nombre d'œufs restants. Les élèves peuvent poser la suite des opérations :

$$\begin{array}{r} 75 \\ -\ 12 \\ \hline 63 \end{array} \quad \begin{array}{r} 63 \\ -\ 12 \\ \hline 51 \end{array} \quad \begin{array}{r} 51 \\ -\ 12 \\ \hline 39 \end{array} \quad \begin{array}{r} 39 \\ -\ 12 \\ \hline 27 \end{array} \quad \begin{array}{r} 27 \\ -\ 12 \\ \hline 15 \end{array} \quad \begin{array}{r} 15 \\ -\ 12 \\ \hline 3 \end{array} \quad \text{d'où : } 75 = (12 \times 6) + 3$$

La quotient est 6 (il y a eu 6 soustractions, c'est-à-dire « nombre de fois » de remplissage des boîtes) et il reste 3 œufs.

REMARQUE : il est plus facile (rapide) pour les élèves, de trouver quotient et reste de la division de 5 487 par 2 149 que de 192 par 7. En effet, 2 soustractions suffisent pour résoudre la première, alors que la seconde en exige 28 !

5 487 – 2 149 = 3 338, puis 3 338 – 2 149 = 1 189

(nombre inférieur à 2 149) : Quotient 2, reste 1 189.

Il ne faut pas craindre de laisser les élèves s'essouffler, pour qu'ils éprouvent le besoin de se donner d'autres moyens, plus rapides.
Par exemple, pour éviter toutes les soustractions exigées par la division de 192 par 7, ils pourront grouper par multiplication un certain nombre de « fois », c'est-à-dire par exemple utiliser 7 x 5 = 35 d'où : 192 – 35 = 157 et ils recommenceront en utilisant un autre multiple de 7.

En prenant 7 x 10 = 70, ils auront : 192 – 70 = 122 ;
en réitérant : 122 – 70 = 52 ; puis en remarquant que 7 x 7 = 49, on finit par : 52 – 49 = 3.
Si on a pris soin de noter à chaque fois le nombre de soustractions [103] : soit 10 + 10 + 7 = 27,
on arrive à l'écriture globale : 192 = (7 x 27) + 3.

Quotient 27, reste 3.

Quoique quelque peu incorrecte, la disposition suivante peut être commode pour les élèves :

192	
– 70	10
122	
– 70	10
52	
– 49	7
3	27

L'avantage est de cerner rapidement le nombre de « fois » où il y a eu soustractions (10 + 10 + 7).
En fait, ce sont des multiples de 7 (du diviseur) qui sont utilisés, par approches successives. On en arrive ainsi à chercher **le plus grand multiple de 7 inférieur à 192**.
Il faut laisser les élèves se débrouiller à travers leurs procédés (du moment qu'ils peuvent les justifier) mais, de temps en temps, confronter collectivement plusieurs de ces procédés pour qu'ils perçoivent mieux qu'ils ne sont pas économiques de la même façon. Ainsi les élèves seront-ils poussés à chercher le procédé qui est le plus économique. Ce qui est en jeu, c'est la construction par les élèves d'outils méthodologiques : c'est à ce prix

103. C'est là où le maniement antérieur du produit d'un nombre par 10, 100... apporte toute son « opérationnalité ».

qu'ils conquerront, à propos de la technique de la division, des pouvoirs mentaux réinvestissables ailleurs.
Cependant, avant même d'attaquer la succession des opérations, ils peuvent prévoir l'*ordre de grandeur du quotient.*
Exemple : division de 192 par 7
on remarque que 192 > 7 x 10 et 192 < 7 x 100 d'où : 70 < 192 < 700
donc le quotient est compris entre 10 et 100.
On peut affiner : on voit que 192 est plus proche de 70 que de 700.

7 x 40 = 280 d'où le quotient est compris entre 10 et 40
7 x 30 = 210 d'où le quotient est compris entre 10 et 30
7 x 20 = 140 140 < 192 < 210
le quotient est compris entre 20 et 30.
On a donc intérêt à prendre comme multiple : 7 x 20 = 140

192		
– 140	20	
52		pour 52, on prend 7 x 7 = 49
– 49	7	
3	27	

Dès que se trouve enclenchée l'utilisation des soustractions successives, il est utile pour la suite de faire prendre une disposition des opérations préparant la disposition usuelle de la division :

192	7	devenant :	192	7	
– 70	10		– 140	20	
122			52		
– 70	10		– 49	7	
52			3	27	soit : 192 = (27 x 7) + 3
– 49	7				
3	27				

Une longue pratique amènera les élèves à aller au plus rapide, c'est-à-dire à chercher, pour chaque unité, le plus grand multiple possible de chaque tranche du dividende.

– Si on a 5 438 à diviser par 716, la connaissance de la table permet de chercher directement le plus grand multiple de 700 contenu dans 5 400 (ce qui revient à partager 54 centaines en 7 centaines), donc on isole les 2 premiers chiffres à partir de la gauche.

Puis on fait la multiplication 716 x 7 pour s'assurer que cela convient et on soustrait pour avoir le reste, qui est :
416 et qui ne peut être partagé en 716 fois

5438	716
– 5002	7
436	

soit : 5 438 = (716 x 7) + 436

– Si on a 8 145 à diviser par 23 on cherche le plus grand multiple de 20 contenu dans 8 000 et on essaie (en prenant en compte tous les chiffres) qui est 400. en faisant la multiplication par 23.
Donc, on isole 8 (le 1er chiffre à gauche) pour le diviser par 2, (« en 8 000 combien de fois 20 »), le quotient représentant les centaines.
Puis on multiplie 23 par 400 (soit 9 200) pour s'assurer si c'est inférieur à 8 145, ce qui n'est pas.
Donc on descend d'un unité, avec 300 et on recommence produit (par 23) puis soustraction pour trouver ce qui reste : 1 245 qui est encore divisible (partageable) par 23, donc on reprend un essai (mis à l'épreuve, il ne convient pas, car trop grand), etc.
La pratique usuelle de la division est une contraction des opérations plus explicites jusque-là.

8 145	23
9 200	~~400~~
– 6 900	300
1 245	~~60~~
~~1 380~~	
– 1 150	50
95	
– 92	4
3	354

Ce n'est que plus tard, quand tous les maniements opératoires seront bien maîtrisés, qu'on passera à la pratique, finement décortiquée, de notre usage de la division. Ainsi on aura :

8 145	23
124	354
095	
3	

Les vérifications avec la calculette restent toujours possibles avec l'égalité de la division euclidienne : 8 145 = (23 + 354) + 3

La division égyptienne

Il s'agit du réinvestissement de la «clé» utilisée pour la multiplication, à partir de la compréhension du sens de la division.

Ainsi, pour obtenir 547 : 38, on est amené à écrire successivement :

	1 fois 38, cela fait 38
puis de doubler :	2 fois 38, cela fait 76
de doubler encore :	4 fois 38, cela fait 152
doubler encore :	8 fois 38, cela fait 304

Cette fois, on considère les résultats des duplications pour «s'approcher» de 547, afin de chercher «combien de fois 547 contient 38».

C'est en ajoutant 304 + 152 +76 = 532

Soit, correspondant à ces nombres : 8 + 4 + 2 = 14, qui est le quotient, avec toutefois un reste qui est :

547 – 532 = 15

Inférieur bien sûr à 38.

D'où le résultat : 547 : 38 = 38 x 14 + 15

– 592 + 296 +74 = 962

Mais il est tout à fait souhaitable de laisser les élèves découvrirent la procédure de cette division égyptienne à partir de ce qu'ils savent déjà sur la multiplication égyptienne, en choisissant à leur gré les deux nombres de départ.

Là, le reste prend tout son sens, puisqu'il s'agit de raisonner suivant la signification même de la division.

D'où l'importance, là encore, de ne pas dissocier sens et technique.

Cette situation se présente donc comme situation-problème de réinvestissement et donne aux élèves le plaisir de maîtriser une procédure différente de la procédure scolaire habituelle qui, pour certains, apparaît comme bien aride. De quoi encore prendre conscience qu'il n'y a pas une seule façon, impérative, pour parvenir à un résultat !

Il est bon aussi de rappeler que cette procédure est celle utilisée à partir de la numération binaire dans les calculettes.

TROISIÈME PARTIE

LES NOMBRES DÉCIMAUX

LA PROBLÉMATIQUE CONCEPTUELLE DES DÉCIMAUX

De quelques points d'achoppement aux contenus conceptuels à construire

Pour cerner ce qui est en jeu, concernant la problématique conceptuelle des décimaux, examinons des réponses souvent « spontanées » (d'enfants ou même d'adultes, parfois) aux questions suivantes :

1) Le nombre entier qui suit 31 est 32 (dans l'ensemble des Naturels).
Quel est le suivant de 3,1 ? (dans l'ensemble des décimaux D).
Réponse : il n'y en a pas ! (De toute façon, ce n'est même pas 3,2).

> • Contenu conceptuel à construire *: alors qu'à tout entier, on peut attribuer un nombre immédiatement supérieur, suivant du précédent, aucun autre nombre décimal ne peut constituer le suivant d'un décimal donné. En effet, quelque soit le décimal supérieur à 3,1 mais aussi proche que possible de 3,1 (exemple : 3,11), on peut toujours trouver un autre décimal supérieur à 3,1 mais encore plus proche de lui (exemple : 3,101).*

2) Entre 17 et 23 il y a un nombre fini de naturels.
Entre 1,7 et 2,3, combien de décimaux ?

> • Contenu conceptuel à construire *: si entre deux entiers naturels, il y a toujours un nombre fini d'entiers, entre deux décimaux, aussi rapprochés soient-ils, il y a une infinité de décimaux pouvant s'intercaler.*

3) Si je compare 849 et 2 547, je compte le nombre des chiffres qui les composent, d'où : 849 < 2 547. Comparer 7,3 et 5,214 ? On pourrait conclure que 5,214 est supérieur à 7,3 puisqu'il est constitué globalement de plus de chiffres (comme c'est vrai pour les entiers).
Or il n'en est rien : 5,214 est inférieur à 7,3. Si on compare 7, 3 et 7,214 une autre raison justifie pour certains élèves que le plus grand est 7,214 puisque 214 est supérieur à 3 (comparaison des parties décimales).
Là aussi, il y a confusion : 7,124 est inférieur à 7,3.

> • Contenu conceptuel à construire *: l'ordre sur les décimaux se déchiffre différemment que l'ordre sur les naturels. L'ordre sur les nombres décimaux est à considérer en prenant la signification de la globalité du nombre (virgule comprise) et en les examinant chacun en leur ensemble à partir de l'unité de référence.*

4) 2 513 se décrypte de droite à gauche ($\overleftarrow{2\,513}$).
Comment se décrypte 3 145, 278 ?

• *Contenu conceptuel à construire : pour un décimal, le décryptage se fait dans deux sens opposés, la référence étant, non plus le chiffre le plus à droite, mais le premier chiffre à gauche de la virgule (indiquant l'unité d'ordre zéro) :*

$$\overleftarrow{3145}, \overrightarrow{278}.$$

5) Faire l'opération : 15,47 + 8,2

On constate la tentation d'écrire

```
  15,47
+   8,2
```

à partir de la règle appliquée aux naturels suivant laquelle il faut disposer les nombres l'un au-dessous de l'autre à partir du chiffre le plus à droite.

• Contenu conceptuel à construire *: ce sont les chiffres indiquant les unités (de référence) qui sont à placer les uns au-dessous des autres.*

6) Considérer comme différents 6,00 et 6 alors qu'ils sont identiques.

• Contenu conceptuel à construire *: l'ensemble des nombres entiers naturels constitue une partie de l'ensemble des nombres décimaux; donc tout entier a valeur de nombre décimal (en non l'inverse).*

7) Déchiffrer 070 et 0,70 :

Pour 070 : étant un nombre entier, le 0 à gauche est inutile (bien qu'il intervienne sur l'écran de machines à compter, comme pour les heures), alors que le 0 à droite est indispensable puisqu'il indique la position de l'unité de référence et permet de savoir que 7 indique le nombre de dizaines. Pour 0,70 : étant un nombre décimal, une toute autre logique intervient, puisque cette fois le 0 situé à gauche doit être absolument pris en compte pour déchiffrer la valeur du nombre, en revanche, le 0 à droite n'est pas indispensable pour savoir que 7 indique le nombre des dixièmes.

• Contenu conceptuel à construire *: dans tous les cas, l'important est de repérer la position du chiffre qui indique la place de l'unité de référence, par rapport à laquelle seront déchiffrés dizaines, centaines... ainsi que dixièmes, centièmes... Ce qui revient à prendre en compte, pour tout déchiffrage, le dernier chiffre à droite de la partie entière (c'est-à-dire, quand on parcourt le nombre de gauche à droite : soit le dernier chiffre à droite pour un nombre sans virgule, soit le chiffre juste avant la virgule).*

8) Multiplications et divisions :

2,3 x 10 = 20,30 ou même 2,3 x 10 = 2,30

confusions avec une règle formelle sur les entiers : ajouter un 0 à droite.

35,2 x 100 = 3 500,2 règle sur les entiers appliquée seulement à la partie entière 936,7 : 100 = 0,09367. 9, qui était en position des centaines, vient en position des centièmes.

• Contenu conceptuel à construire *: il concerne la multiplication et division par 10, 100... qui a trait au nombre pris comme un tout où le passage d'une unité à une autre se fait par déplacement entre unités (et non en traitant séparément une unité indépendamment d'une autre).*

9) Addition :
2,3 + 7,8 = 9,11 alors que l'addition exacte est : 2,3 + 7,8 = 10,1.
Multiplication :
2,3 x 3,4 = 6,12 alors que la multiplication exacte est : 2,3 x 3,4 = 7,82.
Dans les deux cas, tentation d'adapter aux décimaux les règles de calcul qui fonctionnent sur les naturels, mais en ajoutant ou en multipliant entre elles les parties entières d'une part, et les parties décimales d'autre part.

• Contenu conceptuel à construire *: chaque nombre est à considérer comme un tout où partie entière et partie décimale sont liées.*

10) Conversions entre nombres décimaux et fractions décimales :
Erreur : 180, 47 = $\frac{180}{47}$ et inversement difficulté pour convertir $\frac{724}{100}$ en décimal.
On trouve de 64% à 70% d'échecs (70% à 77% d'échecs et non-réponses) à des évaluations d'entrée en 6e sur ces conversions. Parmi tous les items concernant décimaux et fractions ce sont les erreurs les plus répétées.

• Contenu conceptuel à construire *: l'introduction des nombres décimaux à partir de l'addition de fractions décimales (et leur remplacement par une seule fraction décimale) permettant des conversions réciproques pour donner un corps cohérent et unifié à un décimal, au-delà de sa décomposition en unités identifiables.*

11) Dans l'usage des décimaux par rapport à la monnaie (euros) ou aux mesurages :
Le décimal apparaît comme accolement de 2 entiers (mètres/centimètres ; euros/centimes) surtout en insistant sur la distinction entre partie entière et partie décimale. 3,56 m s'entend comme 3 mètres et 56 centimètres; 12,50 euros s'entend comme 12 euros et 50 centimes (les pièces sont distinctes d'ailleurs). D'où :

• risque de croire que 7, 20 > 7, 3 puisque 20 > 3

• limitation à 2 ou 3 chiffres seulement après la virgule (en référence aux utilisations usuelles d'euros, cm ou mm).

• risque de croire qu'on ne peut intercaler qu'un nombre fini seulement de décimaux (ou même aucun) entre 2 décimaux puisqu'il n'y a pas de millièmes d'euros comme unités usuelles (exemple : pas de nombre entre 3,25 euros et 3,26 euros, et seulement 4 nombres entre 3,25 et 3,30 euros puisque les euros ne se comptent que de centimes en centimes et pas au-delà, les pièces de centimes étant de 1, 2, 5, 10, 20, 50 centimes).

• de même, pas d'intercalation entre 2,51 m et 2,52 m pour des longueurs courantes (tissu, taille…) où les millimètres, n'étant pas nécessaires, risquent d'être considérés comme inexistants !

• lecture orale incorrecte : confusion entre « un mètre cinq » (pour 1,05 m) et un mètre et demi (pour 1,50), soit un mètre cinquante.

• Contenu conceptuel à construire *: non confusion entre des pratiques usuelles, commodes quotidiennement, et la notion de nombre décimal. Entre autres, un nombre décimal n'est pas restreint à n'avoir que 2 chiffres (ou 3) après la virgule : il peut en avoir une très grande quantité, quoique toujours en nombre fini. C'est pourquoi entre 2 nombres décimaux, aussi proches soient-ils, il y a une infinité possible de nombres décimaux.*

• *Erreur pédagogique à éviter : s'appuyer seulement sur les connaissances usuelles des élèves en pensant qu'elles vont permettre une approche aisée de la notion de décimal, alors qu'au contraire (pour des raisons de simplification, suffisantes dans la vie sociale quotidienne), elles masquent la rupture conceptuelle entre la notion de nombre entier naturel et celle de nombre décimal.*

Le familier et l'apparent, dans tout domaine scientifique (comme dans tout domaine humain…), risque de cacher le vrai et peut devenir source d'erreurs, voire d'aveuglements si on ne cherche pas la connaissance jusqu'en ses racines.

Quel parti pris pédagogique choisir ?

Le problème pédagogique n'est pas de partir forcément des pratiques les plus « familières » (sous prétexte de pédagogie active !) mais de **susciter l'émergence de conduites opératoires dont le concepteur soit l'élève lui-même**, par la médiation de situations pertinentes qui, accessibles à comprendre quant à l'objectif à atteindre n'en sont pas moins riches potentiellement de contenus conceptuels à construire.

La construction de tels contenus conceptuels étant liée aussi bien aux conduites menées par les élèves qu'aux résultats atteints par ces conduites. Encore faut-il que ces conduites et ces résultats fassent l'objet d'élucidations, de confrontations, d'argumentations, de formulations… Ce qui suppose que les processus vécus par les élèves, avec l'accompagnement attentif et analysant de l'enseignant, soient l'objet de conscientisations successives qui, chemin faisant, vont s'articuler et se structurer pour qu'il y ait construction de la problématique conceptuelle visée.

Quand on considère la quantité d'erreurs différentes rencontrées auprès de tant d'élèves, comme on l'a vu précédemment, il n'y a pas de quoi s'étonner des pièges pédagogiques dans lesquels, croyant bien faire, aussi bien l'enseignant que l'élève, quoique différemment pour l'un et l'autre, se trouvent à leur insu enfermés.

104. Le terme de « problématique conceptuelle » rend compte de la meilleure façon de ce qui est désigné sous le terme plus succinct de concept. Car ce terme de « problématique » fait référence à un « tout » qui comporte, autour d'une ossature conceptuelle, une architecture complexe qui constitue l'ensemble des questions clés nécessaires pour comprendre une notion nouvelle. La série d'erreurs, certainement encore incomplète, présentée ici, témoigne bien de l'ensemble des données (et donc des ruptures cognitives à affronter) qui accompagnent la notion de nombre décimal.

Dans la mesure où les décimaux représentent un « tout » conceptuel[104], il ne faut pas s'étonner des multiples problèmes soulevés par la situation proposée ici pour introduire les décimaux. Car ces problèmes, justement, ce sont les élèves qui vont les dénicher, les faire surgir face à la situation qui se présente à eux, de prime abord de façon fort simple, si ce n'est insolite, tant dans les données concrètes que dans l'objectif proposé :

> *« Deux longueurs a et b à comparer entre 2 équipes. Chacune de ces équipes a seulement l'une ou l'autre des deux longueurs. Une unité commune de mesure de longueur est donnée à tous.*
>
> *Les deux équipes ne peuvent communiquer entre elles que par messages ».*

Il s'agit, en fait, d'une mise en situation de **comparaison de quantités continues**, avec une unité choisie (par l'enseignant), laquelle ne peut rendre compte ni pour *a* ni pour *b* d'une mesure relevant d'un nombre entier de cette unité. L'écart choisi délibérément entre *a* et *b* ne peut lui-même être ramené à des valeurs entières ni de l'unité, ni de la moitié, ni du tiers[105]… La situation sort donc du domaine du « discret » pour entrer dans le domaine du « continu ».

Notons que toutes les précautions prises dans les choix qui composent les données n'apparaissent en rien dans la situation telle qu'elle se présente. C'est dans le vécu concret de la situation que les questions de fond sont soulevées. En fait, les choix des mesures données à *a*, *b* et l'unité *u* sont faits pour que la situation se présente comme un cas « quelconque » –c'est-à-dire comme cas général– où doivent être comparées, indirectement, deux longueurs données séparément.

Il s'agit précisément d'éviter une prétendue simplification qui se donnerait pour bonne conscience « d'aider les élèves », les prenant par la main, en prenant des cas « particuliers » supposés leur donner une approche plus facile alors que ces cas les détournent de la problématique générale plus véridique. C'est ainsi que sont masqués les vrais problèmes, ouvrant sur des amalgames producteurs de confusion. La responsabilité de l'enseignant n'est pas d'esquiver les problèmes de fond, mais de créer les conditions pour que les élèves exercent leurs propres capacités mentales à affronter ces vrais problèmes. Parti pris quant au contenu conceptuel du savoir mais aussi pari positif sur les élèves dont les réactions et comportements témoignent très souvent du contraire de l'ennui. Car l'ennui va toujours avec l'absence d'un enjeu qui pourrait valoir la peine d'être surmonté ! Nous avons listé plus haut une quantité d'erreurs commises si souvent par les élèves; des erreurs que les élèves prétendent à leur façon argumenter, avec des « logiques » qu'ils revendiquent et qui sont des réinvestissements « abrupts » (non conceptualisés) de ce qu'ils croient savoir sur les entiers. Erreurs qui renvoient le plus souvent, en fait, à des

105. Les mesures choisies pour la situation (non dites aux élèves) sont *a* : **29,5 cm**; *b* : **23 cm** et *u* : **18 cm** et plus tard *c* : **27,5 cm**.

conséquences du type d'introduction « pédagogique » des décimaux qu'ils ont subi, en liaison d'ailleurs, plus en amont, avec les modes d'introduction de l'écriture numérique des entiers. Une grande confusion vient du fait *que les décimaux sont introduits comme des entiers écrits autrement,* avec seulement le problème du *maniement technique, procédural, lié à la présence de la virgule* alors que **les nombres décimaux sont des nombres conceptuellement autres que les nombres entiers.** Reste masquée la raison d'être des nombres décimaux liée au fait qu'ils ont des pouvoirs là où les entiers naturels n'en ont pas.

Car la caractéristique conceptuelle à cerner est que les décimaux apportent les moyens *d'approcher d'aussi près qu'on le veut* n'importe quel nombre lié au mesurage de quantités CONTINUES (longueurs, surfaces, volumes, masses, capacités...), ou lié à des situations de partage, les naturels se limitant à la possibilité de rendre compte seulement de grandeurs « *discrètes* ». Et de tels moyens d'approche des décimaux, c'est par la médiation, d'abord, de fractions décimales qu'ils les apportent. Fractions décimales qui précèdent et préparent l'introduction de la virgule et de l'écriture décimale proprement dite, tout comme il en a été dans les étapes de la genèse historique des décimaux. Il est vrai qu'il demeure très paradoxal, en quelque sorte, que la commodité dont les décimaux bénéficient quant aux **calculs** – ramenés aux procédures relevant des entiers – ne soit pas à confondre avec la signification des **situations** dans lesquels ils sont utilisés, là où les entiers s'avèrent impuissants (notamment dans les approximations de plus en plus fines d'une mesure faite dans le continu comme dans des problèmes de partage ou de repérage d'un point sur une droite).

> Ce qui demeure fondamental, pour l'introduction des décimaux, c'est de **les aborder conceptuellement dans des situations qui les différencient d'emblée des nombres entiers**, c'est-à-dire de telle sorte que les entiers soient inopérants dans de telles situations. Et donc des situations qui nécessitent d'explorer autrement, d'imaginer d'autres voies, d'inventer d'autres conduites que ce qui a déjà été vécu.

Il y a donc, contrairement à ce qui pourrait paraître de bon sens, à prendre soin de différer le moment de simplifier les calculs sur les décimaux par des procédures en usage sur les entiers. Afin d'éviter des amalgames fâcheux quant à la signification de ces nouveaux nombres, « comme si » ils étaient assimilables à des entiers (ou binômes d'entiers) écrits autrement. Car une telle simplification doit apparaître comme telle, c'est-à-dire comme un avantage fort commode, un avantage à saisir. Avantage qui a mis pourtant bien des siècles à être découvert, au terme de traversées bien complexes, aux méandres nombreux, notamment sur les habitudes mentales, tant les usages où étaient nécessaires des fractions (souvent d'abord sexagésimales, depuis les babyloniens) eurent du mal à céder la place aux fractions décimales puis aux nombres décimaux.

- Notre pratique actuelle de comptage du temps reste un vestige de ces écritures puisque la partie entière est un nombre écrit en numération décimale alors que la partie fractionnaire (en minutes et secondes) reste fondée sur la base soixante.
- C'est **Al Uqlidisi** (vers 950 apr. J.-C.) qui introduisit le premier l'usage des fractions décimales ainsi que les modes de calcul dont il écrit que :

« *C'est plus facile, plus rapide et nécessite peu de précautions... et en particulier moins d'efforts de mémorisation* » (Kitab al-Fusul, découvert seulement en 1966)

- Plus tard, c'est **Al-Kasi** (1427) qui donne accès à un usage clarifié de nombres décimaux :

« *Nous avons simplifié les méthodes, guidé par notre intuition personnelle, nous libérant de ce qui est enregistre dans les livres* » (*La clé de l'arithmétique*)

- Enfin, en Europe, c'est **Simon Stevin**, en 1585 qui publie « *La disme* » où il se fait un défenseur et propagandiste résolu de la pratique décimale.

C'est enfin avec la Révolution Française que fut instaurée officiellement, avec l'apport du « mètre étalon » et du système métrique, l'usage des nombres décimaux.

Laplace, dans le discours inaugural de 11 Floréal An III (1795), argumente auprès de ses concitoyens :

« *Il est donc permis d'espérer qu'un jour ce nouveau système sera généralement adopté, incomparablement plus simple que l'ancien, dans ses divisions et dans sa nomenclature, il présentera beaucoup moins de difficultés à l'enfance. Vous en éprouverez à le faire entendre aux instituteurs, qu'une longue habitude a familiarisé avec les anciennes mesures : il leur paraîtra fort compliqué; car l'homme est naturellement porté à rejeter sur la complication des choses, la peine que ses préjugés et ses habitudes lui donnent à les concevoir : mais votre zèle éclairé surmontera tous les obstacles...* »

Pourtant l'usage du système décimal eut encore bien du mal à se propager. C'est plus tard encore, avec la mise en place de l'École de Jules Ferry, à la fin du XIXe, que son utilisation fut plus largement mise à disposition. Mais son universalisation n'est pourtant pas encore assurée puisque demeurent encore en France et en bien des pays des vestiges des « anciennes mesures »[106].

Des exigences auxquelles soumettre la démarche pédagogique

L'erreur pédagogique, sous prétexte d'aider les élèves, est d'introduire les décimaux comme nombres proches conceptuellement des nombres entiers, auxquels ils viennent seulement apporter (quantitativement) quelque

106. Avec notamment l'usage de la douzaine (diviseur de 60), de la demi-douzaine, etc., et le maintien du yard, des onces et des pouces dans d'autres pays.

affinement. L'insistance mise trop tôt sur la commodité quant aux calculs a pour lourde conséquence de laisser entendre aux élèves une similitude conceptuelle. Avec pour effet négatif d'attribuer indûment à l'élève comme défaut de compréhension ce qui est imputable seulement au mode d'enseignement qui lui a été dispensé et dont l'élève devient victime. Avec les conséquences accumulées, dont ce dernier fait les frais, quant aux évaluations et aux examens de son cursus scolaire.

D'où une double responsabilité dans le choix des situations pédagogiques :

• **par rapport aux savoirs** : trouver une situation qui soit cohérente avec le contenu conceptuel des nombres décimaux.

• **par rapport aux élèves** : ne pas séparer fonctionnalité et sens dans une situation où, devenant acteurs des conduites engagées, ils sont à même de rentrer de plain pied dans la problématique des nombres décimaux.

À plus long terme, le fait que les nombres décimaux[107] interviennent dans le cursus scolaire comme les premiers nombres conceptuellement différents des entiers naturels (ensemble N), commence à préparer le chemin vers d'autres ruptures conceptuelles concernant de nouveaux ensembles de nombres : l'ensemble Z des nombres entiers relatifs, l'ensemble Q des nombres rationnels (à commencer par Q+ amorcé par le travail sur les fractions comme rapports d'entiers) et enfin R l'ensemble des réels (où π et $\sqrt{2}$ interviennent comme nombres irrationnels particuliers) représentés par tous les points (réels) d'une droite.

Ensembles successifs à découvrir qui, d'ailleurs ne s'arrêtent pas là, tant le monde de la mathématique, contrairement à l'opinion si courante et superficielle qu'elle une « science dure » ouvre toujours sur de nouveaux mondes de la pensée et de l'imaginaire[108] !

Préalable en vue de la démarche pédagogique

La démarche sur les décimaux se fait en partant de la numération en base trois. Qui est un réinvestissement de la démarche sur la numération.

Deux raisons à ce choix :

• la première, évidente, est de pouvoir aborder rapidement des fractions décimales et nombres décimaux de plusieurs ordres $\left(\frac{1}{10}, \frac{1}{100}, \frac{1}{1000}\right)$ à partir de manipulations relativement peu nombreuses et de toute façon observables par l'élève. Donc, de pouvoir se donner distance pour réfléchir sans être encombré de trop de partages (de l'unité) à faire.

• la deuxième est relative au fait de la base trois et non pas de deux ou

107. Ensemble D+ des décimaux positifs, dès le cycle 3.

108. Viendront ainsi plus tard l'ensemble des nombres algébriques, des nombres *imaginaires, transcendants, transfinis*..., dont la genèse fut toujours aux limites du possible et de l'impossible – ayant fait irruption comme autant de « ruptures » de la pensée – alors même qu' ils s'avèrent pouvoir devenir outils de compréhension du réel.

quatre ou autre : pour avoir des fractions de type $\frac{1}{10}$, $\frac{1}{100}$.

En base trois il faut plier l'unité en trois, puis chaque tiers en trois... ce qui est moins « spontané » (moins facile manuellement[109]) que de plier de 2 en 2 (c'est-à-dire en obtenant $\frac{1}{2}$, $\frac{1}{11}$, $\frac{1}{22}$ exprimé en base trois).

D'où une contradiction – volontairement induite – à exploiter ensuite :

– d'une part, **comme manipulation**, une aisance de plier de 2 en 2, mais des difficultés à passer facilement d'une fraction à une autre dans les comptages successifs.

– d'autre part, si la manipulation devient délicate (plier en trois) par contre, **pour les conversions** (d'une unité en son sous-multiple ou inversement) et les calculs, une commodité qui apparaît flagrante quand on dresse des tableaux de conversion ou des opérations élémentaires (ramenés à des multiplications ou divisions par 10, 100, 1000… déjà travaillés par ailleurs antérieurement). Une analyse réflexive concernant cette contradiction conduit les élèves à choisir en définitive des sous-multiples cohérents avec la base trois et, ce faisant, à être amenés à apprécier à juste titre tous les avantages du principe des décimaux. Avec le bénéfice supérieur de prendre conscience une fois encore que les décimaux sont bien invention humaine, avec une histoire à périples multiples. S'il y a évidence, elle est de l'ordre d'un constat après coup.

Cette évidence là, elle n'est pas née telle. Elle est l'enjeu de processus créatifs qui la font devenir telle.

C'est bien là le renversement décisif des démarches choisies dans cet ouvrage que de se refuser à poser des évidences, au départ, pour que les élèves y parviennent, à l'arrivée ! Moins des évidences fermées, d'ailleurs, que des appuis solides pour d'autres explorations, d'autres horizons.

Remarque à l'attention du lecteur :

De tels préalables ne veulent aucunement faire barrage à l'impatience du lecteur car c'est le fil vivant des processus enclenchés auprès des élèves, dès le lancement de la démarche, qui permettra de clarifier, ou mieux encore de donner chair à tant de précautions dont, après tout, le lecteur peut se passer dans un premier temps.

109. Mais bien plus facile que d'avoir à plier de dix en dix, en base dix ! Ce qui rend l'approche des décimaux directement en base dix non faisable à partir d'hypothèses mises en acte manuellement, ce qui esquive toute possibilité d'analyse réflexive sur de telles actions et, du coup, renvoie à l'obligation d'une pédagogie transmissive-explicative de l'enseignant, de l'ordre d'un donné-transmis sans possibilité d'intervention-invention agissante de l'élève. Il s'agit d'éviter le risque d'un enseignement où ne sont retenus que des procédures mécanistes et non construits des usages en voie d'être conceptuellement maîtrisés.

FICHE DE PRÉSENTATION DES ÉTAPES DE LA DÉMARCHE

« Nous nous félicitons... que le génie de la révolution ait renversé toutes ces coutumes nées dans les ténèbres et leur ait substitué le calcul simple et méthodique des décimales... Il faut se débarrasser de la vieille routine, il faut s'accoutumer et se former à la nouvelle méthode. C'est aux maîtres qui joignent comme toi, la théorie à la pratique à ouvrir le premier la Carrière, à instruire leurs concitoyens. »
(Lettre du Directoire de la Seine inférieure à un professeur de Rouen, 1794)

1re étape : Comparer les longueurs *a* et *b*

***Situation-problème : « Vous avez à comparer deux longueurs : l'une est* a *et l'autre* b. *Mais parmi vous, les uns ont la longueur* a *et les autres la longueur* b. *Vous avez tous la même unité de mesure de longueur* u.**

Vous pourrez correspondre entre vous. »

Où il devient nécessaire :
- de diviser l'unité *u* en parts égales plus petites.
- d'utiliser des fractions pour en rendre compte.
- de chercher autre chose qu'une mesure exacte, trop longue et trop compliquée à trouver.
- où il devient plus facile d'encadrer la mesure d'une longueur que de la chercher directement.

Gains sur le plan cognitif :

- ***addition de fractions successives de l'unité pour rendre compte d'une mesure.***
- ***perception de fractionnements de plus en plus petits possibles de l'unité.***
- ***notion d'encadrement comme outil opératoire.***
- ***possibilité de conversion d'une unité en une autre, d'un sous-multiple en un autre.***

2e étape : Comparer les longueurs *a* et *c*

Situation-problème : « Vous avez à comparer les longueurs* a *et* c *dans les mêmes conditions ».

- Réinvestissement des acquis précédents, mais nécessité d'encadrements plus fins, d'où recherche d'un système plus rigoureux de « sous-multiples », exprimé par des fractions successives.
- Nécessité d'utiliser des encadrements successifs.

Gains sur le plan cognitif :

- ***ajustement progressif des encadrements, suivant l'unité choisie.***
- ***maîtrise plus grande d'une représentation additive de fractions.***
- ***perception d'un nécessaire choix collectif et cohérent pour les « sous- multiples ».***

3e étape : Choix d'un système de sous-multiples

> ➢ « *Comparer et convertir les mesures de plusieurs longueurs suivant les sous-multiples choisis* ».

- Reprise des modes de pliage et des écritures additives.
- Premiers constats.
- Comparaisons systématiques pour plusieurs longueurs.

> ➢ « *Convertir un même nombre suivant des systèmes différents de sous-multiples* ».

> ➢ « *Convertir un même nombre suivant des sous-multiples différents d'un même système* ».

4e étape : Introduction de la virgule

• Le nombre à virgule comme nouvel outil numérique permettant l'approche aussi fine que possible de la mesure d'une grandeur plongée dans le « *continu* ».

Gains sur le plan cognitif :
• conversions de fractions décimales en nombre à virgule et inversement
• le nombre à virgule comme différent des nombres entiers
• les entiers comme nombres à virgule particuliers (N sous-ensemble de D)
• multiplier et diviser par 10, 100… un nombre décimal.

➢ Un nombre décimal peut se diviser à l'infini.

➢ N'importe quel nombre peut toujours être encadré par deux nombres décimaux.

Où la virgule sépare tout en reliant.

5e étape : Système décimal et apports historiques

- Nombres décimaux et fractions décimales.
- Comparaison, ordre, opérations.
- Indications historiques.

LES ÉTAPES DE LA DÉMARCHE

14

Étape 1 : COMPARER LES LONGUEURS a ET b

… quand il devient nécessaire de diviser l'unité
… quand la recherche d'une mesure exacte s'avère longue et compliquée

Situation–problème : « ***Vous avez à comparer deux longueurs : l'une est* a *et l'autre* b. *Mais parmi vous, les uns ont la longueur* a *et les autres la longueur* b. *Vous avez tous la même unité de mesure de longueur* u. *Vous pourrez correspondre entre vous.*** »

• *Les élèves sont répartis en groupes A1, A2, A3 (où la longueur* a *est distribuée à chaque élève) et en groupes B1, B2, B3… (où la longueur* b *est distribuée à chaque élève). Correspondront entre eux les groupes A1 avec B1, A2 avec B2, A3 avec B3…*

A1 ⟷ B1

A2 ⟷ B2

… …

• *les longueurs* a *et* b *sont dessinées sur de longues bandelettes identiques, pour éviter toute comparaison « à vue d'œil » par les groupes « adverses »* [110]. *L'unité* u *est découpée avec soin en sa longueur, tous les élèves ont la même (d'autres bandelettes de longueur* u *sont à disposition si besoin)* [111].

• *l'enseignant sera le « facteur » pour la correspondance : il précise qu'il s'assurera que les bandelettes où sont tracées les longueurs* a *et* b *ne seront pas transportées dans ces messages ; les élèves auront à trouver d'autres moyens.*

• *enfin, la numération utilisée se fera en base trois (« PAYS DE TROIS » pour faire référence à la démarche « numération »).*

Il est donc bien précisé aux élèves que ceux qui possèdent a ignorent b et réciproquement [112].

110. Les longueurs a et b (dessinées sur deux bandelettes identiques) mesurent : a : **29,5 cm** et b : **23 cm**. La longueur de l'unité u (découpée) a pour mesure : u : **18 cm** (mesures de a, b, u exprimées en système décimal et bien entendu non dites aux élèves).
111. Les multiples pliages que font les élèves nécessitent d'autres segments de longueur u pour éviter des superpositions répétées de pliages qui deviennent peu repérables.
112. L'enseignant doit s'assurer que les équipes adverses ne sont pas trop proches pour éviter de se montrer leurs bandelettes ou de se donner des indications orales. Il est important (pour les processus) que chaque équipe soit amenée à s'expliquer par écrit.

> ***Base trois*** *: Il est important d'être assuré, avant de rentrer dans la recherche proprement dite concernant les décimaux, que le comptage en base trois se fait aisément par tous les participants de la démarche. C'est une condition indispensable à la réussite de cette démarche suivant les raisons qui ont été développées plus haut. Si ce n'est pas le cas, il faudrait la faire précéder par la démarche sur le concept de numération. Ce ne sera aucunement du temps perdu, tant demeure fondamental que soient construits solidement les principes de la numération, pour tout ce qui concerne le numérique, opérations, etc.*
>
> *De toute façon, une courte « révision » sera utile sous la forme de l'écriture (individuelle) des nombres naturels successifs en base trois (en s'aidant, si nécessaire, de bûchettes/allumettes ou de dessins) :*
>
> *1, 2, 10, 11, 12, 20, 21, 22, 100, 101, 102, 110, 111, 112, 120, 121, 122, 200... jusqu'à 1 000.*
>
> *À cela s'ajouteront quelques exercices indispensables de « rappel » : compter de 10 en 10, de 100 en 100. Multiplier par 10, etc.* [113]
>
> *La reprise de bûchettes et élastiques est tout à fait indiquée pour mieux cerner les aller et retour entre faire, comprendre et écrire. Il n'y a là aucun temps perdu. Ce travail peut se faire avant même de parler de l'introduction des décimaux, comme réinvestissement de la numération sur d'autres bases. Ce qui peut éviter une focalisation prématurée sur l'usage de cette base, au moment où les élèves vont se lancer dans la situation de comparaison proposée.*

Les temps et espaces réflexifs des processus

Quand les équipes sont réparties dans la salle, identifiées (A1 et B1; A2 et B2; ...) et que les bandelettes sont distribuées (chaque élève ayant l'un des segments *a* ou *b* et une unité *u* en mains) l'enseignant rappelle clairement la situation : « *Vous avez à imaginer ce que vous pouvez faire et quand vous aurez trouvé quelque chose vous l'écrirez sur un papier comme message à adresser à l'autre équipe. Chacun cherche pour soi-même, écrit son message. Ce n'est qu'après que vous chercherez dans l'équipe un message commun* ».

• *Le temps de la recherche individuelle*

L'enseignant doit s'assurer que chaque élève cherche tout seul. Il peut même attendre que chacun ait produit un message avant de demander à chaque équipe un seul message commun. Il est toujours préférable de laisser entrer directement les élèves dans la situation avant d'apporter des précisions supplémentaires d'organisation, afin de ne pas alourdir les prémisses, pour que l'élève ait un espace direct de liberté de pensée et d'action.

L'enseignant peut préciser qu'en fait l'important est de se donner les moyens de trouver le plus simplement possible la réponse (de *a* et *b* : quel est le plus grand ?) et que pour cela, lui est prêt à faire passer les messages autant de fois qu'il lui sera demandé.

113. Et diviser par 10 quand cela se peut (dividende supérieur au diviseur).

• ***Le temps de l'auto-socio-construction DANS les petits groupes d'élèves :***

Quand chacun aura fait puis écrit ce qu'il mettrait sur un message et que vient le moment d'un échange dans le petit groupe (équipes A1…) il faut laisser un temps suffisant de discussion-contradictions-accords, mais il n'est pas impossible que des positions soient telles qu'un message unique commun ne puisse en sortir. Il est donc tout à fait possible que coexistent 2 (voire 3 au plus) messages sur le même courrier.

• ***Le temps des échanges ENTRE les petits groupes***

L'enseignant prendra soin de faire numéroter les envois successifs de messages et réponses pour pouvoir en tirer parti après, au moment des analyses. Un message est donné à l'autre équipe quand elle-même est prête à envoyer le sien (pour éviter toute « influence » prématurée).
L'animateur fait passer les messages, en prenant soin de les faire numéroter pour en garder la mémoire chronologique.
Pendant que se poursuivent les discussions et messages, l'enseignant peut commencer à écrire au tableau, pour chaque paire d'équipes, les messages envoyés, dans leur succession, puis jusqu'à leurs conclusions. Car ce sont ces « matériaux écrits » qui vont être la base de l'analyse réflexive qui va suivre, en confrontation collective avec toute la classe. Ils sont déjà très conséquents car beaucoup de calculs vont s'y trouver, en foisonnement.

• ***Le temps de l'auto-socio-construction dans la confrontation générale***

Quand ces reports de messages sont achevés, alors l'enseignant demande un **temps de lecture silencieuse**[114] de tous ces écrits avant même d'entamer les observations, les questions des uns et des autres aux auteurs, les argumentations, etc.
Il n'est pas indispensable que chaque groupe vienne présenter les uns à la suite des autres leurs cheminements. Car cela peut être plus fastidieux que de lancer directement les interventions. Les traces en sont là au tableau et la discussion qui va s'engager pourra précisément s'appuyer sur tel ou tel descriptif numérique, ce qui rend plus vivante la confrontation. Toutefois, l'enseignant qui aura pris soin pour lui-même de lire avec attention les différents procédés utilisés se devra de garder (en réserve) tel ou tel d'entre eux pour l'apporter soit comme complément soit comme contradiction, mais de telle façon que rien d'important ne soit laissé de côté, en fin de compte.
Chaque enseignant est libre de conduire cette confrontation suivant ce qui lui convient. Mais il faut attirer l'attention sur l'importance de chercher à n'être ni « dirigiste » ni de tomber dans un laisser-faire qui ne mènerait à rien de construit. S'il y a une exigence à avoir, c'est dans l'exercice d'une rigueur pour argumenter, s'écouter les uns les autres, prenant en compte ce qui a été fait ou écrit.

114. Pour que cette lecture soit aisée, il faut s'assurer que tous les élèves ont accès à cette lecture au tableau (les faire déplacer si besoin, y compris en venant les faire asseoir tout près). Pas de discussion profitable sans ces conditions.

Et puis l'enseignant n'a pas à vouloir faire le tour de toutes les questions qui se posent, à vouloir tout régler.
Cela risquerait d'être long et surtout fastidieux, engendrant une lassitude qui deviendrait néfaste. L'essentiel est d'avoir créé les conditionnements d'un foisonnement de recherche et réflexion et d'avancer, à partir des apports des élèves, sur tel et tel plan de la problématique générale travaillée.
Quand le moment d'analyse réflexive commence, l'enseignant donne la parole à qui la demande en s'assurant que tous sont attentifs. S'il le faut, d'ailleurs, l'enseignant répètera ce qui a été dit (par exemple quand un élève est peu entendu) mais en fixant cependant à tous de parler à haute et intelligible voix.
Toutefois, pas d'interdit pour prendre la parole, du moment qu'il s'agit de la situation traitée : une question (« *je ne comprends pas ce qui est écrit ici...* »), une opinion (« *je préfère telle façon de faire à telle autre* »), une contradiction flagrante (« *je ne suis pas du tout d'accord avec ce qui est écrit là* »), etc., ont toutes leur raison d'être, du moment que l'enseignant aura soin que ce soit suivi d'une clarification, d'une argumentation, d'une référence précise à telle façon de faire, etc.
Seule est inefficace et risque d'être laissée pour compte une intervention qui ne trouverait aucun retour réflexif, qui ne serait pas soutenue par une analyse qui clarifie et donne sens.
C'est cela qui peut faire que les élèves se construisent des modes d'intervention qui ne sont pas n'importe quoi, puisqu'ils font l'apprentissage, en situation de recherche commune, que leur parole peut être dite et entendue du moment qu'elle s'inscrit dans une authenticité de positionnement et non dans du faire-semblant ou du «bleuf» !
La formation au débat, au respect de l'autre (et de soi-même) s'exerce là. Et ce n'est pas le moindre des objectifs de toute démarche de construction de savoir.

• ***L'animation de l'enseignant dans la confrontation générale***

La conduite de la confrontation par l'animateur joue là un rôle décisif.
En effet, comme dans toute démarche d'auto-socio-construction, s'il s'agit de prendre en compte les apports, c'est en opérant des mises en relation, en appelant des explicitations, en mettant en évidence des contradictions de telle façon que surgissent des prises de conscience et une réflexion méthodologique, c'est-à-dire toutes interventions suscitées auprès des élèves qui tournent le dos aux pseudo-évidences induites par une transmission-verbale-expositive de l'enseignant hors contexte de recherche et de questionnements.

Car ce sont bien ici tous ces apports, issus des actions et écrits produits par les élèves qui vont constituer les matériaux privilégiés à partir desquels va s'engager une réflexion proprement conceptuelle.

De quelques productions d'élèves ou de groupes

Voyons maintenant de près des actions effectivement menées.
Dès le départ, on peut constater très vite des pliages de l'unité *u*, la plupart de moitié en moitié, certains plus rares par tiers.
L'enseignant rappelle que tout comptage se fera en base trois.
Plusieurs types de conduites :

> • *les uns cherchent à « mesurer exactement » la longueur de leur segment : c'est la conduite la plus courante (si ce n'est la plus tentante...) mais non la plus simple ! Elle est induite par l'habitude de s'exprimer par des mesures (prétendument) exactes.*
>
> • *d'autres se contentent seulement d'une approximation se présentant soit sous forme de mesure approchée (c'est le plus courant), soit beaucoup plus rarement, sous forme d'encadrement.*

Il est à noter qu'apparaissent très vite des décompositions additives, sous forme d'écritures fractionnaires. L'écriture fractionnaire, quand bien même elle ne serait pas connue avant, peut trouver là de quoi être à juste titre introduite, en s'appuyant simplement sur les pliages faits.

Ainsi l'unité pliée en 2 s'exprime par $\frac{1}{2}$, pliée en quatre par $\frac{1}{11}$ (exprimé en base trois) et à nouveau en 2 par $\frac{1}{22}$.
L'unité pliée en trois s'exprimera par $\frac{1}{10}$ et à nouveau en trois par $\frac{1}{100}$, etc.

Donc **ces écritures prennent sens par rapport à l'expression de résultats issus d'actions (pliages) menées par les élèves.**
Mais c'est en situation d'écriture additive que de telles formulations vont intervenir puisque les décompositions successives de l'unité *u* viennent dans le pas à pas des différents pliages et comptages correspondants.

<u>Remarque subsidiaire</u> : il est nécessaire que l'animateur précise (soit avant, soit quand le cas se présente) que l'écriture à virgule ne sera pas acceptée, si toutefois quelque élève en aurait l'usage (ou un semblant d'usage)[115].

Des messages variés sont formulés, individuellement :
• « a *est plus grand que* u *mais n'est pas 2 fois plus grand que* u », *ou* « a *contient 1 fois* u *plus que la moitié de* u » *auquel le groupe adverse répond :* « b *est plus petit car il contient 1 fois* u *plus moins de la moitié de* u ».
La conséquence peut être tirée : a > b (le signe > peut être introduit ici).
• « b *est entre 1* u *et* $\frac{1}{3}$ *d'*u *et 1* u *et* $\frac{1}{4}$ *d'*u » (écrit en base dix)
• des tentatives de formes additives :

115. Empêcher cette utilisation, le cas échéant, est loin d'être régressif puisqu'il s'agit ici d'aller vers la virgule avec tout le contenu de signification qu'elle peut prendre. Or, le travail se fait en base trois, ce qui ouvrirait sur des confusions inopérantes.

– pliages par demi :

mes.a est plus grand que : $1 + \frac{1}{2} + \frac{1}{11}$

mes.b est un peu plus grand que : $1 + \frac{1}{11}$ *mais pas autant que* $1 + \frac{1}{2}$

ou encore : $mes.a = 1 + \frac{1}{2} + \frac{1}{11}$ *et* $mes.b = 1 + \frac{1}{22}$

la comparaison dans les deux cas permet de conclure a > b

– pliages par tiers :

$mes.a = 1 + \frac{1}{10} + \frac{2}{100} + \frac{2}{1\,000}$ *avec une incertitude pour la dernière fraction...*

$mes.b = 1 + \frac{2}{100} + \frac{2}{1\,000}$ *avec une incertitude pour la dernière fraction...*

la comparaison permet toutefois de conclure a > b
• ou encore sous forme d'inégalité :

$a > 1 + \frac{1}{2}$ et $b < 1 + \frac{1}{2}$ d'où il ressort que *a* est supérieur à *b*: a > b

• ou : $1 + \frac{1}{11} < b < 1 + \frac{1}{10}$ où sont mêlés deux types de pliage

• et d'autres formules encore, souvent fort compliquées pour tenter d'approcher au plus près l'attente obstinée d'une « mesure exacte ».
• un autre exemple de production :

mes. a = 1A + 1B + 2C + 2D (A = *u*; $B = \frac{1}{10}$ A; $C = \frac{1}{10}$ B; $D = \frac{1}{10}$ C)

A, B, C, D prennent la signification des sous-multiples successifs.
et le groupe adverse de répondre, tranquillement :
mes. b = 1A + 0B + 2C + 2D ! et donc de conclure : a > b
Tous ces exemples de productions, variables bien sûr suivant les classes et les participants, sont autant de débuts d'apprentissage de formes additives de fractions qui contribuent les unes et les autres à l'approche de la pratique d'encadrement par approximations successives.
Mais faudra-t-il que les élèves en prennent conscience.
L'enseignant rappelle que la consigne était : « **comparer *a* et *b*** » en demandant, après réflexion à propos de toutes les productions : finalement, quelle méthode est la plus sûre, et du coup la plus simple ?

Une problématique se dégage

Avec le recul qui maintenant peut se faire, il apparaît bien plus clairement qu'en définitive, il suffisait d'envoyer bien peu de messages pour parvenir aisément à la réponse.

Un premier envoi pourrait se contenter de :
$1 < a < 2$ pour les uns et de $1 < b < 2$ pour les autres après quoi se justifie un premier fractionnement de l'unité qui conduit à :
<u>en pliant par 2</u> : $a_u > 1 + \frac{1}{2}$ pour les uns et $b_u < 1 + \frac{1}{2}$ pour les autres[116]
soit la conclusion immédiate : $a > b$
<u>soit en pliant par 10</u> (3 en base trois) : $a_u > 1 + \frac{1}{10}$ et $b_u < 1 + \frac{1}{10}$
qui conduit aussi immédiatement à : $a > b$

Cette façon de faire a le mérite, dans la confrontation, et face aux autres procédés, de mettre bien en évidence que :

• **L'encadrement s'avère l'outil le plus efficace**, le plus simple à utiliser en fin de compte et donc le plus rapide, pour venir à bout d'une telle comparaison. Ce qui renverse certaines évidences induites par l'enseignement suivant lesquelles « mesurer » est seulement une affaire d'application technique, l'encadrement étant perçu comme bien trop compliqué et lourd ! Ce qui conduit à une conception de la progression des « leçons » à l'école, à un renversement où la notion d'encadrement a toute raison d'être abordée avant (ou avec) la notion de mesure exacte[117], dans la réalité impossible à fixer rigoureusement. Les élèves ne s'y trompent pas qui vivent des situations de la vie courante où leur expérience concrète leur montre que les mesures ne « tombent » jamais vraiment juste.
Dans le vécu de la démarche, cela apparaît très vite : « *Nous constations que nous ne pouvions trouver une valeur exacte malgré tous nos efforts.* »
La recherche empirique de la mesure exacte est une pratique non rigoureuse (quand elle ne s'accompagne pas d'un travail sur les approximations) et de plus fort encombrante et longue.
Il n'y a pas à regretter toutefois les manipulations multiples faites par les élèves et traduites par autant **d'additions de fractions sous-multiples de l'unité.** Ainsi se préparent-ils à l'arrivée de ce qui deviendra fractions décimales (en base dix), c'est-à-dire, dans la base trois, l'usage de

$\frac{1}{10}$, $\frac{1}{100}$, dont les élèves voient dès lors qu'on peut les démultiplier

en **fractionnements de plus en plus fins de l'unité** ce qui préfigure le fait qu'un nombre décimal peut avoir une quantité de chiffres après la virgule qui ne se limite pas à 2 ou 3 seulement.

116. Il est souhaitable qu'une notation soit introduite : *au*, *bu*, pour indiquer que la mesure *a* du segment est indiquée à partir de l'unité *u*. Cette introduction ne peut être faite qu'en situation et peut-être même dans ce qui suit après, puisque les unités choisies vont changer (pour devenir $\frac{u}{10}$ et plus tard $\frac{u}{100}$).
117. Point n'est besoin d'introduire trop rapidement les signes < et > pour aborder la notion d'encadrement, dans un premier temps. Il suffit de le faire en situation, quand l'encadrement a été formulé...

Au terme de cette 1re étape, on peut commencer à considérer de nouvelles unités de mesure en utilisant $\frac{u}{2}$ ou $\frac{u}{10}$:

Ainsi les encadrements deviennent en utilisant comme nouvelles unités [118] soit $\frac{u}{2}$ soit $\frac{u}{10}$:

avec u / 2 : $10 < a_{u/2} < 11$ et avec u / 10 : $11 < a_{u/10} < 12$

avec u / 2 : $2 < b_{u/2} < 10$ et avec u / 10 : $10 < b_{u/10} < 11$

ce qui évite d'avoir des additions de fractions. Dans les deux cas on conclut de la même façon : a > b.
Mais aussi ce qui répond déjà à des problèmes de **conversions d'une unité en une autre** qui est son sous-multiple. Faut-il encore préciser, quand il y a conversion, quelle unité est utilisée à chaque fois.
D'où l'importance de spécifier : $a_{u/2}$, $a_{u/10}$ de même pour $b_{u/2}$ et $b_{u/10}$ pour éviter les confusions [119].
D'où le constat que quel que soit le sous-multiple de l'unité, on peut résoudre la question du départ. Cependant, il convient de souligner que, pratiquement à chaque fois, quelques-uns disent : *puisqu'on est en base 3, c'est plus logique « de plier en 3 »*. À quoi l'enseignant peut rétorquer, pour laisser la question s'affirmer, et en vue d'une réponse à trouver, plus tard (dans les étapes suivantes) : « *plus logique au nom de quoi, puisque l'efficacité est identique en pliant en 2 ou en 3 ?* »
De toute façon, au terme de cette 1re étape auront déjà été abordées et travaillées des notions essentielles :

- ***addition de fractions successives de l'unité pour rendre compte d'une mesure***
- ***perception de fractionnements de plus en plus petits possibles de l'unité***
- ***notion d'encadrement comme outil opératoire***
- ***possibilité de conversion d'une unité en une autre***

118. C'est maintenant que devient précieuse l'indication des sous-multiples de l'unité avec lesquels sont donnés les nouveaux encadrements : d'où $a_{u/2}$ et $b_{u/2}$ d'une part et d'autre part $a_{u/10}$ et $b_{u/10}$ en fonction de l'unité choisie. Il faut prendre le temps (et surtout l'occasion) pour faire saisir l'opportunité de telles notations qui se justifient en situation de nécessité, pour éviter des confusions. Donc ne pas se presser pour l'utiliser afin d'éviter de nouvelles confusions. Très concrètement, les élèves savent avec quel sous-multiple de l'unité *u* (plié en deux ou en trois) ils cherchent : c'est cette unité-là qu'ils ont à faire savoir dans leur écriture. Ils pourraient aussi bien indiquer d'abord cette unité avant l'expression de l'encadrement sans se soucier d'un indice accolé à *a* et *b*. C'est à l'enseignant à saisir ce qui est le plus pertinent en fonction du moment de la recherche des élèves.
119. Comme on le fait couramment, dans la vie, suivant les besoins où l'on compte en mètres ou en centimètres, en heures ou en minutes, etc.

On peut constater combien c'est justement la diversité des conduites des élèves entre eux et entre les équipes qui a favorisé l'approche de procédures multiples en vue de l'objectif à atteindre. Les confrontations, l'élucidation en cours de route de l'opérationnalité plus ou moins grande de ces procédures a permis d'en mesurer leurs forces mais aussi leurs limites (suivant ce qui était demandé).

Par ailleurs, le fait de passer d'un mode de représentation à un autre accroît la mise à l'épreuve de l'efficacité de telle ou telle procédure quant à l'efficacité de leur maniement.

Mais les actions possibles concrètes (partage de l'unité, mise bout à bout sur la longueur donnée des unités ainsi fractionnées) sont toujours là, accessibles, qui donnent corps et assurance aux analyses réflexives produites et aux conclusions qui en sont dégagées.

Donc il n'y a pas à craindre de prendre le temps qu'il faut pour exploiter, analyser, travailler individuellement pour chacun et collectivement pour tous, avec l'intermède de réflexions en petits groupes. Il y a à laisser trace (dans le cahier de l'élève) mais aussi sur les murs de la classe, des procédures produites par les différents groupes, des corrections apportées ensuite, des formulations récapitulatives.
De telles feuilles déployées au tableau ou sur les murs proviendront autant que possible d'affiches produites dans les groupes mais aussi de modifications apportées lors des confrontations, etc.

Laisser de telles traces pendant et après le temps de la démarche est un atout majeur pour le mûrissement cognitif des élèves, le travail intérieur, récurrent, qui portera ses fruits pour la suite. D'autant plus que ce sont leurs productions, leurs évolutions.
N'est-ce pas ainsi que procèdent les chercheurs, revenant sans cesse sur leurs productions, leurs calculs, leurs hypothèses pour les affiner, les revoir, mais aussi pour prendre distance, les modifier ?

C'est le propre de toute notion construite que d'apprendre – et de s'apprendre – quelque chose de nouveau, à soi-même, sur ses propres productions. Il s'agit d'étapes intériorisées de conscientisation, indispensables à toute démarche de conceptualisation.
Car dans ces étapes se produisent des paliers de compréhension qui produisent des « sauts » cognitifs d'irréversibilité.
Chacun connaît de tels moments, y compris dans des situations courantes de la vie où tout à coup quelque chose de nouveau vient d'être compris. Le pari est de le rendre possible en pédagogie.
Car si des règles et procédures peuvent se « retenir », pour être « appliquées » ensuite, par contre, s'agissant de construction conceptuelle, c'est par paliers de compréhension et de structuration qu'il s'agit d'avancer.

15

Étape 2 : COMPARER LES LONGUEURS a ET c

Quand la comparaison de *a* et *c* est lancée[120], de nombreux essais, tâtonnements se font jour, donnant suite souvent à une organisation plus méthodique, renforcée par l'obligation de se faire comprendre par les messages.

Des pliages multiples de l'unité se succèdent avec l'éventualité, pour un même encadrement, de voir utiliser conjointement des pliages de en $\frac{1}{2}$ et $\frac{1}{2}$ des pliages de $\frac{1}{10}$ en $\frac{1}{10}$. Ne pas s'en étonner puisqu'après tout de tels encadrements sont fonctionnels[121].

Toutefois, plus généralement, les élèves adopteront soit des pliages de $\frac{1}{2}$ en $\frac{1}{2}$ soit des pliages de $\frac{1}{10}$ en $\frac{1}{10}$, bien que demeurent des différences à l'intérieur de chaque petit groupe d'élèves.

Comme à l'étape précédente, l'enseignant veillera à laisser un temps de recherche individuelle, puis des échanges dans les petits groupes pour travailler sur un message commun (si possible… car reste encore la possibilité d'accepter 2, voire 3 messages différents, mais l'important est qu'il y ait discussion dans le groupe). Pour la confrontation générale qui suivra, l'enseignant recopiera au tableau les encadrements et résultats de chaque groupe (sauf s'ils sont identiques entre plusieurs groupes).

Une multitude de pliages de l'unité, comptages, recherches d'encadrements se font jour.

---

120. À cette étape, les segments ont pour mesure de longueur *a* : **29,5 cm** et *c* : **27,5 cm**. (segments tracés sur des bandelettes de même longueur). Ici, les groupes d'élèves A1, A2, A3… ont le même segment de longueur *a*. Ce sont les groupes B1, B2, B3… qui ont le segment dont la mesure de longueur est *c*. On peut déjà prévenir que les segments étant entre eux plus rapprochés que ne l'étaient *a* et *b*, les encadrements devront être plus affinés. Prévoir de nombreuses bandelettes correspondant à *u*, à cause des pliages multiples qui peuvent « brouiller » les repérages.

121. De tels usages, conjointement, ont existé et existent encore dans les actions de mesurage !

• **Pliages de** $\frac{1}{10}$ **en** $\frac{1}{10}$ (par tiers en base trois) :

les encadrements obtenus (écriture en base trois) en fonction de l'unité u *sont:*

$$1+\frac{1}{10}+\frac{2}{100} < c_u < 1+\frac{1}{10}+\frac{2}{100}$$

$$1+\frac{1}{10}+\frac{2}{100} < a_u < 1+\frac{2}{10}$$

d'où la conclusion : *<u>a > c</u> puisque* $a_u > 1+\frac{1}{10}+\frac{2}{100} > c_u$

Soit encore, pour les mêmes valeurs, une présentation sous forme de tableau:

	u	$\frac{u}{10}$	$\frac{u}{100}$
	1	1	1
c →			
complété par le groupe adverse :	1	1	2
a →			
	1	2	0

Ils précisent que ces décompositions traduisent exactement (sous forme additive) la succession des actions de mesurage menées par pliages réitérés.

L'enseignant leur demande de « compter », non plus par rapport à *u*, mais en prenant $\frac{u}{100}$ comme unité de référence (ce qui est toujours faisable, très concrètement, à partir du petit morceau de papier obtenu après pliages successifs).

Ce comptage est à la portée de tous puisqu'il suffit de reporter autant de fois que nécessaire[122] la longueur *u* pliée en 9 (soit en 100 en base trois) tout le long des segments de longueur *a* puis *c*, en prenant en compte l'encadrement (dont l'écart correspond ici à $\frac{u}{100}$). En somme, c'est la reprise, mais avec $\frac{u}{100}$ de la toute première action d'encadrement, menée avec *u*.

$$\text{avec } \frac{u}{100} : 111 < c_{u/100} < 112$$

$$: 112 < a_{u/100} < 120$$

$$\boxed{\text{d'où } c_{u/100} < 112 < a_{u/100} \text{ soit } c < a}$$

Le passage du comptage « manipulé » (par reports successifs) à la conversion mentale directe de :

$1+\frac{1}{10}+\frac{2}{100}$ (avec *u*) à 112 (avec $\frac{u}{100}$) se fera quand des manipulations répétées auront fait prendre conscience que : 1 (*u*) équivaut

122. Il suffit de réinvestir la suite des nombres, de 1 en 1, en base trois.

à 10 ($\frac{u}{10}$) et à 100 ($\frac{u}{100}$); soit $1 = \frac{10}{10} = \frac{100}{100}$.

De même, on trouvera que 1 ($\frac{u}{10}$) équivaut à 10 ($\frac{u}{100}$);

soit $= \frac{1}{10} = \frac{10}{100}$.

Prendre le temps de telles équivalences qui représentent un pas en avant dans l'écriture et savoir attendre les moments opportuns pour ne pas alourdir l'objet des actions en cours.

Donc arrivera un moment (plus ou moins rapidement suivant les acquis antérieurs des participants) où le passage de :

$1 + \frac{1}{10} + \frac{2}{100}$ (u) à 112 ($\frac{u}{100}$) se fera sans passer par la manipulation.

Ce qui revient à écrire : $1 + \frac{1}{10} + \frac{2}{100} = \frac{112}{100}$

(ne pas se presser pour cette égalité qui devrait être plus une conquête d'écriture qu'une obligation aliénante pour les élèves).[123]

• **Pliages de 1 / 2 en 1 / 2** (par demi comptage en base trois) :
les encadrements obtenus sont (écriture en base trois) :

$$1 + \frac{1}{2} + \frac{1}{22} < a_u < 1 + \frac{1}{2} + \frac{1}{11}$$

$$1 + \frac{1}{2} < c_u < 1 + \frac{1}{2} + \frac{1}{22} \qquad \text{soit } c < a$$

ces mêmes encadrements, exprimés suivant que l'on reporte telle ou telle unité :

avec $\frac{u}{2}$ $10 < a_{u/2} < 11$ $10 < c_{u/2} < 11$

avec $\frac{u}{11}$ $20 < a_{u/11} < 21$ $20 < c_{u/11} < 21$

Là, il faut utiliser un sous-multiple inférieur, et pour cela affiner encore l'encadrement pour pouvoir conclure, ce qui suppose l'usage de $\frac{u}{22}$*:*

avec $\frac{u}{22}$: $111 < a_{u/22} < 112$

$110 < c_{u/22} < 111$

d'où $c_{u/22} < 111 < a_{u/22}$ soit $c < a$

123. Ce sera après-coup, c'est-à-dire dans des retours, au cours de séances ultérieures, que de telles égalités pourront commencer à prendre sens (faudra-t-il encore que les élèves arrivent à en décortiquer les termes). Ce qui suppose que seront laissés à disposition du regard des élèves, en classe, après chaque séance, les principaux résultats déjà obtenus (encadrements, fractions de dénominateur 10,100...).

Gains sur le plan cognitif

• Le réinvestissement des conduites menées dans la 1re étape se trouve ici bien moins désordonné : ainsi ne cherche-t-on pas à trouver une « mesure exacte » hypothétique mais plutôt à procéder par encadrement. Un usage plus maîtrisé des encadrements successifs s'organise, en affinant seulement avec une nouvelle fraction de l'unité quand cela s'avère nécessaire.

➤ ***ajustement progressif des encadrements, suivant l'unité choisie***

• La représentation par addition de fractions de l'unité se fait avec plus de rigueur, les fractions écrites représentant la succession concrète des partitions du segment étudié.

➤ ***maîtrise plus grande d'une représentation additive de fractions***

• On constate toujours que les divisions successives de u par 2, soit de

$\frac{1}{2}$ en $\frac{1}{2}$ (utilisant $\frac{u}{2}, \frac{u}{11}, \frac{u}{22}$) permettent de comparer tout aussi

efficacement que les divisions de *u* de $\frac{1}{10}$ en $\frac{1}{10}$

(utilisant $\frac{u}{10}, \frac{u}{100}, \frac{u}{1000}$.)

avec cependant la remarque que le pliage de demis en demis (soit en base dix par 2, 4, 8...) est plus facile à réaliser que le pliage de tiers en tiers (soit en base dix par 3, 9...). Toutefois le souci de simplifier, les calculs et les communications entre équipes posent de façon plus pressante la question d'un choix devenu nécessaire concernant le système de sous-multiples à adopter.

➤ ***perception d'un nécessaire choix à faire pour le système de sous-multiples à adopter : à la fois cohérent et collectif***

Une question demeure donc : quel système de sous-multiples adopter et pourquoi ?

16

Étape 3 : QUELS SOUS-MULTIPLES CHOISIR ?

▲ Les activités menées vont être, en fait, des activités de conversion

On va maintenant travailler de façon systématique avec les 2 types de sous-multiples utilisés et, pour simplifier, partant toujours d'une même unité *u* de mesure de longueur, on prend 2 segments : *d*, dont la longueur a pour mesure le double de *u* et *e*, dont la longueur a pour mesure le triple de *u* (en base dix), soit :

$d_u = 2$ (en base trois) et $e_u = 10$

On pourrait travailler sur d'autres segments encore, avec d'autres valeurs (Exemple : $f_u = 12$ ou $g_u = 21$, etc.)

On va systématiquement convertir ces valeurs en utilisant les différentes unités des deux tableaux suivants représentant respectivement l'un et l'autre les deux systèmes de sous-multiples préalablement utilisés :

	u	$\frac{u}{2}$	$\frac{u}{11}$
d	2	$d_{u/2} = ?$	$d_{u/11} = ?$
e	10	$e_{u/2} = ?$	$e_{u/11} = ?$

	u	$\frac{u}{10}$	$\frac{u}{100}$
d	2	$d_{u/10} = ?$	$d_{u/100} = ?$
e	10	$e_{u/10} = ?$	$e_{u/100} = ?$

Il est important que les élèves comprennent ici ce qu'on attend d'eux : trouver la valeur équivalente de la mesure donnée, quand on veut la traduire à partir d'une unité nouvelle (sous-multiple de la première).

Les termes $d_{u/2}$, $d_{u/11}$, $d_{u/10}$, $d_{u/100}$, etc., indiquent chaque fois le sous-multiple choisi.

En fait, avec l'unité *u*, pliée autant que nécessaire et en la reportant autant de fois qu'il le faut, chacun est en mesure de trouver les résultats.
Mais il sera important que les élèves échangent leurs façons de faire.
Le travail se fait directement en dessinant les segments sur des bandelettes et en utilisant l'unité *u*. Ce travail n'est qu'un réinvestissement des activités menées dans les étapes précédentes, avec ceci de plus facile encore que *d* et *e* sont donnés avec des mesures « exactes », pour faciliter les comparaisons de conversion[124]. D'où :

	u	$\frac{u}{2}$	$\frac{u}{11}$
d	2	$d_{u/2} = 11$	$d_{u/11} = 22$
e	10	$e_{u/2} = 20$	$e_{u/11} = 110$

	u	$\frac{u}{10}$	$\frac{u}{100}$
d	2	$d_{u/10} = 20$	$d_{u/100} = 200$
e	10	$e_{u/10} = 100$	$e_{u/100} = 1000$

Certains font remarquer qu'on peut directement multiplier par 2, par 11, par 10 ou 100, ce qui renvoie à la technique de la multiplication en base trois et à la commodité de la multiplication par 10 ou 100 par rapport aux autres.

Avec un problème de retenue dans l'un des cas et pas dans l'autre.
Le tableau étant rempli, sont donnés alors, comme exercice d'application, les tableaux suivants à compléter, connaissant la mesure de m avec l'unité *u* :

	u	$\frac{u}{2}$	$\frac{u}{11}$
m	$m_u = 12102$	$m_{u/2} = ?$	$m_{u/11} = ?$

	u	$\frac{u}{10}$	$\frac{u}{100}$
m	$m_u = 12102$	$m_{u/10} = ?$	$m_{u/100} = ?$

124. Le choix fait dans cette situation est de prendre des mesures exactes, puisque la réflexion porte ici non plus sur des encadrements différents, mais sur la mise à l'épreuve des commodités d'usage des différents sous-multiples envisagés.

Il est important que les élèves comprennent bien ce qu'il s'agit de chercher. Tout le monde se lance dans des calculs, puisqu'on a bien compris comment procéder. Des multiplications successives par 2 se présentent dans le 1er cas et dans le 2e il arrive assez vite que quelqu'un dise : *« c'est quand même plus simple d'utiliser $\frac{u}{10}$ et $\frac{u}{100}$ puisqu'il suffit d'ajouter un ou deux zéros à droite* ! »

	u	$\frac{u}{2}$	$\frac{u}{11}$
m	m_u =12102	$m_{u/2}$ = 101211	$m_{u/11}$ = 202122

	u	$\frac{u}{10}$	$\frac{u}{100}$
m	m_u =12102	$m_{u/10}$ = 12102**0**	$m_{u/100}$ = 12102**00**

La conclusion est immédiate : *on choisit définitivement comme système de sous-multiples* $\frac{u}{10}$, $\frac{u}{100}$, plus tard $\frac{u}{1000}$.... *par* ***économie de calculs***.

D'où l'élimination du premier système de sous-multiples, non parce qu'il est faux mais parce qu'il est peu commode :

	u	~~$\frac{u}{2}$~~	~~$\frac{u}{11}$~~
m	m_u =12102	~~$m_{u/2}$ = 101211~~	~~$m_{u/11}$ = 202122~~

Ainsi, ce qui pouvait apparaître comme « logique » qui était de diviser par 3 (10 en base trois) se transforme maintenant dans : « pour les calculs, c'est vraiment plus commode » !

Les arguments, discussions peuvent ainsi conduire à la conclusion :

> Paradoxalement, alors qu'il était beaucoup plus facile (manuellement) de plier le segment de longueur *u* en 2, 4, 8... et plus malaisé de le plier en 3, 9, etc., donc qu'il pouvait paraître bien formel de plier en 3 sous prétexte que c'était plus « logique », on se rend compte maintenant, non plus par rapport au pliage, mais par rapport aux activités de conversion, que la commodité (pour les calculs) est plus grande de prendre $\frac{1}{10}$, $\frac{1}{100}$ (dans la base trois : c'est-à-dire $\frac{1}{3}$, $\frac{1}{9}$ écrit en numération décimale).

C'est précisément pour que surgissent de telles contradictions que le choix a été fait de prendre la base trois, et non pas quatre, qui aurait empêché de telles prises de conscience.

Puisque les commodités manuelles et de calcul se seraient superposées d'elles-mêmes, empêchant de prendre conscience de l'intérêt – du point de vue des calculs – de prendre, dans une base donnée, comme sous-multiples : $\frac{1}{10}$, $\frac{1}{100}$, **quelle que soit la base.**

Ce qui demeure vrai pour la base dix, bien entendu !

> Là, en base dix, les fractions $\frac{1}{10}$, $\frac{1}{100}$, $\frac{1}{1\,000}$ ...s'appellent **fractions décimales** et plus particulièrement $\frac{1}{10}$ s'appelle « un dixième », $\frac{1}{100}$ s'appelle « un centième » et $\frac{1}{1\,000}$ s'appelle « un millième », etc...

Mais en base trois, les possibilités de manipuler et de comparer avec un nombre restreint de comptages successifs rend possible, mieux qu'en base dix, d'accéder à de tels constats, dans le cours de la réflexion.

> En fait, historiquement, la coexistence de deux systèmes d'unités fractionnaires a duré pendant des siècles, après le IXe siècle, malgré l'introduction de la numération décimale (suivant « l'arithmétique indienne », nommée ainsi à cause de son origine). Ainsi, même si le nombre d'unités entières était compté en base dix, la partie fractionnaire demeurait exprimée avec des fractions sexagésimales, suivant en cela les usages millénaires des babyloniens (vers 3000 av. J.-C.) qui comptaient en base soixante, en liaison avec le calcul des astronomes[125].
>
> Ainsi est-il demeuré du IXe au XVIe (et même jusqu'au XVIIIe et XIXe siècle pour devenir usage plus courant) une numération mixte dans laquelle les entiers sont représentés en numération décimale et les parties fractionnaires (en minutes, secondes et tierces) en numération sexagésimale.
>
> Les conversions entre valeurs décimales et valeurs sexagésimales représentaient des calculs fort pénibles mais pouvaient s'accompagner de tables de conversion.
>
> C'est Al Uqlidisi (973-1052) qui le premier étend à tous les calculs la « numération indienne » (Al Khwarismi ne l'avait fait que pour les nombres entiers) affirmant que c'est « plus facile, plus rapide et nécessite peu de précautions et en particulier moins d'efforts de mémorisation ».

125. Notre comptage du temps en heures (système décimal) et en minutes et secondes (comptage sexagésimal) en porte encore la marque; et l'on sait les calculs complexes que l'on doit faire pour additionner, soustraire, multiplier... qui relèvent de la même complexité que les calculs des anciens. Il sera bon, en temps opportun, que les élèves soient amenés à faire de tels calculs sur les heures, minutes, secondes, pour mieux percevoir la complexité de la tâche, afin de mieux apprécier, en définitive, l'apport simplificateur du système décimal !

17

Étape 4 : INTRODUCTION DE LA VIRGULE

On travaille toujours en base trois sur la pratique des conversions des mesures d'une même longueur, suivant que l'on prend pour unité :

u , $\frac{u}{10}$, $\frac{u}{100}$ ...

Rappel de la conversion précédente qui a conduit au constat suivant lequel, connaissant m_u, on peut trouver $m_{u/10}$ puis $m_{u/100}$ soit en reportant autant de fois que nécessaire chacune des nouvelles unités sur la longueur, soit encore plus simplement, en multipliant par 10 ou par 100 la mesure précédente. Raison pour laquelle, d'ailleurs, ce système-là a été retenu comme plus simple à utiliser pour les calculs.

	u	$\frac{u}{10}$	$\frac{u}{100}$
m	m_u =12102	$m_{u/10}$ = 12102**0**	$m_{u/100}$ = 12102**00**

Autant de « 0 » que nécessaires sont ajoutés à droite du nombre donné (en fonction de *u*), suivant en cela les règles de multiplication par 10, 100...
Vient alors un nouveau réinvestissement. Cette fois, c'est une longueur *p* dont la mesure est donnée directement en fonction de $\frac{u}{100}$.
Compléter le tableau.
Ici, à l'inverse du cas précédent, ce n'est pas p_u qui est à convertir avec des unités plus fines (ce qui entraînait des multiplications par 10 ou par 100) mais c'est $p_{u/100}$ qui est donné en premier et dont on cherche quelles seraient ses mesures suivant qu'on prend *u* ou $\frac{u}{10}$ comme unités.

	u	$\frac{u}{10}$	$\frac{u}{100}$
p	p_u = ?	$p_{u/10}$ = ?	$p_{u/100}$ = **2012**

Or le nombre donné qui est 2012 ne se termine ni par 0 ni par 00.
Que faire ? Après que la question ait été nettement posée, il s'agit de renvoyer à la décomposition additive écrite plus haut par eux, notamment lors de la comparaison de *a* et *c* :
en prenant mes.*u* : $1 + \frac{1}{10} + \frac{1}{100} < c_u < 1 + \frac{1}{10} + \frac{2}{100}$

ce qui donnait avec mes. $\frac{u}{100}$: $111 < c_{u/100} < 112$

Ainsi à 112 (compté avec $\frac{u}{100}$) correspondait $1 + \frac{1}{10} + \frac{2}{100}$ (compté avec *u*) : donc à 2012 (compté avec $\frac{u}{100}$) on va faire correspondre avec *u* : $20 + \frac{1}{10} + \frac{2}{100}$ et, avec $\frac{u}{10}$: $201 + \frac{2}{10}$

> Le recours à la décomposition (construite antérieurement) donne sens au nombre 2012, exprimé en fonction de u/100 et donc permet de se donner des clés de déchiffrage, quelle que soit, plus généralement, l'unité à partir de laquelle on se place. D'où l'**INTRODUCTION DE LA VIRGULE**, après le nombre des entiers de l'unité choisie (partie entière) pour indiquer, par une économie conventionnelle de moyens, la décomposition propre du nombre, correspondant à l'unité qui est considérée.
>
> Ainsi en utilisant l'unité *u* : $20 + \frac{1}{10} + \frac{2}{100}$ donne **20,12**
>
> et en utilisant l'unité $\frac{u}{10}$: $201 + \frac{2}{10}$ donne **201,2.**

On peut prendre d'autres nombres pour passer à la décomposition additive. Un moment d'observation amène à constater que cette décomposition comporte un terme entier (c'est la partie entière) et d'autres termes sous forme fractionnaire (correspondant à l'utilisation obligée de portions de *u* après pliages).

Que ce soit dans la colonne de *u* ou dans la colonne de $\frac{u}{10}$ sont donc à distinguer à chaque fois le nombre entier de reports de l'unité considérée (20 pour *u*; 201 pour $\frac{u}{10}$) et les comptages faits ensuite après pliage.
Le nouveau codage consiste à marquer cette séparation (correspondant bien à un tournant de l'action) : c'est la virgule qui jouera ce rôle.

Après quoi, immédiatement à la droite de la virgule on trouve dans l'ordre (de gauche à droite) les nombres correspondant aux comptages faits après un premier pliage (par 10) puis, après un deuxième pliage (par 100) et ainsi de suite. Ce qui fait que, si la décomposition additive est écrite dans l'ordre chronologique des différents pliages et comptages, l'écriture du nombre à virgule épouse cet ordre.

REMARQUE : Des exercices ultérieurs de réinvestissement, proposés à partir de segments de longueur inférieure à *u* amèneront la prise de conscience de la nécessité de conserver une écriture comportant une virgule, en utilisant le « zéro » pour indiquer quelle unité est désignée.

Par exemple, pour l'écriture 0, 12 ou 0, 012. Mais c'est aussi un réinvestissement de la notion d'écriture positionnelle qui a été construite lors de la démarche sur la numération.

Il est important d'être amené à préciser que l'unité de référence pour la lecture d'un nombre à virgule est, non plus le chiffre le plus à droite, mais celui qui précède (à gauche) immédiatement la virgule, soit le chiffre des unités. Le décryptage se fait donc de droite à gauche avant la virgule et de gauche à droite après la virgule (2102, 112).

Ainsi, l'on a :

	u	$\frac{u}{10}$	$\frac{u}{100}$
p	p_u = **20,12**	$p_{u/10}$ = **201,2**	$p_{u/100}$ = **2012**

On a donc construit la compréhension du contenu conceptuel incorporé dans le nombre à virgule avant même que sa codification soit apportée. Mais c'est ainsi qu'il en a été, historiquement.

Remarquons que les deux « exercices » précédents (calcul des différentes mesures de *m* puis de *p* en utilisant les deux systèmes de sous-multiples élaborés précédemment) se présentent non comme exercices d'application mais comme réemplois créatifs puisque, à chaque fois – et en cascade, l'un après l'autre – ils font surgir quelque chose de nouveau :

1) le pourquoi du choix des sous-multiples $\frac{u}{10}$, $\frac{u}{100}$ ... suivant les besoins de l'encadrement à trouver.

2) l'introduction de la virgule comme nécessité de se donner un repère codé pour simplifier l'indication de la distinction à faire entre partie entière et partie additive fractionnaire[126].

3) l'usage simplifié de conversion d'une unité en une autre, qu'elle soit plus petite ou plus grande.

On peut reprendre les encadrements précédents, mais cette fois avec la nouvelle écriture : $1{,}11 < c_u < 1{,}12$

$1{,}12 < a_u < 1{,}2$

Il est bon ici de faire établir des équivalences entre nombres à virgules et écritures additives fractionnaires (déjà utilisée) pour mieux maîtriser ces identités :

$$1 + \frac{1}{10} + \frac{1}{100} = 1{,}11$$

$$1 + \frac{1}{10} + \frac{2}{100} = 1{,}12$$

Il est important de bien cerner les affinements successifs qui ont été trouvés, pour *a* par exemple, en utilisant désormais l'usage de la virgule :

126. Attention : on ne peut encore dire partie « décimale » puisqu'on est encore en base trois et non en base dix.

on avait : $1 < a_u < 2$

puis, dans la comparaison avec *b* : $1,1 < a_u < 1,2$

et dans la comparaison avec *c* : $1,12 < a_u < 1,20$

L'affinement de l'encadrement peut s'exprimer en référence à la même unité *u*, avec une simplification remarquable d'écriture grâce à la virgule. Ainsi peut-on comparer l'expression des mêmes encadrements, suivant qu'ils sont donnés avec une addition de fractions ou avec des nombres à virgule :

D'où au lieu de : $1 + \frac{1}{10} < a_u < 1 + \frac{2}{10}$, on a : $1,1 < a_u < 1,2$

et au lieu de : $1 + \frac{1}{10} + \frac{2}{100} < a_u < 1 + \frac{1}{10} + \frac{2}{100}$, on a : $1,12 < a_u < 1,20$

De même : $20 + \frac{1}{10} + \frac{2}{100}$ comme décompositions additives de p_u,

devient : $p_u = 20,12$

Des messages entre décompositions additives, (avec fractions à dénominateurs $\frac{1}{10}, \frac{1}{100}$...) à convertir en nombres à virgules, et réciproquement, peuvent s'organiser avec profit entre équipes d'élèves, faisant surgir de nouveaux questionnements parmi lesquels pourra être abordé le problème du « 0 » à gauche de la virgule !

Représentation d'encadrements sur une droite graduée

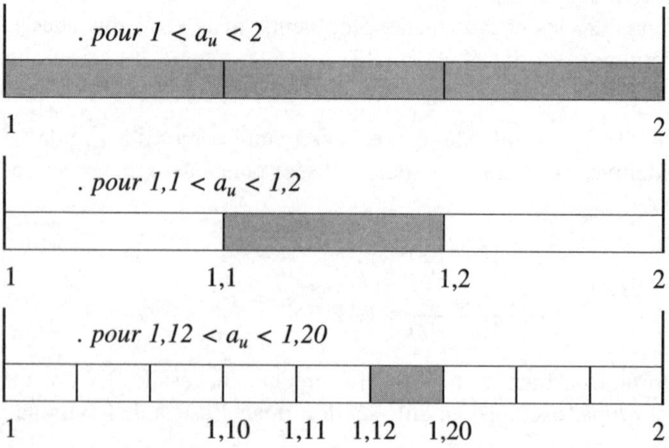

Il est clair, au-delà des possibilités (physiques, *manipulatoires*) de pliage, qu'on peut poursuivre l'affinement, autrement dit que le procédé est récurrent, ce qui se traduit par une augmentation du nombre des chiffres après la virgule, le dernier chiffre à droite spécifiant la valeur de l'approximation (c'est-à-dire permettant de repérer l'ordre d'affinement de la grandeur de l'encadrement).

Donc, le nombre de chiffres après la virgule n'est pas limité à 1, 2 ou 3 chiffres seulement.

Réinvestissement : cette représentation d'encadrements peut s'accompagner (ou suivre) l'activité de graduation sur une droite, à partir de 0 et en se donnant une unité pour tous [127], ce qui favorise le travail sur l'ordre des nombres à virgule et fait exister concrètement la valeur d'un nombre tel que 0,1 ou même 0,02.

> Cette activité permet aux élèves de prendre conscience que les nombres à virgule sont repérables à partir de 0, alors que les nombres naturels ne le sont qu'à partir de 1. Rupture importante [128].

L'ordre de deux nombres à virgule est abordé en même temps que leur introduction (la précédant même) puisque chaque encadrement nécessite l'appréciation fine de l'unité déterminante pour le constituer. L'ordre entre deux nombres se concrétise par la possibilité de traduire ces nombres en longueurs comparables entre elles, construites à partir des unités qui composent ce nombre (ce qui s'est fait dès l'entrée dans la démarche).

Cependant, des exercices seront nécessaires pour fixer, rendre plus opératoire encore de tels acquis. Il sera important, à chaque fois, de bien retrouver les actions concrètes qui en justifient l'utilisation et de bien faire expliciter verbalement, pour en préciser les aboutissements quant aux codages écrits.

127. Une unité de trois carreaux (ou 3 cm) peut aider la suite, mais faut-il cependant laisser chercher les élèves pour constituer une graduation qui pourrait aller jusqu'à $\frac{u}{100}$.
128. À relier par exemple avec l'usage du double décimètre qui se fait toujours à partir de 0, ainsi que pour les heures, puisqu'une journée commence à 0 heure.
Remarque historique : il en a été différemment pour les années puisqu'au moment de l'établissement de notre calendrier, l'an « zéro » étant impensable, il a commencé avec l'an 1 de la naissance de J.-C. D'où l'erreur d'avoir fêté l'an 2000 une année avant qu'il eût fallu (ce que fit aussi l'Observatoire de Greenwich, gardien officiel du temps mondial !).

18

Étape 5 : SYSTÈME DÉCIMAL ET APPORTS HISTORIQUES

Le passage à la base dix peut se faire aisément. Il se présente comme un réinvestissement de tout ce qui précède, bien que déjà amorcé avec les fractions décimales. Mais ici la manipulation est entravée (par le nombre de divisions nécessaires pour concrétiser les sous-multiples). Pourtant, il est possible de demander aux élèves de traduire en système décimal ce que peut signifier n'importe quel nombre à virgule en base dix, appelé **nombre décimal.**

Par exemple : 4, 27 peut être traduit par $4 + \frac{2}{10} + \frac{7}{100}$
soit : 4 unités, 2 dixièmes et 7 centièmes.

Les élèves sont à même d'établir des équivalences entre nombres décimaux et décomposition additive en fractions décimales, et réciproquement. Faut-il encore, comme on l'a fait en base trois, établir aussi que :

$$4{,}27 = 4 + \frac{2}{10} + \frac{7}{100} = \frac{42}{10} + \frac{7}{100} = \frac{427}{100}$$

Sans le faire vraiment concrètement (trop compliqué manuellement) les élèves sont pourtant à même d'expliquer ce que signifient chacune des ces expressions. Ainsi pour 4, 27, qui peut être obtenu en ajoutant 42 dixièmes de l'unité *u* plus 7 centièmes de *u*; ou encore en mettant bout à bout 427 centièmes de l'unité *u*.

Là encore, on peut imaginer une forme de jeu entre élèves où 2 équipes échangent entre elles en demandant à l'autre de donner la traduction en nombre décimal d'une écriture sous forme d'addition de fractions décimales, et réciproquement. La règle peut être de n'avoir le droit d'envoyer un message de demande que si les solutions sont déjà trouvées par l'équipe qui envoie (c'est l'enseignant qui donne le feu vert). Bien sûr, les réponses de l'équipe adverse peuvent être erronées. Au bout de deux ou trois désaccords, on peut faire se rencontrer les deux équipes, mais elles doivent s'expliquer suffisamment pour ne plus faire d'erreurs.

S'il y a des litiges lourds, l'enseignant peut les porter à la connaissance de toute la classe pour que ce soit travaillé en confrontation générale, de telle façon que lui-même ait très peu à intervenir, soucieux toujours de faire expliciter quel problème se pose et à quelle question cela renvoie.

Mieux que des exercices à répétition, c'est un moment d'émulation et pour l'enseignant la possibilité de repérer ce qui est « construit » de ce qui l'est moins pour en prévoir les moyens d'y pallier (lui-même ou entre élèves). Certains points plus spécifiques peuvent s'avérer suffisamment communs à un certain nombre d'élèves pour amener l'enseignant à prendre les mesures d'une reprise de situation pour la mettre plus particulièrement en travail. Et les élèves déjà plus au clair peuvent devenir des relais.

Chemin faisant, sera abordé notamment (à moins que cela n'arrive entre équipes, ce qui sera renvoyé à tous par l'enseignant) la recherche des nombres décimaux qui correspondent à $\frac{1}{10}$ à $\frac{1}{100}$ etc., soit 0, 1 et 0, 01; et inversement quelle fraction décimale correspond à 0, 2 ou 0, 07 ou 0, 47… avec la recherche à chaque fois de toutes les formes décimales qui peuvent être données, par exemple :

$$5{,}84 = 5 + \frac{8}{10} + \frac{4}{100} = \frac{58}{10} + \frac{4}{100} = \frac{584}{100}$$

Bien sûr, il sera important de prendre des exemples avec des millièmes, plus même, pour bien assurer l'idée qu'un nombre décimal peut avoir autant de nombres après la virgule que l'on veut (mais toujours en nombre limité).
Toutefois la confrontation avec les utilisations courantes (longueurs et euros) afin d'en dégager les simplifications conventionnelles, amènent les élèves à percevoir une restriction de l'usage possible, mais à des fins de simplification.

Par exemple, il est intéressant que ce soient les enfants qui remarquent la restriction à deux chiffres après la virgule des euros, d'où l'erreur qui pourrait consister à croire que le nombre qui suit 5,63 est 5,64 (puisqu'il en est ainsi pour les prix) quand c'est vrai seulement pour les euros; de même qu'entre deux longueurs (des données en mètres et centimètres par exemple) peuvent en principe s'en intercaler d'autres (prenant en compte au moins les millimètres).

L'ordre sur les décimaux : là encore, ce n'est qu'un réinvestissement, un réinvestissement créatif certes, de tout ce qui précède puisque les élèves sont à même, par les décompositions additives en fractions décimales, d'analyser ce nombre dans sa comparaison avec un autre.
On peut aussi imaginer un jeu entre équipes où chacune donne à l'autre une série de nombres décimaux (dans le désordre) à mettre en ordre.

Ainsi pourront être proposés les nombres suivants :
7,3 ; 0,756 ; 4,08 ; 7,298 ; 4,1 ; 12,53 ; 0,9.

Ou toute autre suite comprenant des nombres qui peuvent poser problème entre eux.

Les opérations : à nouveau, réinvestissement créatif de ce qui a été construit à propos de la numération et des opérations sur les entiers avec ce qui vient d'être construit sur les décimaux. Dans la mesure où les élèves savent par exemple que pour 14,5 + 7,83 il est important d'ajouter ensemble les unités du même ordre et dans la mesure où ils savent repérer l'ordre des unités pour les décimaux, ils pourront trouver seuls que l'addition s'écrit :

$$\begin{array}{r} 14,5 \\ +\ \ 7,83 \\ \hline \end{array}$$

Pour la multiplication, **en revenant à la base trois**, on peut proposer comme activité l'usage d'un rectangle dont chacun des côtés est tracé avec partie entière et partie fractionnaire, par exemple : 2,1 x 1,2.

Il sera vite clair qu'il est plus simple de calculer combien de carrés au total ayant pour côté $\frac{1}{10}$.

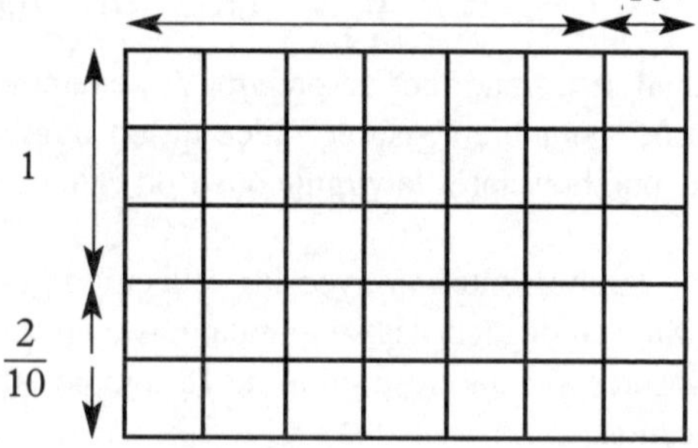

D'où le résultat : $2{,}1 \times 1{,}2 = \frac{21}{10} \times \frac{12}{10} = \frac{1\,022}{100} = 10{,}22$ (compté en base 3)

La conséquence est donc de calculer avec les $\frac{1}{10}$ (comme avec des entiers) mais ensuite de reconsidérer la virgule. Mais pour cela faut-il, déjà en base trois, avoir trouvé l'équivalence entre $\frac{1}{10} \times \frac{1}{10} = \frac{1}{100}$ ce qui est faisable en considérant la surface d'un carré ayant pour côté 1 divisé en $\frac{1}{10}$, $\frac{1}{10}$ et $\frac{1}{10}$.

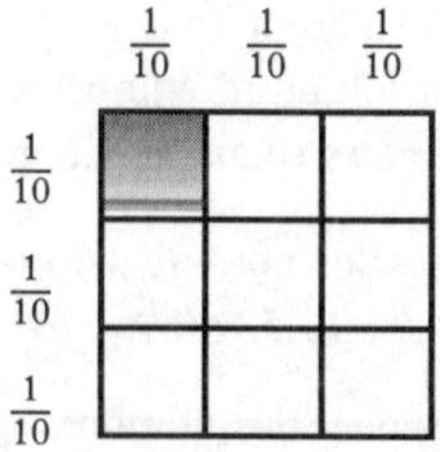

Si au total il y a 100 fois chaque petit carré, chacun d'eux vaut $\frac{1}{100}$ du carré constitué par 1 x 1.
D'où l'on peut déduite que $\frac{1}{10} \times \frac{1}{10} = \frac{1}{100}$

Ceci ne doit en aucune façon être imposé par l'enseignant mais considéré comme autant d'actions, réflexions à débattre, parfois même à suspendre pour laisser le temps aux maturations. Ce sera repris plus tard à propos des fractions, notamment avec celles qui sont introduites dans le cadre de la démarche sur l'approche des nombres rationnels.

Remarque à l'attention du lecteur

Mais pour conclure ce chapitre, la démarche de construction du concept de « nombre à virgule » présentée ici ne prétend pas résoudre tous les problèmes posés par les nombres à virgule.
Ainsi a été seulement abordée la suite normale concernant les opérations sur les nombres à virgule, bien que l'on puisse déjà percevoir tout le bénéfice de la démarche quant aux problèmes spécifiques que posent les opérations et combien chaque question nouvelle de programme se trouve à la croisée de construction de plusieurs concepts.
Ici se croisent ce qu'il y a eu à se construire sur la numération, sur les opérations (leur sens et leur technique) concernant les entiers et concernant l'introduction des nombres décimaux.

Toutefois, et même si d'autres démarches, partant de situations tout à fait autres peuvent être encore élaborées, cette démarche veut contribuer, avec les autres démarches de cet ouvrage, à poser – à propos du contenu conceptuel complexe visé ici – la problématique de la notion de démarche d'AUTO-SOCIO-CONSTRUCTION et donc, en quelque sorte, la proposer aussi comme matériau de travail, de réflexion, en vue d'une « modélisation » de la notion de démarche, c'est-à-dire de la construction de ce concept-là en pédagogie.

• **Al Uqlidisi** (en 952 à Damas) exprimait un décimal sous forme | 2'35 | qui se lit « *2 unité et 35 de cent* » (soit $\frac{2 + 35}{100}$).

Al Uqlidisi manifestait une maîtrise pratique des fractions décimales sans toutefois en posséder encore la conception théorique.

• **Al-Kasi** (en 1427 à Samarcande) dans son traité *La clé de l'arithmétique* écrivait

358
501
1 000

pour exprimer 358 unités, 501 millièmes :

qu'il proposait d'écrire encore : | 358 / 501 | (avec un trait oblique).

Al-Kasi avait construit, au-delà de la pratique des décimaux, leur conception théorique.

• **Viète** (1579, France) proposait d'écrire, avec une virgule par tranche de 1000 et en soulignant la partie décimale : | 125, 992, <u>106</u> | ce qui représente pour nous : 125 992, 106.

Viète précise : « *En mathématiques, les soixantièmes et les soixantaines doivent être d'un usage rare ou nul. Au contraire le millièmes et les mille, les centièmes et les centaines, les dizièmes et les dizaines… doivent être d'une usage fréquent et constant* ».

• **Bürgi** (1552-1632, Suisse), horloger et astronome écrit | **1414** / **0** | pour exprimer **141,4**. Il met un 0 sous le chiffre des unités.

• **Beyer** (1603) propose l'écriture | I II / 3 2 5 2 5 | (soit 325, 25) où I et II indiquent, au-dessus des parties décimales l'ordre fractionnaire (dixièmes ou centièmes).

• **Simon Stevin**, (1585, Bruges) dans « *La Disme* », devient un défenseur assuré et un propagandiste résolu de la pratique décimale, avec une écriture lourde mais très explicite concernant l'ordre des sous-multiples :

365 ⓪ 4 ① 3 ② 5 ③ soit 365, 435

sachant que « 0 » indique l'ordre des unités, « 1 » celle des dixièmes, « 2 » celle des centièmes et « 3 » celle des millièmes.

Ces usages et notations symboliques différents permettent de saisir en quoi une écriture simplifiée est issue de longs cheminements d'hommes qui étaient pourtant des savants, pour surmonter bien des habitudes et des résistances à changer, en même temps qu'ils ont fait naître des inventions fécondes. Il y a de quoi relativiser amplement ce qui est trop souvent considéré comme évidence, et aussi ce qui est si lourdement attribué aux élèves comme erreurs – si ce n'est faute – là où il a fallu des siècles pour être conquis.

C'est pourquoi la tâche pédagogique est à la fois exigeante et exaltante.

QUATRIÈME PARTIE

LA PROPORTIONNALITÉ

INTRODUCTION DES NOMBRES RATIONNELS

FICHE DE PRÉSENTATION DES ÉTAPES DE LA DÉMARCHE

I— NOTION DE RAPPORT

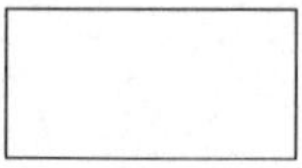

Étape 1 : ***Réduction d'un rectangle*** (recherche individuelle) ***:*** réductions empiriques.
Étape 2 : ***Comparaison des rectangles réduits (*en équipe*)***.
Étape 3 : ***De l'empirisme au quantitatif*** (confrontation collective) ***:*** recherche de conduites opératoires de réduction.
Étape 4 : ***Émergence d'hypothèses*** (retour au travail individuel et en équipe).
Étape 5 : ***Recherche d'une hypothèse fiable.***
Étape 6 : ***Représentations et formulations :*** à la recherche collective d'un invariant opératoire entre les couples de nombres trouvés.
Étape 7 : ***Notion de rapport constant*** (entre longueur et largeur de tous les rectangles réduits).

II— NOTION DE PROPORTIONNALITÉ

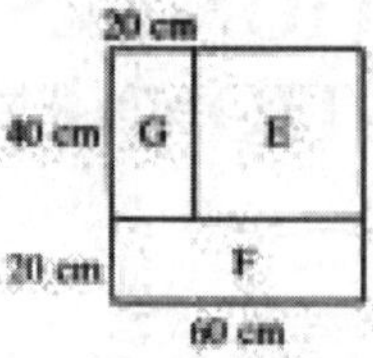

Étape 1 : ***Réduction des pièces du puzzle***.
Étape 2 : ***Reconstitution empirique du puzzle réduit.***
Étape : ***Recherche d'une conduite opératoire de réduction du puzzle,*** demeurent invariants deux types de rapports constants :

- *entre les dimensions propres à chaque figure.*
- *entre les dimensions de la figure initiale et les dimensions des figures réduites.*

Étape 4 : ***Conscientisation des conditions de réduction du puzzle.***
Étape 5 : ***Constitution de tableaux récapitulatifs.***
Étape 6 : ***Ensemble des propriétés de la proportionnalité.***
ANNEXE : Éléments théoriques à propos de la fonction linéaire.

III— APPROCHE DES FRACTIONS ET NOMBRES RATIONNELS

But : Construction de la notion de nombre rationnel comme rapport de 2 naturels.

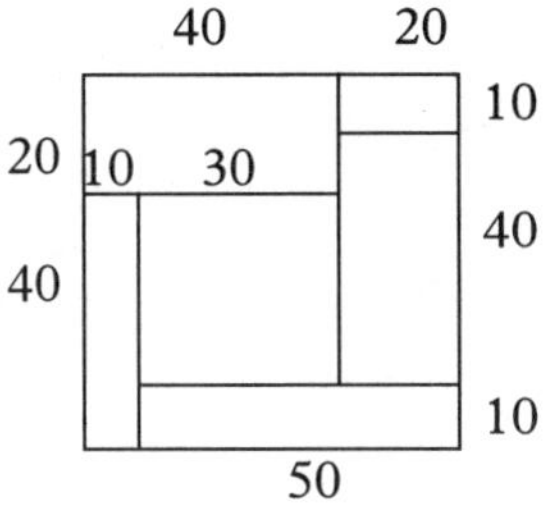

Situation de recherche : Réduction (ou agrandissement) d'un puzzle constitué de rectangles tel que le rapport Longueur / largeur de l'un d'eux n'a plus pour valeur un nombre naturel mais un nouveau nombre représenté par l'un quelconque des couples de naturels (Longueur, largeur) propres à la famille de rectangles réduits (ou agrandis) correspondante.

Étape 1 : ***À la recherche d'un nouveau nombre*** :
à partir du réemploi créatif de la notion de proportionnalité.
Étape 2 : ***Fractions***
Étape 3 : ***Fractions équivalentes***
Étape 4 : ***Fractions et nombre décimaux***
Annexe 1 : ***L'Égypte et les quantièmes***
Annexe 2 : ***Éléments théoriques concernant la construction de l'ensemble des rationnels Q+***

I— NOTION DE RAPPORT

Il s'agit, connaissant deux nombres, d'enrichir les conduites opératoires de comparaison entre ces nombres. En effet, les élèves possèdent généralement, comme moyen de comparaison, la notion de *différence*, liée aux conduites additives. L'objectif est qu'ils se construisent la notion de « *rapport* » à partir de conduites multiplicatives.

Ainsi, par exemple, si 6 et 2 ont pour différence le naturel 4, et ils ont pour rapport le naturel 3. De même que la notion de différence n'a de sens que si le 1er naturel donné est supérieur au second, de même il y aura pour la notion de rapport une restriction – dans un premier temps – aux couples de naturels dont *le premier élément est multiple du deuxième*[129].

Mais la construction de cette notion de rapport entre deux naturels, intervenant dans la notion plus large de proportionnalité, va précisément permettre l'irruption de nouveaux nombres – les fractions, qui préparent et annoncent les nombres rationnels – obtenus à partir du rapport de deux naturels (non nuls), *quels qu'ils soient.*

Comme pour tout concept, il est nécessaire que les conduites opératoires mises en œuvre jouent sur une multiplicité de « cas » concrets dans lesquels elles interviennent, afin de dégager des schèmes et propriétés qui s'avèrent invariants.

D'où une situation de recherche permettant à la fois :
• de « sortir » des conduites additives, en démasquant leur impuissance face à un nouveau type de nécessité : ici, il s'agit de réduire tout en conservant « la forme » de la figure.
• de dégager la notion de rapport comme significative pour une famille de couples de naturels obtenus dans une situation commune qui lui donne sens.

129. On a vu dans la démarche sur les décimaux que les fractions abordées étaient des sous-multiples de l'unité. Ici, le concept mis en jeu est essentiellement celui de rapport (rapport constant, pour une série de couples de nombres).

19

Étape 1 : RÉDUCTION D'UN RECTANGLE (Recherche individuelle)

▲ Introduction du thème

La situation de départ est :
«*Observez ce rectangle et dessinez-le, en le réduisant, sur une feuille.*»

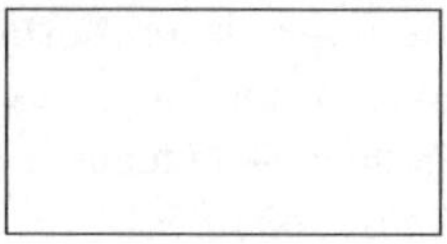

Déroulement

L'enseignant a affiché au tableau un rectangle (non quadrillé) dont les dimensions sont 46 cm et 23 cm (dimensions non données aux élèves). Les nombres sont choisis de telle sorte qu'ils n'aient pas de diviseurs communs autres que 23 (et 1), afin que les élèves soient amenés à les réduire sans passer par la notion d'échelle (qui sera construite plus tard).

Or le format du cahier ne peut bien sûr convenir pour reproduire à l'identique un tel rectangle[130]. Le terme « dessiner », en fait, ne convient pas, mais il est important que les élèves rectifient eux-mêmes à partir de leurs remarques : *« on ne peut pas puisque notre feuille est plus petite... » « alors il faut dessiner en diminuant »*. L'enseignant peut introduire les mots «réduire », « réduction » et faire allusion à la notion de photographie, qui restitue les formes.

Les élèves étant invités à observer et dessiner (une réduction), il s'agit du résultat immédiat d'une activité spontanée, individuelle. Aucun préalable de savoir n'est requis, en dehors de la reconnaissance du rectangle par les élèves. L'appréciation visuelle, globale, aboutit pour chaque élève à un dessin de rectangle qui le satisfait, à première vue.

→ ***Observation et réduction empirique d'un rectangle donné.***

130. Remarquons qu'il convient de laisser aux élèves des feuilles quadrillées car l'objectif ici n'est pas la construction géométrique d'un rectangle mais sa réduction.

20

Étape 2 : COMPARAISON DES RECTANGLES RÉDUITS

▲ Introduction du thème

Déroulement

I) Mission donnée : « **Confrontez vos dessins** »

L'activité consiste ici à observer-confronter son propre dessin de rectangle avec celui des autres :
• Un élève à son camarade : « *ton rectangle est plus long que le mien* ».
• « *Ce rectangle est trop gros* ».
• « *Celui-là ressemble à celui qui est là-bas, au tableau* ».
• « *Ce rectangle est plus beau que celui-là* ».

Au bout d'un certain temps, dans une équipe :
• « *Le plus beau rectangle, c'est celui qui ressemble le plus au rectangle du tableau* ».
• Un élève, en voyant d'autres dessins : « *Ils sont mieux que le mien* ».
Certains élèves se mettent à compter les carreaux de leur dessin, mais sans donner aucune suite.

À travers cette première décentration de chacun sur les activités des autres, il y a émergence globale, confuse, d'une « *ressemblance* » à respecter, avec perception de conditions à trouver concernant la longueur (« *c'est trop long* »), la largeur (« *c'est trop gros* »), mais de façon séparée, sans que soient mises en relation, explicitement, les 2 dimensions du rectangle, sinon à travers un « *c'est trop mince* ».

2) La mission précédente est complétée **: « choisissez un dessin par équipe »** (plusieurs dessins peuvent être acceptés si nécessaire).
Cette consigne s'avère parfois inutile quand les équipes, d'elles-mêmes, en arrivent à trouver un rectangle « *meilleur* » que les autres.
Les élèves peuvent commencer à percevoir que plusieurs rectangles peuvent être différents, tout en étant aussi « *ressemblants* » les uns que les autres au rectangle du tableau, d'où plusieurs rectangles proposés par une même équipe.

Cheminement des élèves

Il s'agit de *choisir*, ce qui suppose un critère, conscient ou non, explicite ou non. C'est l'incitation à une recherche argumentée, discutée, pour se donner une conduite commune qui convienne à tous, du point de vue de la « ressemblance ».

> • *Il arrive que le choix soit imposé par le « leader » du groupe...*
>
> • *Parfois, le choix est laissé au hasard (ou au jeu de courte paille).*
>
> • *Dans une autre équipe, on vote.*
>
> • *Dans une autre, encore, après observation plus attentive, quoique globale, de nature perceptive, il y a accord pour un dessin : « on choisit celui-là parce qu'il n'est pas trop mince ».*

L'étonnement que peut éprouver l'enseignant devant de tels avis, si disparates et souvent peu fiables, doit s'appuyer sur la prise de conscience de la non « évidence » des concepts à construire et se rendre compte de la superficialité de compréhension que prétendrait donner une explication préalable d'une transmission magistrale, aussi « juste » soit-elle.

Il y a donc ici, à partir d'un échange (qui n'est encore qu'échange d'opinions), la recherche d'un *critère commun*. Le souci est que les opinions concordent, ou, tout au moins, qu'on se donne un moyen (jeu, vote), une règle commune à respecter, qui décide du choix à faire.
Le critère de choix (pas encore toujours lié à une ressemblance à respecter) est décentré de moi sur les autres : il s'agit de faire un choix dont la validation ne puisse être mise en doute par l'équipe.
La confrontation moi/les autres s'est orientée vers une option commune.

Cependant, certaines équipes ont le souci d'une référence au rectangle donné (l'objet étudié) : « *celui-là nous plaît parce qu'il a la même forme que celui du tableau, mais en plus petit* ».

→ ***Perception de différentes réduction dont beaucoup ne conviennent pas.***

21

Étape 3 : DE L'EMPIRISME AU QUANTITATIF

▲ Introduction du thème

Déroulement

Au tableau, sont donc affichés le rectangle initial, apporté par l'enseignant et, au-dessous, les rectangles apportés par les équipes :

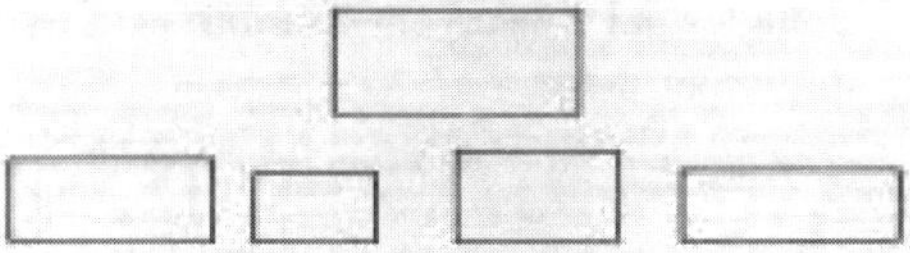

La consigne consiste à OBSERVER ET CONFRONTER les rectangles choisis par les équipes. Chaque équipe est invitée à justifier son choix. Face aux rectangles présentés les élèves vont les amener à prendre du recul *« Même en décidant ensemble, en équipe, on s'est trompé !... il y a donc autre chose à trouver, autre chose sur quoi s'appuyer ! »*.

L'aspect collectif du choix de chaque équipe est maintenant mis en cause. Passer d'un « moi » subjectif à un « nous » subjectif est démasqué comme non crédible. Le point de vue de chacun, confronté aux points de vue des autres, de tous les autres, avoue son inefficacité. Obligation est faite (à chacun et à tous, ensemble) de se décentrer. C'est l'OBJET lui-même (le rectangle initial), impersonnel, mais donné à tous comme situation réelle (indiscutable) qui puisse amener à autre chose… qui va se traduire, là encore, par AUTRE CHOSE À FAIRE :

- *Certains élèves cherchent à corriger le rectangle de leur équipe.*
- *D'autres veulent compter les carreaux de leur dessin.*
- *D'autres veulent mesurer les dimensions du rectangle donné.*
- *D'autres encore veulent connaître les dimensions du rectangle donné*

La confrontation est passée du niveau MOI/LES AUTRES au niveau MOI / LES AUTRES/L'OBJET. Il y a eu, au cours de cette phase, perception de l'insuffisance du qualitatif (même s'il est collectif) et **émergence du passage au quantitatif** (on cherche à mesurer) observation et action vont se porter désormais sur les nombres.

→ ***Recherche de conduites opératoires (et non plus empiriques).***

22

Étape 4 : ÉMERGENCE D'HYPOTHÈSES

▲ Introduction du thème

« Que faire pour dessiner des rectangles qui conviennent ? »

Déroulement

C'est-à-dire des rectangles qui conservent « la forme » du rectangle initial. Des propositions surgissent :

- *« On va enlever le même nombre à la longueur et à la largeur ».*
- *Entre 7 et 3 (dimensions d'un rectangle réduit), il y a 4; « on fait des rectangles de la même façon (pour lesquels la différence entre longueur et largeur est 4). » Exemple : 2 et 6, 4 et 8, etc.*

Ces premiers types de réactions d'élèves caractérisent des conduites opératoires additives; il est important qu'elles s'expriment, pour mieux cerner ce qui viendra ensuite. L'enseignant doit inciter à dessiner ces rectangles proposés pour que les élèves « voient » leurs déformations ou non…

- *« On va diviser 46 et 23 par un même nombre (exemple : 5) et on prendra les résultats (c'est-à-dire les quotients) 9 et 4 ».*
- *« 23 + 23 = 46 : donc on va prendre 3 et 6 puisque 3 + 3 = 6 ».*
- *Ou encore, certains ayant demandé de manipuler le rectangle donné (l'enseignant en aura fabriqué plusieurs pour en laisser à disposition, à la demande), le pliage par le milieu fait apparaître deux carrés superposés, ce qui va être exploité par des nombres.*

C'est la naissance d'HYPOTHÈSES OPÉRATOIRES se proposant, à partir de 2 nombres donnés, d'en trouver 2 autres naissant d'une problématique nouvelle. C'est la phase la plus décisive dans la création-construction d'un concept nouveau.

Ce sont ces hypothèses-là, émises par les élèves, qui vont être les matériaux fondamentaux dont l'enseignant doit s'emparer – non pas pour les traiter lui-même – mais pour les renvoyer à la classe, les soumettre à vérifications, les confronter...

→ ***Recherche d'hypothèses opératoires et de leur formulation.***

23

Étape 5 : RECHERCHE D'UNE HYPOTHÈSE FIABLE

▲ Introduction du thème

« Sont portés au tableau les couples de naturels obtenus, en vrac : 6 et 3, 9 et 4, 11 et 5, 13 et 7, 8 et 4, 8 et 3... ». Justifiez, confrontez, vérifiez ces propositions.

Déroulement

Il y a maintenant, de façon plus accélérée et intense, un va-et-vient permanent entre discussions collectives (équipes et classe) et recherche personnelle, chacun voulant voir, calculer, vérifier, comparer ses propres résultats avec ceux des autres *et* avec les dimensions du rectangle donné.

Ce qui se traduit par un grand remue-ménage... condition *sine qua non* d'une ébullition féconde !

L'enseignant doit pousser l'exigence, pour chaque proposition, jusqu'à retourner au « faire », c'est-à-dire demander aux élèves d'utiliser leurs propres hypothèses pour produire plusieurs rectangles réduits correspondants et les comparer chaque fois avec le rectangle initial (du point de vue de la ressemblance).

- *Ainsi, si on enlève 20 (le même nombre) à 46 et à 23, le rectangle obtenu (de 26 sur 3) ne « ressemble » plus du tout au rectangle donné.*
- *En cherchant les quotients de 46 et 23 par 5, on obtient 9 et 4 (les élèves qui avaient proposé cela n'avaient pas encore étudié les décimaux et, de toute évidence, n'avaient pas pris en compte le fait de restes non nuls, ce qui renvoie à leur apprentissage antérieur de la division).*

Cette hypothèse, qui ouvre sur la notion d'échelle, ne peut fonctionner ici, si on ne travaille que sur les naturels, comme c'est le cas. Comment faire apparaître l'erreur de la solution ainsi trouvée ? L'enseignant : « en faisant ainsi, à partir de 46 et 23, tu obtiens 9 et 4 : mais si, à partir de 9 et 4, on voulait retrouver le rectangle initial, comment pourrait-on faire ? ».

Réponse : « il suffit de multiplier 9 et 4 par 5». L'enseignant : « Fais-le ».

- *Et l'on obtient 9 x 5 = 45 et 4 x 5 = 20, ce qui ne convient pas.*

Formulation d'hypothèses

C'est là où l'enseignant doit faire preuve d'une certaine habileté non pour dire qu'il y a erreur, mais pour renvoyer l'élève à une activité qui s'avèrera contradictoire avec la logique proposée par l'élève.

Au fur et à mesure du rejet de certaines hypothèses, on voit les élèves, les uns puis les autres, s'emparer de l'hypothèse selon laquelle la longueur doit être le double de la largeur (bien que ce ne soit pas exprimé comme tel), essayer avec des nombres nouveaux, dessiner les rectangles correspondants, comparer avec le rectangle du tableau.

Petit à petit, des corrections sont apportées aux couples de naturels écrits au tableau, auxquels viennent s'ajouter de nouveaux couples, sans que soient dessinés cette fois les rectangles – y compris des couples correspondants à des agrandissements du rectangle donné (exemple : 30 et 60) et du couple (1 et 2) lié au rectangle le plus petit possible (si on s'en tient aux naturels).

→ ***Des hypothèses sont mises à l'épreuve, vérifiées et systématisées.***

24

Étape 6 : REPRÉSENTATIONS ET FORMULATIONS (Collectif classe)

▲ Introduction du thème

Déroulement

1) Organisation, représentation des résultats

L'enseignant demande d'écrire tous les résultats (de façon que ce soit clair), plusieurs types d'organisation des résultats se présentent :

• ***la mise en évidence des couples de naturels*** **représentatifs de chaque rectangle**[131]**.**

D'où la succession écrite de ces couples : 4, 2; 6, 3; 8, 4 ; … 46, 23.
L'enseignant peut introduire les parenthèses pour bien différencier chaque couple : (4, 2); (6, 3); (8, 4); (10, 5); (14, 7) ;... (46, 23).
Famille de couples enrichie à volonté, et dans laquelle figure (2, 1).

• *la mise en évidence de deux séries de naturels* se correspondant un à un, d'où un tableau du type :

4	6	8	10	14	60	46…
2	3	4	5	7	30	23…

→ ***Vers une représentation symbolique des couples de nombres qui conviennent.***

2) Explicitation, formulation

L'accent est mis sur la justification des façons de représenter les séries de couples de nombres et le retour sur « le comment les nombres ont été à chaque fois obtenus ».
L'écriture additive prendra le dessus, pour certains,
(j'ai mis 6 et 3 parce que 3 + 3 = 6).

131. On convient de ne prendre en compte que les nombres, sans faire référence à l'unité choisie qui peut être le cm ou un carreau de cahier, puisque le choix de l'unité n'intervient pas dans le rapport. Mais ceci ne sera bien clair pour les élèves que plus tard.

L'objectif sera atteint lorsque tous les élèves pourront bien rendre compte du fait que :

- 2 et 4 se correspondent parce que 2 x 2 = 4;
- 3 et 6 parce que 3 x 2 = 6;
- 7 et 14 parce que 7 x 2 = 14,
- de même que 23 et 46 parce que 23 x 2 = 46.

La perception grandissante d'un invariant opératoire se fait jour : opérateur multiplicatif puisque chaque largeur se trouve multipliée par 2 pour obtenir la longueur correspondante.

L'enseignant propose de noter $3 \xrightarrow{m.2} 6$ la correspondance qui peut être mise en évidence pour tous les couples de naturels trouvés.

D'où la notation $\boxed{\xrightarrow{m.2}}$ dont les élèves voient bien qu'il est inutile de la répéter puisque « *c'est pareil chaque fois* ». Des élèves faisant remarquer qu'on pourrait diviser par 2 dans l'autre « sens », l'enseignant introduit la notation « div. 2 » qu'il fait apparaître sur le tableau :

m. 2 ↑	4	6	8	10	14	60	46.	↓ div. 2
	2	3	4	5	7	30	23.	

→ ***Un invariant opératoire se dégage entre les couples de nombres.***

D'autres formulations, plus générales, sont apportées : la longueur vaut, à chaque fois, 2 fois la largeur. L'enseignant propose alors de désigner la longueur par L et la largeur par ***l***.

On peut donc écrire : L = ***l*** x 2 et la correspondance[132] :

$l \xrightarrow{m.2} L$ telle que $L = l \times 2$

Il est clair que l'enjeu est l'approche de la notion de *fonction numérique* (de N vers N, ici) puisque intervient une correspondance entre 2 ensembles de nombres naturels – et il est important que les élèves perçoivent bien qu'on peut toujours trouver d'autres couples de naturels venant accroître le tableau de correspondance; c'est ce qu'ils ont amorcé quand ils ont trouvé d'autres couples de naturels rendant inutile à leurs yeux la construction des rectangles correspondants.

132. L'enseignant, suivant le niveau de la classe, n'insistera pas pour indiquer de telles formulations. Il les fera toutefois expliciter par des élèves, en les mettant en relation avec les nombres trouvés et comment ils ont été trouvés.

Précisions : entre symbolisations et concepts

L'usage choisi ici de l'écriture « m.2 » ou « div.2 » (voire du mot *opérateur*) présente l'avantage, notamment sur un tableau de correspondance, *d'exprimer la relation opératoire* entre les 2 séries de nombres et donc, loin d'être un frein, permet aux élèves de commencer à construire la notion de fonction.

Il semble préférable d'utiliser l'écriture « m.2 » plutôt que « x2 ».
• En effet « m.2 », qui a sens d'**OPÉRATEUR**, exprime en effet la relation opératoire permettant, à partir d'un nombre (exemple : 3), d'en obtenir un autre (6), ouvrant donc sur la notion de **FONCTION NUMÉRIQUE**.
• Par contre le signe «x» (multiplier) renvoie plus spécifiquement à la notion d'**OPÉRATION** (multiplication) qui, elle, joue directement sur un couple de nombres (3, 2) pour lui faire correspondre un troisième nombre : 6.
Dans le premier cas (« m.2 ») il s'agit de désigner une *application* de N vers N. Dans le deuxième cas « x » il s'agit du symbole exprimant une *loi de composition* interne définie comme application de N x N vers N.
Les deux symboles peuvent donc se concilier sans ambiguïté dans l'explicitation suivante :

$$3 \xrightarrow{m2} 6 \quad \text{est tel que } 3 \times 2 = 6$$

Avec $3 \xrightarrow{m2} 6$: apparaît la fonction de l'opérateur (agit sur un nombre pour le transformer en un autre).Avec 3 x 2 = 6 : apparaît le fait qu'à un couple de 2 nombres on fait correspondre un 3e nombre.

25

Étape 7 : NOTION DE RAPPORT CONSTANT

▲ Introduction du thème

À l'issue des étapes précédentes, faisant émerger la fonction notée « m.2 » qui, à la mesure de chaque largeur d'un rectangle réduit (ou agrandi) à partir d'un rectangle donné fait correspondre la mesure de sa longueur, pourrait s'installer l'idée, dans la tête des élèves, que pour tout rectangle la longueur est le double de la largeur, risque souvent encouru.

Déroulement

Il faut donc très vite empêcher ce risque et proposer comme réinvestissement d'autres situations de réduction (ou agrandissement) à partir de rectangles pour lesquels :

$L = l \times 3$ (exemple : 21 cm sur 7 cm),

ou encore $L = l \times 4$ (exemple : 44 cm sur 11 cm),

mais aussi $L = l \times L$ (soit un carré, qui est un rectangle particulier).

Au terme de ces démarches successives, une séance de synthèse est menée. Au tableau, sont affichés, pour chaque type de rectangle, quelques rectangles réduits (ou, éventuellement, agrandis), le tableau de correspondance et l'expression écrite de la fonction numérique correspondante.

m.2 (↑)	2	4	6	8	10	...	46	...	60	...	div. 2 (↓)
	1	2	3	4	5	...	23	...	30	...	

soit $l \xrightarrow{m.2} L$ tel que $L = l \times 2$

m.3 (↑)	3	6	9	12	15	...	21	...	90	...	div. 3 (↓)
	1	2	3	4	5	...	7	...	30	...	

soit $l \xrightarrow{m.3} L$ tel que $L = l \times 3$

$$\text{m.4} \circlearrowright \frac{4 \quad 8 \quad 12 \quad 16 \ \dots \ 44 \ \dots \ 120 \ \dots}{1 \quad 2 \quad 3 \quad 4 \ \dots \ 11 \ \dots \ 30 \ \dots} \circlearrowleft \text{div. 4}$$

soit $l \xrightarrow{\text{m.4}} L$ tel que $L = l \times 4$

$$\text{m.1} \circlearrowright \frac{1 \quad 2 \quad 3 \quad 4 \ \dots \ 11 \ \dots \ 30 \ \dots}{1 \quad 2 \quad 3 \quad 4 \ \dots \ 11 \ \dots \ 30 \ \dots} \circlearrowleft \text{div. 1}$$

soit $l \xrightarrow{\text{m.1}} L$ tel que $L = l \times 1$

Prenant du recul par rapport à ces différentes fonctions, les élèves sont amenés à saisir ce qui est propre à chaque famille de rectangles. C'est le coefficient (de proportionnalité) 2, 3, 4 ou 1. Ce qui les amène à dire, pour chacune d'elles : « c'est la famille des *2*, la famille des *3*, etc. »
On remarque que cette mise à distance ne pouvait se faire à la fin des 6 étapes précédentes, parce que 2 ne pouvait apparaître comme caractérisant la famille des rectangles construits, cette famille n'étant pas perçue encore comme une famille parmi d'autres.
C'est la multiplicité des familles possibles (et on peut demander aux élèves d'en « inventer » d'autres) qui permet de construire cette notion de famille et de dégager pour chacune d'elles sa caractéristique.
On verra plus loin que ces familles ne sont pas autre chose que des « **classes d'équivalence** ».
Dans l'expression « m.2 », le nombre naturel « 2 » prend alors une signification pour les élèves : c'est précisément celle du ***rapport*** entre la longueur et la largeur de chaque rectangle.
On est donc en mesure d'associer à *2* la famille des couples de naturels déjà mise en évidence, famille considérée comme ensemble de couples.
Pour représenter cette notion de famille de couples, l'enseignant invite à noter entre accolades : {….} pour signifier la représentation symbolique d'un ensemble.
D'où : 2 représente l'ensemble : { (2, 1); (4, 2); (6, 3) ;… (46, 23) ;… }
et de même pour les autres familles.

NOTE : Le rapport entre 2 naturels *b* et *a* est la valeur du nombre *y* tel que $b = a \times y$ soit : $a \xrightarrow{\text{m.y}} b$
Inversement cela revient à affirmer que *b* est multiple de *a*.

> La notion de rapport étant ainsi approchée, elle permettra plus tard, après le travail sur la proportionnalité, l'introduction de nouveaux nombres (les nombres rationnels [133]) venant enrichir le champ de son utilisation.

133. *Rationnel* : mot d'origine latine (*ratio* : raison, rapport).

II- NOTION DE PROPORTIONNALITÉ

26

Étape 1 : RÉDUCTION DES PIÈCES DU PUZZLE

▲ Introduction du thème

L'ensemble de la démarche qui va suivre se présente comme réemploi créatif des notions construites précédemment (notion de rapport).

Déroulement

Situation de départ : l'enseignant présente (au tableau) un puzzle très simple :

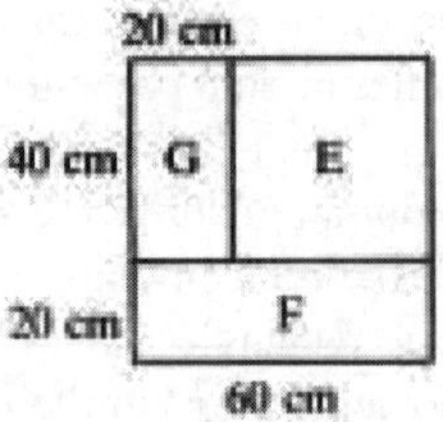

Les dimensions sont données aux élèves. La classe est divisée en groupes. Il est demandé à chaque groupe de trouver une famille de rectangles réduits à partir d'une seule pièce précise du puzzle (la même pièce à réduire peut être donnée à plusieurs groupes si nécessaire). Chaque élève doit effectuer sa (ou ses) propre(s) réduction(s) et découper le (ou les) rectangle(s) obtenu(s), en notant surtout à chaque fois les dimensions correspondantes.

Confrontation, ensuite, dans chaque groupe, afin de vérifier l'exactitude des rectangles obtenus (c'est-à-dire la conservation du rapport Longueur / largeur). Après quoi, chaque groupe doit faire figurer (sur grande feuille pour affichage) sur un tableau commun de correspondance les dimensions obtenues et l'expression du rapport commun caractérisant la famille des rectangles (rapport 1 pour E; rapport 2 pour G; rapport 3 pour F).

27

Étape 2 : RECONSTITUTION EMPIRIQUE DU PUZZLE RÉDUIT

▲ Introduction du thème

Toutes les pièces réduites (découpées) de la famille E sont mises en tas.

Toutes les pièces réduites (découpées) de la famille G sont mises en tas.

Toutes les pièces réduites (découpées) de la famille F sont mises en tas.

Déroulement

Chaque groupe exprime aux autres ce qu'il a fait et ses conclusions. Les tableaux de correspondance sont affichés.
L'enseignant demande à 3 élèves de venir prendre chacun un rectangle de chaque famille pour reconstituer au tableau un nouveau puzzle.
On observe : « Ça ne marche pas ! »

Par exemple :

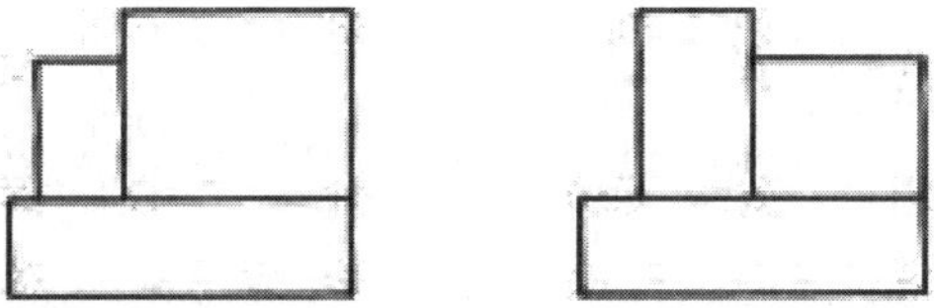

Une contradiction s'élève :
« *Et pourtant on a vérifié dans chaque groupe : ce qu'on a fait était bon* »
« *Il faut se mettre d'accord* ».

Il est très important de bien marquer ce moment de « choc » en renvoyant aux élèves leurs remarques, leurs étonnements, leurs suggestions... : c'est tout ce bouillonnement qui va être l'incitateur d'une nouvelle recherche. On pourrait imaginer ici un « tâtonnement » consistant à essayer successivement des reconstitutions de puzzles, en prenant une pièce de chaque tas (E, F, G) jusqu'à ce qu'un puzzle soit correct.

28

Étape 3 : RECHERCHE D'UNE CONDUITE OPÉRATOIRE DE RÉDUCTION DU PUZZLE

▲ Introduction du thème

Afin que chaque élève soit amené à imaginer des conduites opératoires *une recherche individuelle* est proposée.

Déroulement

L'accès direct aux tas de rectangles, pouvant permettre un tâtonnement empirique, reste possible : « *à partir d'un rectangle réduit (le vôtre ou n'importe quel autre), débrouillez-vous pour construire un puzzle qui soit bon(c'est-à-dire semblable au puzzle initial P)* ».

Naissent alors des conduites multiples :

• Les uns utilisent intuitivement la notion d'échelle, par exemple en divisant par 4 ou par 10 les dimensions du puzzle P (ces dimensions ont été d'ailleurs choisies pour que cela soit possible aisément, ce qui n'était pas le cas pour le rectangle de 46 cm sur 23 cm proposé pour la notion de rapport).

• D'autres, partant de G et observant que la largeur de G est la même que celle de F, trouvent la longueur correspondante de F en utilisant la fonction « m.3 », c'est-à-dire en prenant en compte le rapport propre Longueur /largeur de F. Quant à la réduction correspondante de E, deux façons de l'obtenir :

- soit en prenant pour côté la Longueur de G,
- soit par soustraction de la Longueur de F et de la largeur de G.

• D'autres prennent en compte directement les rapports entre les trois dimensions du puzzle :

$$(20 \xrightarrow{m.2} 40 \text{ mais aussi } 20 \xrightarrow{m.3} 60)$$

et cherchent des triplets faisant jouer les mêmes rapports.
Exemple :

	20	4	6	10
m.2	40	8	12	20
m.3	60	12	18	30

• D'autres encore construisent un rectangle G' de la famille G puis le carré E' ayant pour côté la longueur de G', puis le rectangle F' ayant pour longueur la somme des largeurs de G' et E' et pour largeur celle de G'.
• D'autres, enfin, utilisent des combinaisons différentes...

Il est important de noter que les différentes conduites menées font intervenir – de fait – **les propriétés de la proportionnalité** qu'il serait tout à fait dommage de ne pas expliciter, puisque ce sont les élèves qui ont été les moteurs des actions qui les justifient. Et ce serait sous-estimer leurs capacités que de remettre à plus tard cette possibilité alors que matériaux et motivations sont là.
La seule vraie condition pour que puisse être menée à bien une telle exploitation réside dans la capacité de l'enseignant à :
– être à l'affût de tous les apports des élèves,
– savoir renvoyer, faire confronter, amener des mises en relation, des explicitations verbales ou graphiques...
Il est arrivé, dans un CM1, qu'un seul élève ayant utilisé « l'échelle », ce procédé ne soit pas accepté par la classe puisque d'autres procédés ont permis d'arriver à des résultats efficaces.
Et inversement, l'échelle peut être privilégiée (majoritairement) par rapport à l'utilisation des autres propriétés.
Rien ne presse, car, de toute façon, à un moment ou à un autre, on sera amené, devant telle situation ou telle autre, à prendre en compte l'ensemble des propriétés.

Bien sûr, il dépend de l'enseignant que le choix de ces situations soit tel qu'elles nécessitent une multiplicité d'approches, sachant que, pour chaque situation, les différents cheminements des élèves vont apporter cette multiplicité recherchée.
Prendre le temps pour que tous les élèves arrivent à construire un puzzle (ou plusieurs, pour les plus rapides) quelle que soit leur façon de s'y prendre.

29

Étape 4 : CONSCIENTISATION DES CONDITIONS DE RÉDUCTION DU PUZZLE

▲ Introduction du thème

Leur faire confronter, en petits groupes, leurs puzzles, et la manière dont ils s'y sont pris.

Déroulement

Il est utile de répéter, pour les enseignants, que la réussite d'une action par un élève (un puzzle réduit) et la capacité d'exprimer – puis, d'analyser – comment il s'y est pris, représente 2 moments de travail (mental) différents dont le 1er n'entraîne pas automatiquement le 2e.

Le deuxième moment (restitution verbale et explicitation de l'action menée) est un travail spécifique (qui procède de l' « abstraction réfléchissante » décrite par Piaget), avec des « niveaux » différents. Dans un premier temps, il s'agit, pour chaque élève, de retrouver *l'ordre des actions* menées par lui-même. Or, ayant obtenu, avec succès, un « produit » (le puzzle réduit), il se centre sur ce produit fini et « oublie » (inconsciemment) comment il s'y est pris. Il doit donc faire un effort de reconstitution chronologique de ses propres actions. Mais, à ce stade-là de confrontation en petit groupe, il n'est pas utile de peser lourdement sur cette exigence. L'objectif est de faire revenir à la surface consciente des moments, des éléments de l'action menée. Il peut y avoir un moment collectif où sont présentés à toute la classe les différents puzzles trouvés par les uns et les autres.

Objectif : la prise de conscience collective qu'il était bien possible de construire de « bons » puzzles et, qu'on peut même en construire beaucoup, tous différents. Mais alors, pourquoi ceux-là « marchent bien » alors que les tout premiers étaient mauvais ? Ce questionnement va amorcer la phase la plus importante : celle du retour systématique aux actions qui ont conduit à de tels puzzles « réussis », à l'analyse de ces actions, c'est-à-dire à ce que Piaget appelle « *l'intériorisation de la coordination des actions* ». Retour à un moment individuel où il est demandé à chaque élève de noter les nombres correspondant aux dimensions de leur puzzle et les nombres correspondant aux dimensions du puzzle P. Puis d'organiser ces 2 listes de nombres pour faire apparaître les correspondances.

30

Étape 5 : CONSTITUTION DE TABLEAUX RÉCAPITULATIFS

▲ Introduction du thème

Une phase collective peut avoir pour objet de regrouper sur un grand tableau les listes de tous les triplets trouvés par l'ensemble des élèves.

Déroulement

On peut aussi faire apparaître sur les 3 tableaux de correspondances affichés au début (réductions des pièces E, F, G), les couples de naturels qui constituent les puzzles « réussis », couples que l'on retrouve sur le grand tableau des triplets. Par exemple :

Famille E	Famille F	Famille G
40 40	20 60	20 40
2 2	5 15	4 8
4 4	4 12	10 20
8 8	10 30	12 24
10 10	12 36	15 30
20 20		

Liste des triplets (récapitulation) :

20	4	6	2	5	10	40...
40	8	12	4	10	20	80...
60	12	18	6	15	30	120...

Après cette phase de constatation, de prise en compte des résultats obtenus (puzzles et tableaux de correspondance), on va donc passer à la phase la plus importante, à savoir *l'analyse systématique des propriétés utilisées* – de fait – dans les différents types de conduites menées, mais encore très confusément, sinon aucunement perçues.
On va donc, cette fois beaucoup plus nettement, demander aux élèves de verbaliser ce qu'ils ont *fait* pour obtenir leur puzzle, en restituant le plus précisément possible la succession de leurs actions afin de repérer, à

chaque étape, sa traduction opératoire (numériquement) et de l'expliciter sur le tableau de correspondances établi par chacun pour son propre puzzle. Tableau du type, par exemple :

20	40	60	*Dimension du puzzle P.*
5	10	15	*Dimensions utilisées pour le puzzle réduit.*

Voyons de plus près :

• Si un élève a commencé à construire un rectangle de la famille G (de 5 sur 10), c'est-à-dire en prenant en compte le rapport 2, et qu'ensuite il fabrique le rectangle correspondant de la famille F, en prenant la même largeur (5) mais pour longueur 15 puisque $5 \xrightarrow{m.3} 15$ alors le tableau sera ainsi complété :

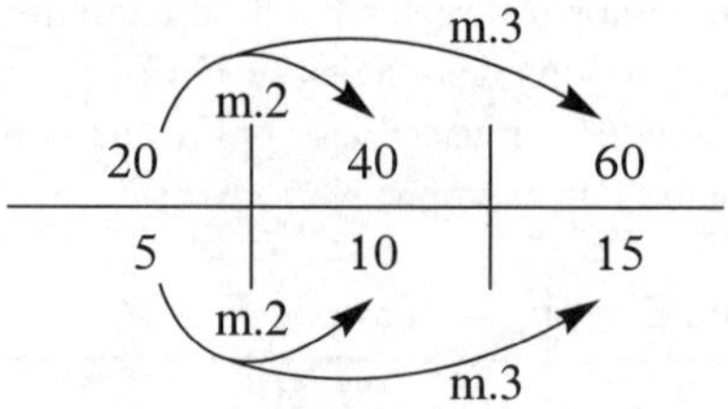

• Si un élève a directement utilisé « l'échelle » en divisant par 5 les dimensions de P, on aura :

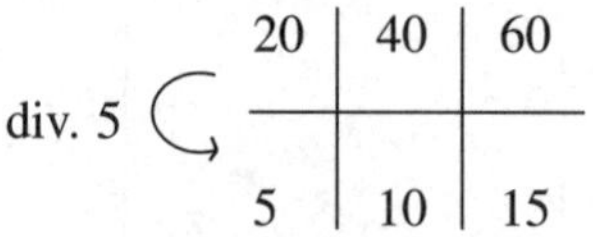

• Quand est utilisé le fait que 20 + 40 = 60, alors on peut obtenir la longueur du côté du puzzle : 4 + 8 = 12.

Cette propriété peut être mise en évidence sur le tableau de correspondance suivant :

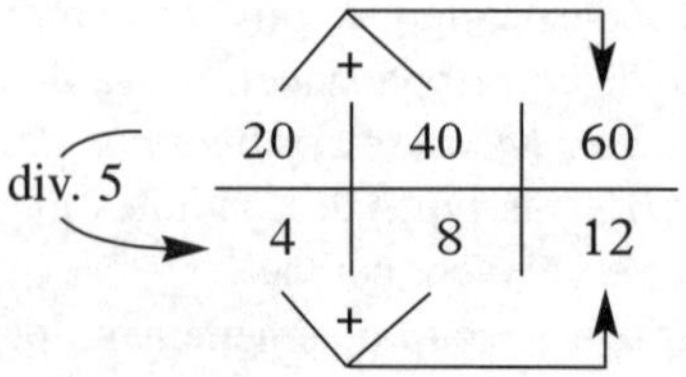

31

Étape 6 : ENSEMBLE DES PROPRIÉTÉS DE LA PROPORTIONNALITÉ

Il est évident que ces différentes propriétés interviennent de façon à la fois concomitante, inégale et multiple.

L'objectif de cette phase est de multiplier les mises en évidence de ces propriétés sur les différents tableaux apportés par les élèves, tout en isolant chaque type de propriété sur des tableaux différents.

C'est tout un travail de formulation (graphique, sur tableau) permettant aux élèves de *repérer les propriétés communes* qui reviennent systématiquement, et de cerner *un fonctionnement commun.*

On peut ensuite faire figurer ensemble plusieurs de ces propriétés, pour aider leur mise en relation. Par exemple :

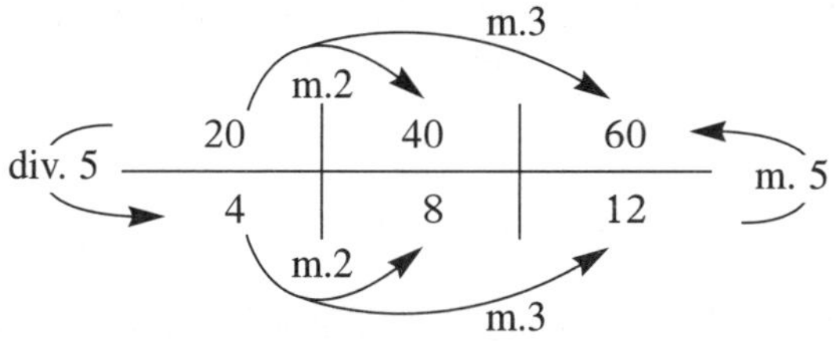

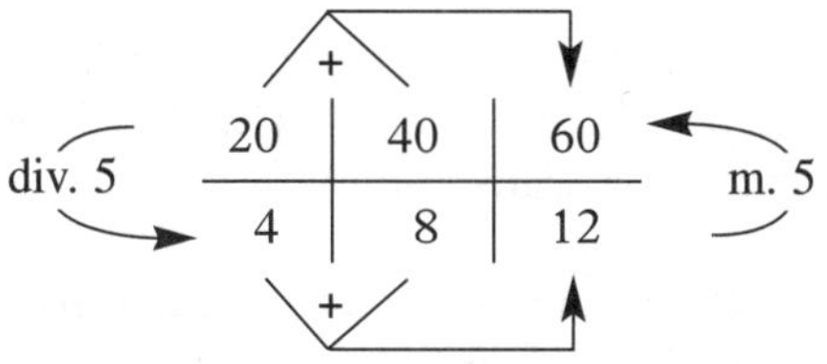

Il est important de souligner que chaque propriété est liée à une conduite opératoire bien cernable.

a) le rapport entre les dimensions d'un puzzle donné *p* et les dimensions correspondantes d'un puzzle réduit est le même (l'inverse de ce rapport est l'échelle).

b) les rapports propres à chaque rectangle du puzzle donné *p* sont conservés pour les rectangles correspondants de chaque puzzle *p* réduit (ou agrandi).

c) si une dimension du puzzle *p* est obtenue par addition (ou soustraction) de 2 autres dimensions du même puzzle, il en est de même pour les dimensions correspondantes du puzzle réduit (ou agrandi).
D'autres séances pourront avoir pour objet la réduction d'autres puzzles faisant intervenir d'autres rapports simples (des nombres naturels).
Exemple :

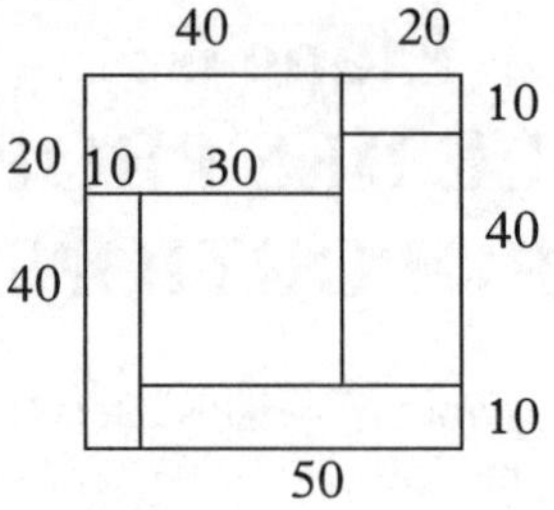

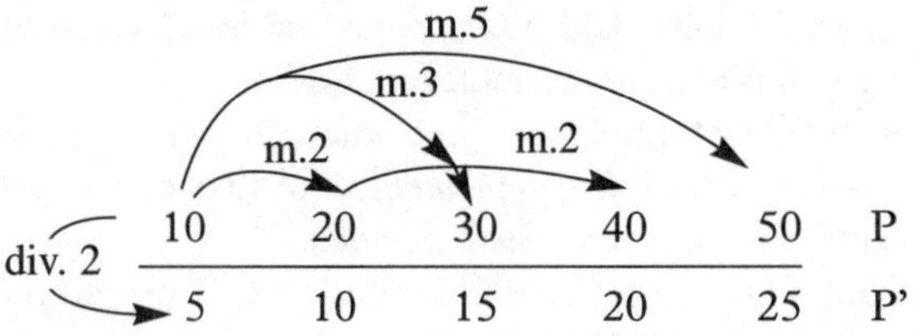

Les élèves seront amenés, chemin faisant, à se rendre compte qu'il n'est pas toujours aisé de prendre n'importe quelle « échelle » (par exemple, « $\xrightarrow{\text{div.4}}$ » ne permet pas d'obtenir des naturels, à moins d'utiliser des décimaux).

(ex : 30 $\xrightarrow{\text{div. 4}}$ 7,5) et parfois, cela ne convient pas (ex : 10 $\xrightarrow{\text{div. 3}}$ 7,5)

Mais ils contourneront l'obstacle en choisissant des opérateurs commodes pour eux.
On peut leur faire inventer d'autres puzzles, aussi librement qu'ils le veulent : les obstacles rencontrés se multiplieront, face à quoi la nécessité de pratiques de détour les amènera à utiliser les différentes propriétés de la proportionnalité.
Il est important de constater qu'on peut toujours repérer sur les tableaux de correspondance obtenus, à chaque fois, les différents types de rapport qui interviennent, même si on n'est pas passé par leur utilisation directe.

On pourrait même imaginer des séquences de jeu où chaque groupe est chargé de fabriquer-inventer un puzzle pour l'envoyer à un autre groupe en vue d'une (ou plusieurs) réductions (ou agrandissements). La règle, cependant, étant que chaque envoi ne peut se faire que si le groupe qui envoie a lui-même trouvé au moins une solution (c'est l'enseignant qui en est le garant).

32

Annexe 1

Éléments théoriques à propos de la fonction linéaire

R étant l'ensemble des nombres réels (c'est-à-dire des nombres représentés par tous les points de la droite numérique), il « contient » à la fois l'ensemble des naturels N, l'ensemble des entiers (relatifs) Z, des décimaux D, des rationnels Q et des irrationnels (du type $\sqrt{2}$, π) c'est-à-dire des nombres ne pouvant s'exprimer sous la forme de rapport d'entiers.

On a : $N \subset Z \subset D \subset Q \subset R$

Définition : On dit qu'une application f de R dans R est une FONCTION LINÉAIRE si et seulement s'il existe un réel a tel que, $f(x) = a.x$

$f(x)$ est appelé image de x par la fonction f.

Théorème 1 : $f(x + y) = f(x) + f(y)$

En effet : $f(x) = a.x$ $f(y) = a.y$ *d'où* $f(x + y) = a.(x + y)$

L'utilisation de la distributivité de la multiplication par rapport à l'addition dans R permet d'écrire : $a.(x + y) = a.x + a.y$ d'où $f(x + y) = f(x) + f(y)$

Théorème 2 : $k.f(x) = f(k.x)$ ($\forall$ k ε R) en effet $k.f(x) = k(a.x)$

L'utilisation de l'associativité et de la commutativité de la multiplication dans R permet d'écrire : $k(a.x) = a(k.x)$ (exemple : 3 x (4x5) = 4 x (3x5)) soit : $k.f(x) = f(k.x)$. Ces 2 théorèmes peuvent être formulés ainsi :

Théorème 1 : L'image de la somme de 2 nombres est la somme des images de chacun de ces nombres.

Théorème 2 : L'image du produit d'un nombre x par un réel est le produit de ce réel par l'image du nombre x.

Définition et théorèmes 1 et 2 fournissent l'ensemble des propriétés de la proportionnalité qui ont été largement découvertes, utilisées, réinvesties dans les démarches proposées, mais elles ne faisaient intervenir que des naturels ou des rationnels. Pour en donner une représentation sommaire sur un tableau, attribuons à x et y des valeurs précises Xo et Yo. On a :

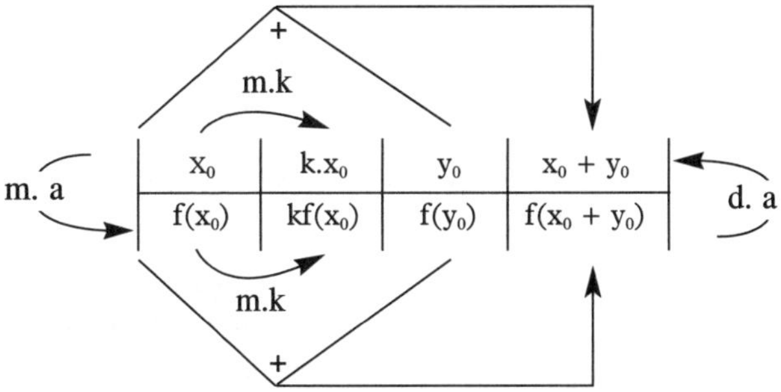

III— APPROCHE DES NOMBRES RATIONNELS

33

Étape 1 : À LA RECHERCHE D'UN NOUVEAU NOMBRE

▲ Introduction du thème

Cette nouvelle grande étape se présente comme réemploi créatif des précédentes (notions de rapport et de proportionnalité) puisqu'il s'agit toujours de réduire (ou agrandir) un puzzle simple donné, formé de rectangles, sachant que les élèves ont à leur disposition plusieurs conduites possibles (utilisation de l' « échelle »; conservation du rapport Longueur/largeur propre à chaque rectangle ; utilisation des propriétés additives).

La « rupture » introduite ici va être le fait d'un rectangle tel que le rapport Longueur/largeur n'est plus un naturel, d'où la nécessité d'un nouveau nombre permettant de rendre compte de ce rapport.

Déroulement

Ce nombre, d'ailleurs, correspond à la mesure de la longueur du rectangle de largeur ***l*** appartenant à la famille concernée.
L'enseignant présente donc un puzzle dont il donne les dimensions.
Exemple :

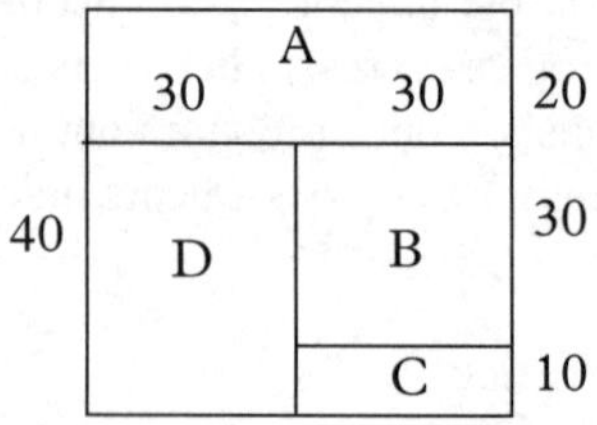

C'est la partie D qui va être l'objet du « litige », le rapport lié au couple (40, 30) n'est pas un naturel.

L'utilisation directe d'une échelle convenable (correspondant aux opérateurs div. 2, div. 5, div. 10) ne posera aucun problème. Il en sera de même pour l'utilisation des rapports spécifiques Longueur/largeur des rectangles

A, B, C ou pour l'utilisation des propriétés additives ou d'autres rapports entre les dimensions du puzzle donné (par exemple : la largeur de D est la moitié de la longueur de A; et la Longueur de D est le double de la largeur de A. On peut voir aussi que la largeur de D a même dimension que le côté du carré B...).

D'où la possibilité, de toute façon, de construire un puzzle réduit (ou agrandi). Mais un problème surgira quand il y aura recherche du rapport Longueur/largeur de D (intervenant dans l'opérateur : $30 \xrightarrow{\text{m.}\ ?} 40$).

• soit pour chercher à réduire directement D en utilisant le rapport constant Longueur/largeur.

• soit, ayant déjà réduit D par d'autres moyens (échelle ou autre), lorsqu'on voudra rendre compte (notamment sur le tableau de correspondance) de l'opérateur correspondant.

La problématique dont les élèves sont amenés à s'emparer est donc :

1) On a su trouver des rectangles réduits (ou agrandis) à partir de D. Par exemple, la famille de rectangles donnant l'ensemble des couples :
{ (40, 30); (20, 15); (8, 6); (4, 3); … }.
Toutefois, la recherche d'un rectangle de largeur ***l*** se heurte à la difficulté de ne pouvoir trouver un naturel correspondant à la longueur. Donc ce rectangle ne peut figurer dans l'ensemble des couples précédents[134].

2) On sait qu'il y a un rapport constant Longueur/largeur, ce nombre donnant la mesure de la longueur du rectangle de la famille dont la mesure de la largeur est : ***l***.
Le problème se pose alors : quel est ce nombre ?

Comment l'exprimer ?

En utilisant les propriétés de la proportionnalité, on peut demander aux élèves d'enrichir encore la famille de D.
Par exemple : le couple (12, 9) est obtenu en faisant correspondre à 3 + 6 la somme 4 + 8 à partir des couples déjà cités (4, 3) et (8, 6).
Le couple (32, 24) est obtenu en utilisant l'opérateur « m.4 » à partir de (8, 6) : soit 8 x 4 = 32 et 6 x 4 = 24.

Il faut inviter les élèves à construire ainsi de nouveaux couples, afin qu'ils exercent leurs pouvoirs sur cette nouvelle conquête.

134. Dans la mesure où ces couples sont formés de nombres entiers naturels.

34

Étape 2 : FRACTIONS

▲ Introduction du thème

Le problème posé par le questionnement précédent est la recherche d'un nombre, qui n'est pas un naturel, tel que, si on l'appelle *r*, il permette de rendre compte de la fonction (linéaire) notée « m.r »,

soit 30 $\xrightarrow{\text{m. r}}$ 40 tel que 40 = 30 x r, soit pour les élèves 30 $\xrightarrow{\text{m. ?}}$ 40.

Déroulement

Fonction qui à 30 fait correspondre 40, à 15 fait correspondre 20, à 8 fait correspondre 6… et à 3 fait correspondre 4; de même qu'à 9 elle fait correspondre 12. (on dit encore que, par cette fonction, 40 est l'image de 30, 4 est l'image de 3, etc.)
L'enseignant fera concrétiser le problème en faisant découper deux bandelettes de papier (non quadrillées), l'une de 30 cm et l'autre de 40 cm. La situation de recherche explicitée par l'enseignant sera la suivante : *à partir de la bandelette de 30 cm (représentant la largeur de D) comment « fabriquer » une bandelette de 40 cm (représentant la longueur de D) sans utiliser aucun instrument de mesure.*
Peut-être est-il nécessaire, pour que les élèves saisissent bien de quoi il s'agit, de formuler une question identique concernant des bandelettes qui représenteraient la largeur et la longueur de l'un des rectangles précédents (A ou G par exemple) afin qu'ils mènent des activités de pliage. Il est nécessaire qu'ils fassent la distinction entre pliage en parts quelconques et pliage en parts égales, puisqu'ils mettent en relation l'action de « prendre une part » avec l'opérateur « div. » et l'action de répéter plusieurs fois la même part avec l'opérateur « m. ».
L'enseignant précise encore : « Si vous n'avez que la bandelette de 30 cm, comment faire pour en fabriquer une de 40 cm ? » Et pour qu'il n'y ait pas d'ambiguïté, l'enseignant peut retirer aux élèves la bandelette de 40 cm.

1) Les élèves manipulent individuellement, plient, confrontent entre eux avec pour consigne de préparer une présentation orale par groupe.
2) Un élève par groupe vient présenter ce qui a été fait, bandelette en main.

Des variantes peuvent être apportées par d'autres élèves, qui seront discutées bien entendu afin de voir quelles manipulations sont les plus économiques. L'enseignant demande de reprendre les explications et écrit au tableau la succession des manipulations indiquées par l'élève :

> *« J'ai plié ma bandelette en 3 parties égales puis j'ai pris l'une de ces parties et je l'ai répétée 4 fois. »*

Pour chacune de ces étapes, les autres élèves sont priés de vérifier sur leur propre bandelette s'ils sont bien d'accord quant à la manipulation et quant à sa traduction écrite.

3) Ensuite, l'enseignant va impulser un travail de traduction mathématique correspondant à chaque étape de la manipulation.

Ainsi, le « ***j'ai plié ma bandelette en 3 parties égales*** » a pour formulation mathématique « div. 3 ». On peut introduire, pour désigner chacune des parties ainsi obtenues :

« le tiers » de la bandelette que l'on convient d'écrire $\frac{1}{3}$.

De même, le « *je l'ai répété 4 fois* » correspond à « m.4 », qui permet d'obtenir 4 fois le tiers ou encore : « *les quatre tiers de la bandelette* » que l'on convient d'écrire $\frac{1}{4}$

« m.r » a donc été obtenu par la succession « div. 3 suivi de m.4 ».

L'enseignant introduit alors, comme *convention d'écriture,* pour exprimer m.r, l'écriture fractionnaire.

m. $\frac{4}{3}$ dans laquelle 4 s'appelle le numérateu et 3 s'appelle le dénominateur.

La fraction $\frac{4}{3}$ se nomme « quatre tiers »

d'où la réponse : $30 \xrightarrow{\text{m. } \frac{4}{3}} 40$ tel que $40 = 30 \times \frac{4}{3}$.

On revient sur l'expression : « la bandelette de 40 cm vaut les quatre tiers de la bandelette de 30 cm ».

Et plus généralement, pour tout rectangle de la famille de D, la longueur a pour mesure les quatre tiers de la largeur. Soit, plus succinctement :

Notons que prendre les « $\frac{4}{3}$ de 30 » revient à écrire une opération du type :

$30 \times \frac{4}{3}$ pour obtenir 40.

$\frac{4}{3}$ a ici valeur d'**opérateur multiplicatif**.

La longueur L a pour mesure les $\frac{4}{3}$ de la mesure de la largeur *l*.

On peut remarquer que, parmi les rectangles réduits de D, il y en a un de largeur « *l* » tel que :

$$l \xrightarrow{m.\frac{4}{3}} l \times \frac{4}{3} \text{ soit } \frac{4}{3}$$

> Dans ce cas, $\frac{4}{3}$ exprime la mesure d'une longueur (en référence à une unité choisie, le cm ici) : $\frac{4}{3}$ a dans ce cas valeur de **nombre**.

Au terme de ce travail on voit que $\frac{4}{3}$ est utilisé pour exprimer la fonction « m. $\frac{4}{3}$ » et donc le rapport spécifique (coeff. de proportionnalité).

Longueur/largeur des rectangles de la famille de D, à partir de la composition des fonctions « div.3 suivi de m.4 », mais qu'il est utilisé aussi pour exprimer la mesure d'une longueur (en relation avec une unité choisie). Un réinvestissement sera mené ensuite à propos de la fonction réciproque. Concrètement, on va faire travailler les élèves à partir de la bandelette de 40 cm avec pour consigne de fabriquer une bandelette de 30 cm (toujours sans double-décimètre). La question est donc de trouver r' tel

que $40 \xrightarrow{m.\,r} 30$, soit, pour les élèves : $40 \xrightarrow{m.\,?} 30$.

Les élèves n'ont donc en leur possession que la bandelette de 40 cm. Même cheminement que précédemment : manipulation suivie de la formulation écrite des étapes menées, puis de leur traduction mathématique. On aura : « *j'ai plié la bande en 4 parties égales; puis je prends l'une de ces parties qu'on appellera le quart* » et « *je la répète 3 fois* », d'où, plus succinctement : « *je prends trois fois le quart* » ou encore : « ***je prends les trois quarts.*** »
La succession des deux actions (plier pour obtenir une partie, puis répéter cette partie) revient à faire jouer la composition des fonctions :
« *div. 4 suivi de m.*3 » d'où l'écriture : m. $\frac{3}{4}$

Ainsi, l'on a : $40 \xrightarrow{m.\frac{3}{4}} 30$ tel que $30 = 40 \times \frac{3}{4}$

Tout rectangle de la famille de D a pour largeur les « trois quarts » de la mesure de la longueur.

Soit : *l a pour mesure les* $\frac{3}{4}$ *de la mesure de L.*
Retour en arrière : à propos du rectangle définissant le couple (40, 20), on avait : $20 \xrightarrow{\text{m.2}} 40$ mais aussi, réciproquement, $40 \xrightarrow{\text{div.2}} 20$.
Or il est possible d'assimiler la dernière fonction « div. 2 » à la composition « div.2 suivi de m.1 » (qui consiste à prendre 1 seule fois la moitié de la longueur); d'où, en respectant la convention d'écriture, la possibilité de remplacer « div.2 » par m. $\frac{1}{2}$ (ce qui correspond au fait que 20 est la moitié de 40).

Donc, la fonction réciproque de « m. $\frac{4}{3}$ » est la fonction « m. $\frac{3}{4}$ ».
On désigne les écritures $\frac{4}{3}$ et $\frac{3}{4}$ comme « **fractions inverses** ».

REMARQUE : Le mot *fraction* ne désigne pas un nombre, un être mathématique, mais indique un type *d'écriture* formée de deux nombres (numérateur et dénominateur) l'un au-dessus de l'autre et séparés par un trait horizontal. Il y a donc un abus de langage à utiliser trop souvent « fraction » alors qu'on veut parler du nombre dont cette fraction est l'écriture représentative.
Ainsi, on verra que $\frac{4}{3}$ et $\frac{8}{6}$ qui sont des fractions différentes, expriment pourtant le même nombre.

On peut noter qu'en même temps que l'introduction d'une écriture numérique nouvelle correspondant à un nouveau nombre, une extension de la multiplication à des nombres autres que des naturels a été apportée.

Mais il est tout à fait nécessaire de proposer aux élèves d'autres exemples de manipulations, toujours suivies d'écritures opératoires, pour qu'ils soient en mesure de dégager eux-mêmes le fonctionnement commun.

Un seul type de situation ne suffit jamais à la construction d'une approche conceptuelle, non pas parce qu'une quelconque répétition permet d'asséner une vérité, mais parce qu'un concept suppose la possibilité d' « abstraire » d'une multiplicité de situations des propriétés, des schèmes cognitifs, des fonctionnements communs qui n'apparaissent comme commun que si, par ailleurs, d'autres données particulières à chaque situation sont, elles, en revanche différentes.

35

Étape 3 : FRACTIONS ÉQUIVALENTES

Rassemblons tous les couples de type (L, *l*) de la famille des rectangles D, famille représentative de la fonction « m. $\frac{4}{3}$ » c'est-à-dire telle que :

$$l \xrightarrow{\text{m.}\frac{4}{3}} L \qquad \text{avec} \qquad L = l \times \frac{4}{3}$$

(par commodité, il est entendu que L et *l* sont mis pour mesure de la longueur et mesure de la largeur; ou plutôt, pour les nombres –naturels– exprimant ces mesures, dépouillés de l'unité.)

RAPPEL : À la fin du travail sur la notion de rapport, on associait au naturel *2* l'ensemble { (2, 1 ; (4, 2) ; (6, 3) ; (46, 23) ;... }.

Et l'on pourra écrire : $2 = \frac{2}{1} = \frac{4}{2} = \frac{6}{3} = \frac{46}{23}$

Ici, en référence avec la famille des rectangles réduits à partir de D : on va associer au nombre « $\frac{4}{3}$ » l'ensemble :
{ (40, 30); (20, 15); (8,6) ; (4, 3); (12, 9); (32, 24) }.

On a vu comment l'utilisation des propriétés de proportionnalité permet d'enrichir toujours plus la liste des couples de cet ensemble.

Remarquons que parmi tous ces couples de naturels ne peut figurer celui qui correspond à un rectangle de largeur *l* puisque sa longueur n'est pas un naturel, mais le nombre $\frac{4}{3}$ lui-même.

Par contre, parmi tous ces couples, l'un est formé des plus petits naturels possibles : il s'agit de (4, 3) 4 et 3 étant premiers entre eux[135].

Les élèves peuvent vérifier par manipulation, avec des bandelettes de papier, que 40, image de 30 par « div.3 suivi de m.4 » est aussi l'image

135. La fraction est dite *irréductible* (*cf.* plus loin).

de 30 par « div. 6 suivi de m.8 ». Plus difficile à manipuler, mais reste accessible comme autre exemple de manipulation, ils peuvent voir que 40 est aussi l'image de 30 par « div. 30 suivi de m.40 », d'où les fractions $\frac{8}{6}$ et $\frac{40}{30}$ qui désignent le même nombre que $\frac{4}{3}$, quoique sous des formes différentes, ce qui permet d'écrire l'égalité, pour exprimer l'unicité du rationnel $\frac{4}{3}$:

$$\frac{4}{3} = \frac{40}{30} = \frac{20}{15} = \frac{8}{6} = \frac{12}{9} = \frac{32}{24}$$

REMARQUE : Dans un premier temps, les élèves ne sont pas en mesure de trouver qu'il y a aussi « équivalence » avec $\frac{12}{9}$ et $\frac{16}{12}$, car l'utilisation de la composition des fonctions « div. 9 suivi de m.12 » est telle que l'image de 30 par « div. 9 » n'est pas un naturel, et il est intéressant que les élèves s'en rendent compte.

Cependant, s'il n'est pas demandé de rendre compte par un nombre de la mesure de la partie de bandelette obtenue à partir de « div. 9 », la manipulation (ou plutôt le dessin) permet d'obtenir 40 comme image de 30 par la fonction « div. 9 suivi de m.12 ». En effet :

pour 30 :

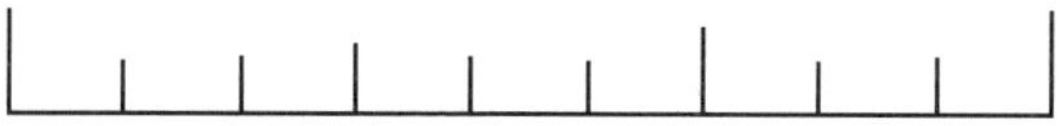

Chaque tiers de bande étant lui-même divisé en 3

D'où, pour 40 :

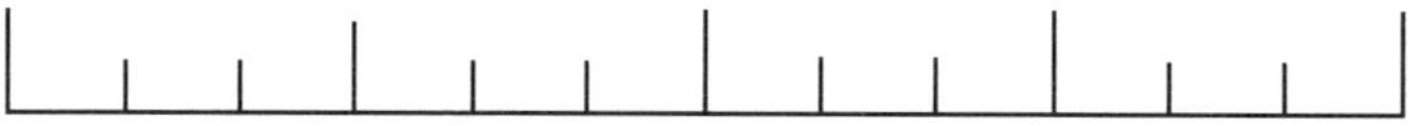

Manipulations et comptages qui permettent d'établir : $\frac{4}{3} = \frac{12}{9} = \frac{16}{12}$

De même, « div. 12 suivi de m.16 » s'obtient par les graphiques suivants :

pour 30 :

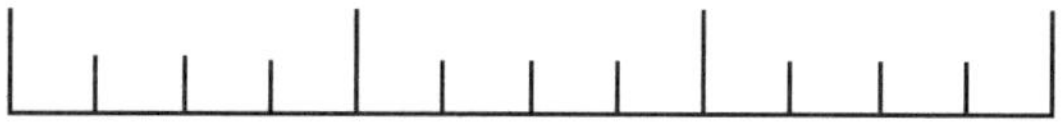

d'où, pour 40 :

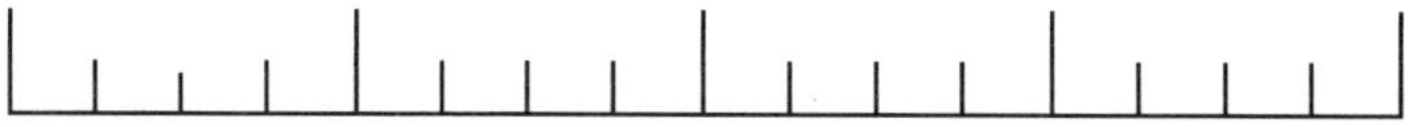

Manipulations et comptages qui permettent d'établir : $\frac{4}{3} = \frac{12}{9} = \frac{16}{12}$

D'où la possibilité d'élargir à volonté la liste des fractions dites « équivalentes » entre elles, et à $\frac{4}{3}$ en particulier. Notons que le mot *fraction* ne désigne pas un nombre, mais l'écriture de ce nombre. Plus précisément, on verra dans une note ultérieure que ce sont des « classes d'équivalence » qui sont en jeu, exprimées par les ensembles de couples de naturels définissant à chaque fois :

un « nombre rationnel », tel que $\frac{4}{3}$

La mise en relation, la confrontation, l'observation systématique des « fractions équivalentes » peut amener les élèves (et le dessin-graphique peut bien y aider) à trouver que : on peut toujours trouver une fraction équivalente à une fraction donnée en multipliant ou en divisant (quand c'est possible) les 2 termes de la fraction par un même naturel.

Des exercices multiples de « fractions équivalentes » sont donc souhaitables, ce qui amènera notamment la recherche de fractions de dénominateur 10, 100, 1000... ; pour constater que ce n'est pas toujours possible (notamment pour $\frac{4}{3}$).

36

Étape 4 : FRACTIONS ET NOMBRES DÉCIMAUX

On a vu que « 2 » représente l'ensemble : { (2, 1); (4, 2); (6, 3) ;… }. Le travail précédent permet d'assimiler la fonction « m.2 » à « div.1 suivi de m.2 », d'où l'écriture $\frac{2}{1}$ pour 2. Mais aussi par extension, « div.2 suivi de m.4 » donnant $\frac{4}{2}$ et ainsi de suite pour toutes ces écritures qui représentent le même rationnel : $2 = \frac{2}{1} = \frac{4}{2} = \frac{6}{3} = \dots$

Donc « 2 » qui est un naturel est assimilé aussi à un rationnel (l'ensemble N des entiers naturels est une partie de l'ensemble de nombres rationnels Q).

Inversement, on pourra voir que $\frac{1}{2}$ représente la classe { (1, 2); (2, 4); (4, 8) ;…} avec les fractions équivalentes : $\frac{1}{2} = \frac{2}{4} = \frac{3}{6} = \frac{4}{8} = \frac{5}{10} = \dots$

1) L'observation et l'analyse réflexive des fractions équivalentes dont on a vu qu'on pouvait poursuivre la liste permet de chercher la « propriété invariante » grâce à laquelle on peut toujours trouver une nouvelle fraction équivalente.
Les élèves peuvent ainsi être amenés, en cherchant, à faire l'hypothèse que :

En multipliant (ou en divisant) les deux termes d'une fraction par un même nombre, on obtient une fraction équivalente.

ce qui permet de revenir sur les propriétés dégagées dans la partie « proportionnalité » où cette propriété était déjà mise en avant, quoique non formulée comme telle.
Ainsi, chemin faisant, viennent se mettre en relation des éléments de savoirs construits séparément, dans un premier temps.

Mais parmi toutes ces fractions équivalentes, il en est une dont les termes sont les plus petits possibles[136] : c'est une fraction dite « ***irréductible*** » (dont on ne peut pas réduire les termes).

136. On a vu plus haut que ces termes sont « premiers » entre eux, c'est-à-dire sans diviseur commun autre que 1.

Le mot *fraction* vient du latin *fractio*, traduction de l'arabe *kasr*, « rompu ». Les fractions sont des **nombres rompus**. Le dénominateur dénomme, le numérateur nombre.

2) Relation avec les fractions décimales :

On a vu plus haut que $\frac{1}{2} = \frac{5}{10}$. Or le réinvestissement de ce qui a été construit sur les nombres décimaux a permis d'attribuer à $\frac{5}{10}$ le nombre décimal 0, 5.

Donc on peut mettre en relation **0,5** et $\frac{1}{2}$

De même, ce qu'on a appris sur les fractions équivalentes permet d'arriver à trouver : $\frac{1}{4} = \frac{25}{100}$

Or sachant que $\frac{25}{100}$ correspond au nombre décimal 0,25

on peut mettre en relation 0,25 et $\frac{1}{4}$

La recherche peut se poursuivre avec $\frac{3}{4}$ qui a pour fraction équivalente décimale $\frac{75}{100}$

Ce qui permet de mettre en relation 0,75 et $\frac{3}{4}$

De même qu'on a pu mettre en relation 0,1 et $\frac{1}{10}$

mais aussi 0,01 et $\frac{1}{100}$ ainsi que 0,001 avec $\frac{1}{1\,000}$

37

Annexe 1 : L'ÉGYPTE ET LES « QUANTIÈMES »

Même si, pour les anciens, les fractions ne représentaient pas exactement un nombre, ils les utilisaient comme rapports de deux entiers, que l'on trouve chez les premiers penseurs de la Grèce antique, les pythagoriciens, au VIe av. J.-C. Mais les Babyloniens et les Égyptiens qui les avaient précédés n'utilisaient, eux, que les « quantièmes », c'est-à-dire les fractions de numérateur 1 :

$$\frac{1}{2}, \frac{1}{3}, \frac{1}{4}, \frac{1}{5}$$

exception faite pour la fraction $\frac{2}{3}$ utilisée couramment (partages, etc.)

Les égyptiens écrivaient ces « quantièmes » sous la forme :

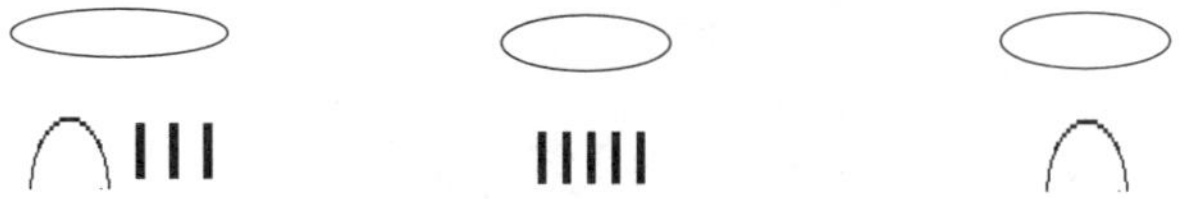

pour $\frac{1}{15}$ pour $\frac{1}{7}$ pour $\frac{1}{10}$

Les Égyptiens s'étaient donné un repère mnémonique pour les premiers termes de la progression géométrique qui va de

$$\frac{1}{2} \text{ en } \frac{1}{2}, \text{ soit : } \frac{1}{2}, \frac{1}{4}, \frac{1}{8}, \frac{1}{16}, \frac{1}{32}, \frac{1}{64}$$

Chacun de ces termes représentait un hiéroglyphe qui était le dessin de chacune des 6 parties de l'œil d'Horus :

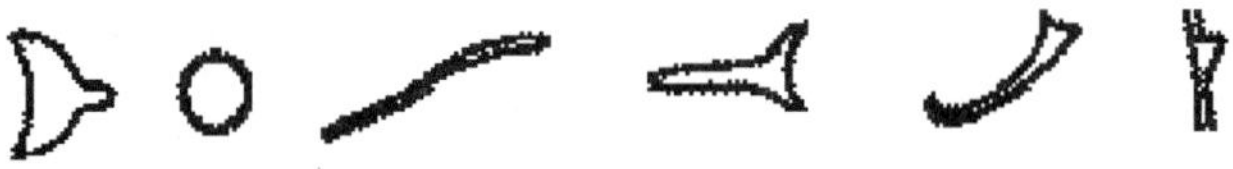

$\frac{1}{2}$ $\frac{1}{4}$ $\frac{1}{8}$ $\frac{1}{16}$ $\frac{1}{32}$ $\frac{1}{64}$

Un mythe entoure ces hiéroglyphes :

La déesse du ciel Nout eut avec le dieu de la terre Geb plusieurs enfants dont trois eurent un destin tragique : Osiris, Seth et Isis.

Osiris ayant épousé sa sœur Isis, ils eurent un fils Horus.

Mais Osiris fut assassiné par son frère Seth et la lutte entre Seth et Horus fut terrible. Dans leur combat, Seth réussit à s'emparer de l'un des yeux d'Horus et le réduisit en 6 morceaux. Heureusement Thôt, qui avait de l'amour pour Isis, parvint à réunir les diverses parties de l'œil mutilé pour reconstituer l'œil complet, l'œil « sain ».

Thôt était le dieu du savoir et de la sagesse, inventeur de l'écriture et des mathématiques, il était le patron des scribes et le scribe des dieux.

L'œil d'Horus est à la fois celui d'un être humain et celui d'un faucon : il comportait les 2 parties de la cornée, l'iris, le sourcil plus les marques colorées qui caractérisent l'œil du faucon pèlerin.

Chaque partie de l'œil reçut ainsi une valeur numérique [137].

L'œil d'Horus, Dieu Soleil à la tête de faucon

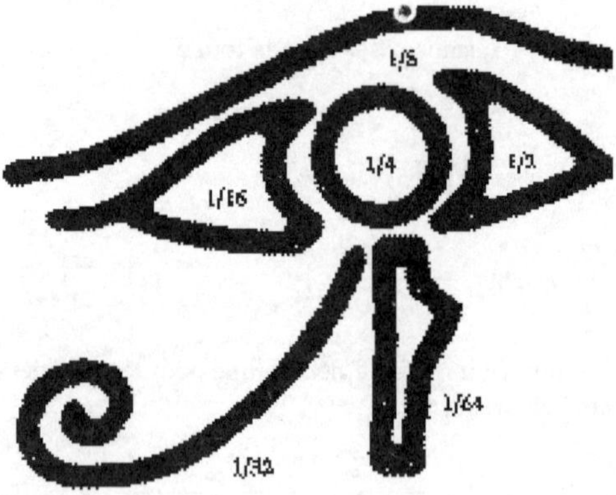

137. Précisions issues de : Guedj D., *L'empire des nombres*, Gallimard, coll. « découvertes », 1996.
Guedj D., *Le théorème du perroquet*, roman, Le Seuil, 1998.

38

Annexe 2 : Éléments théoriques concernant la construction de l'ensemble des rationnels Q+

L'ensemble des rationnels Q+, c'est-à-dire des rationnels strictement positifs, peut être construit comme ensemble de nombres (contenant N) dans lequel, *a* et *b* étant choisis dans N, *toute équation du type* $a \times X = b$ a une solution unique. En effet, dans N une telle équation n'a de solution que si *b est multiple de a*, exemple : $5 \times X = 20$ a une solution : 4, désignée par $20 \div 5$. C'est le rapport entre 20 et 5.
Par contre $7 \times X = 20$ n'a pas de solution dans N; d'où $20 \div 7$ n'a pas de solution dans N; d'où $20 \div 7$ ne désigne pas un naturel.
À chaque équation, on associe un couple de naturels :
à $5 \times X = 20$ on associe (20, 5) ; à $7 \times X = 20$ on associe (20, 7).
On va ainsi introduire l'ensemble N x N – c'est-à-dire l'ensemble des couples de naturels (non nuls) – dans lequel on définit une relation, notée *M*, telle que : **(*a.b*) *M* (*c, d*) signifie : *a* x *d* = *b* x *c***
Ainsi : (7, 3) *M* (14, 6) puisque 7 x 6 = 3 x 14, par contre : (7, 3) n'est pas en relation avec (15, 5), puisque 7 x 5 = 3 x 15.
On démontre que cette relation est une *relation d'équivalence* permettant de réaliser des *classes d'équivalences* dont chacune est formée de couples de naturels équivalents entre eux : exemple : (7, 3); (14, 6)...
Chaque classe d'équivalence définit un « **RATIONNEL** » (unique) dont l'écriture est celle d'une fraction dont le numérateur et le dénominateur sont les 2 éléments de l'un quelconque des couples de chaque classe. Par exemple, la classe d'équivalence {(7, 3); (14, 6); (21, 9)...} définit le rationnel qui s'écrit suivant l'une ou l'autre des fractions $\frac{7}{3}, \frac{14}{6}, \frac{21}{9}$ en privilégiant toutefois (sauf besoins autres, par exemple pour les nécessités ultérieures d'addition de fractions) la fraction (dite « ***irréductible*** ») $\frac{7}{3}$ formée de naturels premiers entre eux.

Au début du chapitre sur la notion de RAPPORT il était question, parlant des conduites opératoires de comparaison, de la notion de *différence* – liée à une *conduite additive* – afin d'introduire, en rupture avec celle-ci, la notion de *rapport*, liée à une *conduite multiplicative*.
Pour apporter une cohérence théorique entre ces 2 types de conduite, il

devient utile, quant aux notions de différence et de conduite additive, de donner quelques éclaircissements.
La différence entre 2 naturels *b* et *a* est la valeur du nombre X tel que b = a + X ou encore *b* est l'image de *a* par la fonction :

$$\text{aj.x} : a \xrightarrow{\text{aj.x}} x \ \ b$$

Cette différence, dans N (on peut la désigner *b* – *a*) n'a de sens que si *b*>*a*. Or, on peut construire un nouvel ensemble de nombres Z (contenant N) dans lequel toute équation du type a + X = b (a et b étant choisis dans N) aura une solution unique. À chaque équation, on associe un couple de naturels : à 7 + X = 2 on associe (2, 7)
On introduit ainsi l'ensemble des couples de naturels N x N dans lequel on définit une relation notée A telle que :

(a, b) A (c, d)	**signifie a + d = b + c**

d'où (2, 7) A (4, 9) puisque 2 + 9 = 7 + 4.
On démontre que cette relation est une relation d'équivalence qui permet d'établir, dans l'ensemble N x N, des classes d'équivalences formées chacune de couples équivalents entre eux. Exemple : (1, 3); (2, 4); (3,5)...
Chaque classe d'équivalence définit un nouveau nombre appelé « ENTIER » (positif ou négatif). Par exemple :
l'entier « – 2 » est défini par { (1, 3; (2, 4); (3, 5)… }
l'entier « + 3 » est défini par { (4.1); (5, 2); (6, 3)...}
Alors que la différence *b* – *a* n'avait de sens dans N que si *b* > *a*, dans le nouvel ensemble Z, cette différence a un sens quels que soient les naturels *a* et *b*.
L'ensemble Z des entiers (positifs et négatifs) appelés « entiers relatifs » est donc :

Z = {..., – 3, – 2, – 1, O, + 1, + 2, + 3...}

REMARQUE :
Il est dommage de ne pas introduire la notion d'entiers relatifs au CM, ce qui est loin d'être au-dessus des possibilités des élèves de cet âge. On peut en juger par les comptages souvent complexes qu'ils font au jeu (gains et pertes), les amenant notamment à réaliser des additions de nombres aussi bien négatifs que positifs. Pourquoi admet-on l'approche des « fractions » et non celle d'entiers relatifs ?
Les raisons – non-dites ou inconscientes – sont sans doute la peur d'un appareillage spécifique à mettre en place en même temps qu'une sous-estimation des possibilités des élèves, de *tous* les élèves.

CINQUIÈME PARTIE

LE PROBLÈME SANS QUESTION

QUAND POSER QUESTION N'EST PAS POSER QUESTION !

Si l'on feuillette quelque livre de classe que ce soit, à quelque page de « leçon » que ce soit, si on jette un regard sur quelque exercice ou problème que ce soit, on sera étonné d'y trouver, si nombreux au fil des pages : points d'interrogation et questions qui ponctuent les moments, balisent la route, y compris dans les cours, scandant le déroulé expositif de l'enseignant. Cela est si naturel, cela va tellement de soi que jamais il ne vient à l'idée d'interroger ces questions : leur raison d'être, leur teneur et, en définitive, leur fonction.

Mais, déjà, sont-elles des questions, ces questions ? Il est pourtant sûr qu'elles sont toutes justes, justifiées, calibrées, ajustées. Elles collent à ce qui est à apprendre, à penser, à retenir, à déduire… Mais sont-elles vraiment des questions ? C'est-à-dire de vraies questions pour qui pose ces questions ?

C'est bien là où le bât blesse : car ces questions, ont toujours leurs réponses, au moment où elles sont posées. Des réponses connues à l'avance : apparemment personne ne l'ignore, ni qui pose ces questions, ni à qui elles sont posées. C'est bien là le pire. Car c'est en quoi elles ne sont pas de vraies questions. Et c'est en quoi, en réalité, tout le monde se trouve dupé !

Parce que ce sont des Questions au Réponses Connues à l'Avance[138] : des QRCA.

Leur fonction ? S'assurer que l'élève « suit bien » si c'est en cours; qu'il a bien « retenu » ce qui a été dit; ou encore qu'« il a fait ce qu'il fallait faire » pour répondre.

N'est-on pas étonné, aux évaluations officielles, de constater tant de difficultés pour les élèves quant à la résolution des problèmes ?

Comment en serait-il autrement si les élèves n'ont pas eu l'expérience, par eux-mêmes de se poser des questions, d'explorer les données d'une situation, de mettre en relation et de s'étonner. S'étonner : par où devrait commencer toute connaissance !

138. Poursuivant un suivi de classes auprès d'enseignants en formation, c'est ainsi que j'ai délibérément nommé ces questions pour en démasquer à la fois la récurrence, le ridicule et la dangerosité…

> « *Pour un esprit scientifique... s'il n'y a pas eu de question, il ne peut y avoir connaissance scientifique* », écrit **Bachelard.**
>
> « *L'intelligence se nourrit plus de questions que de réponses* », écrit **Einstein**.

C'est le propre de tous les concepts clés abordés dans cet ouvrage que d'avoir cherché à être construits par les élèves à partir et à travers des situations-problèmes qui leur posent question. Non pas l'enseignant qui les pose, ces questions, mais la situation elle-même, au point où l'enseignant, s'il connaît le cap (conceptuel) où aller, ne sait pas pour autant comment vont réagir les élèves, quelles conduites ils vont mener, suivant quelles logiques (va-t-on savoir ?...) et avec quels moyens.

Et pour qu'il y ait poursuite de parcours, et pas seulement amorce, l'enseignant doit lui-même chercher sur la recherche des élèves, sur les questions des élèves, non pour y répondre directement, mais pour qu'il puisse en favoriser la poursuite, voire la relance.

Ainsi l'enseignant se trouve-t-il avec deux exigences à tenir : d'une part la problématique conceptuelle à construire, à l'horizon de toute démarche mais d'autre part, et pour y arriver, la recherche permanente des élèves, avec tous les aléas des moments individuels, des moments d'échanges ou de confrontation générale, des moments volubiles d'excitation mais aussi des moments d'arrêt, de mise à distance où la recherche change de registre, reprend son souffle ou s'approfondit.

Avec ou sans questions ?

Ainsi, faisant suite à ces démarches, voici qu'est proposé, pour terminer, de tenter quelque chose de très simple à mettre en route, au point où cela aurait pu être proposé en tout début d'ouvrage : un problème sans question. Ce qui est simple, justement, c'est qu'il y faut seulement comme « outil pédagogique » des ciseaux pour séparer l'énoncé des questions. Pour « enlever » les questions. Même avec un texte très « classique », sans recherche d'énoncé particulièrement attrayant, pourvu qu'il soit vraisemblable, l'effet en sera suffisamment probant.

Sans doute, ce sont les élèves qui seront surpris : « *vous avez oublié les questions* ». Mais peut-être ne le seront-ils pas, surpris, s'ils ont suivi quelque démarche de ce livre.
Après tout, ne serait-ce point encore une situation-problème ? En effet, c'en est une, mais prise telle quelle, « brut » en quelque sorte, à partir des manuels existants.
Pourtant, pour le lecteur maintenant rôdé au fait des situations-problèmes, une proposition de variante est proposée, dans le but d'analyser la nature

de l'impact des questions, lorsqu'elles sont données telles quelles dans un problème.

Voici d'abord le texte, laissé inchangé, trouvé dans un manuel[139] :

> *« Deux propriétaires échangent entre eux un terrain carré de 90 m de côté contre un terrain rectangulaire de même périmètre dont la longueur est double de la largeur. Le prix au m² est 125 euros.*
>
> *1 / Quel est le périmètre du terrain carré ?*
>
> *2 / Quelles sont les dimensions du terrain rectangulaire ?*
>
> *3 / Quel est le plus grand terrain et de combien ?*
>
> *4 / Quelle somme le propriétaire du terrain le plus petit doit-il verser au propriétaire du terrain le plus grand ? »*

Afin de « jouer cartes sur table » avec les élèves, on peut leur annoncer qu'on va travailler avec eux différentes façons de faire un problème. Et donc qu'ils seront partagés en deux moitiés. Les uns travailleront suivant une façon, les autres travailleront suivant une autre. Mais ils ne connaîtront ces deux façons qu'après avoir été tous réunis afin de pouvoir, ensemble, voir ce qu'il y a eu de commun.

Il s'agit en fait de donner aux uns l'intégralité du problème (énoncé avec questions) et aux autres seulement l'énoncé (sans les questions). Mais ces conditions ne sont pas dites au préalable à tous les élèves :

– Aux élèves qui ont l'énoncé avec questions : ils ont à faire ce qui leur est demandé;
– Aux élèves qui ont l'énoncé sans les questions, on les invite à chercher ce qu'ils pensent nécessaire dans cette situation, ce qu'ils peuvent tirer comme conséquences des données. Mais l'enseignant ne doit pas laisser entendre qu'il faut chercher les questions que lui-même aurait pu leur poser.[140]

Les uns et les autres sont invités à chercher d'abord seuls, individuellement, puis à échanger en petits groupes. Il est souhaitable que chaque groupe ait à rendre compte sur une affiche.

• Confrontation générale

Avant de commencer la confrontation, l'enseignant dit devant tous ce qu'il y avait de différent entre les uns et les autres. Et donc il distribue les questions à ceux qui n'en avaient pas. Mais il demande que toute discussion se fasse après les comptes-rendus à ce sujet, justement pour qu'on voit bien comment les choses se sont passées pour les uns ou les autres.

---

139. Du niveau CM.

140. Pour éviter toute ambiguïté, l'enseignant doit éviter de parler de questions mais plutôt les inciter à chercher tout ce qu'ils pensent qu'on peut chercher dans cette situation donnée.

• C'est d'abord ceux qui avaient les questions qui viennent présenter leurs résolutions devant les autres. Il est frappant de constater qu'ils reprennent, pour s'exprimer, les libellés des questions (parfois mot à mot...). Les questions sont traitées dans l'ordre, bien sûr. Les réponses sont mises au tableau pour l'analyse comparative qui suivra[141].

Quand l'enseignant demande de faire état des discussions que les élèves ont pu avoir, souvent le « on » est employé, anonyme : « *On a regardé si nos résultats étaient les mêmes* ».

• Pour les participants du deuxième groupe, leur étonnement, après avoir entendu l'équipe précédente, est de constater qu'en définitive ils ont fait les mêmes opérations (pas forcément dans le même ordre). Mais le plus important est qu'ils font état d'une attaque du problème toute autre, très personnalisée (des *je* sont prononcés) et contextualisée.
L'enseignant les invite à dire les uns et les autres comment cela s'est passé pour eux qui n'avaient pas les questions.

> *– « Je me suis dit que s'il y a échange, il y en a peut-être un qui va y gagner ! Alors j'ai cherché lequel ». Plusieurs font état de réflexions de même type. Ce qui signifie que leurs calculs étaient finalisés, prenaient sens par rapport à un enjeu qui était explicité.*
>
> *– « Moi, j'ai pensé qu'il y avait quelque chose de bizarre : s'ils ont même périmètre, c'est qu'ils ont même surface. Mais j'ai quand même essayé pour en avoir le cœur net, et là j'ai été très surpris. »*
>
> *– « Moi aussi, et j'ai essayé de voir si c'était toujours vrai, alors j'ai cherché avec un même périmètre à trouver les dimensions de plusieurs rectangles et j'ai bien vu qu'ils n'avaient pas la même surface. »*
>
> *– « D'ailleurs, moi, j'ai trouvé que c'était le carré qui, pour un même périmètre, avait la plus grande surface ». Réflexion qui rebondit encore. Là l'enseignant peut dire que les bergers le savent bien, quand ils posent un enclos pour garder les moutons*[142].
>
> *– « Et puis on a discuté au sujet de l'intérêt d'un tel échange, parce que c'est suivant ce qu'on veut faire de ces terrains (maison, champ à cultiver...) ». Par exemple l'enseignant peut dire qu'en agriculture, un terrain rectangulaire est plus pratique pour le tracteur, qui a moins de détours à faire.*
>
> *– « Alors, l'histoire du prix, ça dépend de plusieurs choses !... et de savoir qui gagne à l'échange. »*

141. Soit ce sont les affiches, soit c'est l'enseignant lui-même qui écrira, pour gagner du temps, du moment qu'il ne reproduit que ce qui vient des élèves.
142. Exemple du Larzac, où des bergers transportaient un enclos pour la nuit, pour ne perdre aucun mouton.

• **Analyse comparative**

Il apparaît à tous que le deuxième groupe non seulement a traité les questions énoncées (bien qu'elles n'y étaient pas !) mais surtout a ouvert une palette large d'interrogations, tant sur le plan mathématique proprement dit (notamment le fait qu'à même périmètre, les surfaces peuvent être inégales) que sur le plan humain, où la situation peut se discuter dans un rapport vivant aux données et où chacun des élèves apporte son avis, des anticipations possibles, des expériences personnelles ou qu'il a entendu autour de lui, etc.

Ce qui fait qu'à la fin, la dernière question peut même être discutable suivant les projets différents des deux propriétaires des terrains.

On peut remarquer aussi qu'en fait, si les questions prévues ont été effectivement traitées, ce n'est pas du tout parce qu'il fallait y répondre, mais parce que cette situation d'« échange » amenait tout de suite à « se » poser la question d'un échange « juste », ce qui entraînait la nécessité de voir si les surfaces étaient égales et si quelqu'un y perdait.

Mais pour connaître les surfaces, fallait-il avoir les dimensions… d'où un raisonnement partant des conséquences possibles de cette situation et donc un ordre dans les calculs faits qui, s'ils suivaient eux aussi l'ordre des questions données, n'y parvenaient toutefois qu'après avoir démonté la logique issue de la question essentielle posée par l'échange.

Or, pour ceux qui suivaient la chronologie des questions demandées, cette discussion sur l'échange n'a pas existé, ou fort peu, tant les élèves étaient soucieux de répondre aux questions, de ne répondre qu'aux questions qui leur étaient posées et non à celles qu'ils pouvaient se poser !

Il est important, là, de ne pas laisser les élèves qui avaient les questions inquiets de leurs supposées incapacités de leur part à ne pas avoir réfléchi autant que leurs autres camarades de classe.
Il faut au contraire, réfléchissant avec eux, et les laissant d'abord s'exprimer à ce sujet, mettre en avant que ce sont les questions justement qui les ont empêché de SE questionner, puisqu'il on ne leur demandait que d'y répondre.

En fait, en formation d'enseignants, ce dispositif d'analyse comparative des comportements d'élèves induits par le fait des questions a été souvent mené avec pour enjeu, précisément, la question des QUESTIONS – notamment des QRCA – afin d'amener les enseignants à une mise à distance réflexive sur les conditionnements, qu'à leur insu, sont provoqués.

Le fait de vivre eux-mêmes, mais en les analysant, les « pièges » dans lesquels font tomber ces QRCA est une incitation à n'y plus céder.

Bien sûr une différence fondamentale est à faire entre les QRCA et les vraies questions que les enseignants sont tout à fait en droit de poser aux élèves, dans la mesure où ils n'en ont aucunement la réponse. Par exemple : « *Qu'en pensez-vous ? Comment avez vous fait ? Pourquoi vous n'êtes pas d'accord avec ce qui vient d'être dit ?, etc.* »

Un effet d'écran

En ce qui concerne les problèmes ou exercices avec questions, le constat, flagrant est que ces questions font écran, opérant une fonction de filtrage sélectif de certaines indications au détriment d'autres.

En effet, la lecture de l'énoncé, alourdie par l'interposition des questions, entraîne un prélèvement dans le texte seulement des données qui paraissent strictement utiles pour répondre aux questions. Le sens en est évacué. Et de plus y répondre de façon restreinte, très réductrice, en fonction seulement de ce qui paraît devoir être attendu.

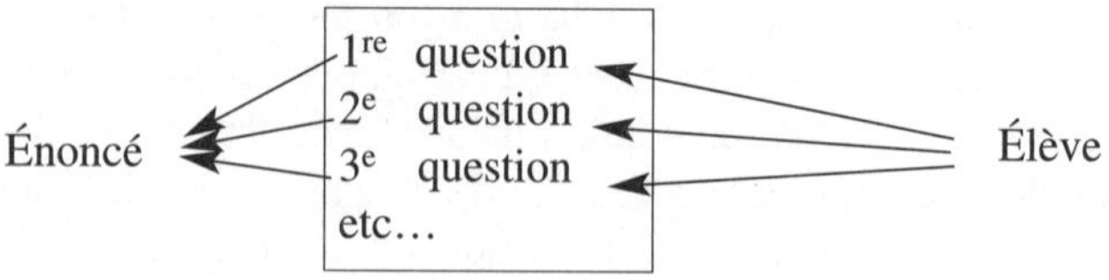

Avec l'impact des questions, en fait, les élèves sont tentés d'allés chercher dans l'énoncé seulement ce qui leur semble utile pour traiter telle ou telle question et en particulier ce qui peut leur servir pour faire des opérations.

D'où l'effet d'écran dans une activité réelle de « lecture » de l'énoncé que provoquent les questions puisqu'elles empêchent de se saisir du sens global de la situation exposée et d'y réagir eux-mêmes directement avec leurs propres représentations, acquis... et surtout leurs raisonnements qu'ils peuvent ensuite, par la diversité de ceux qu'ils ont entre eux, confronter, relativiser, ajuster, coordonner pour se construire une cohérence non plus monolithique mais qui permet de situer les données dans un contexte global et plausible de vie.

Ce qui devrait être le propre de toute activité de lecture authentique, qu'elle soit lecture de textes d'auteurs, de documents, de journaux, des médias, etc.

En fait, enlever les questions, c'est permettre aux élèves de commencer à s'en poser !

N'avons-nous pas dans la vie au quotidien, face à toute situation nouvelle, à tout événement, petit ou grand, à devoir nous interroger nous-mêmes pour comprendre, réagir, agir… et cela sans qu'aucune question ne nous soit forcément posée de l'extérieur ? Et ne pourrait-on voir, en fin de compte, dans le moindre des problèmes scolaires, autant d'exercices propices pour s'apprendre à penser par soi-même ainsi que dans le partage, en débat avec les autres ?

En fait, les questions qui affublent les problèmes ont pour priorité de pouvoir être notées, comme aux examens. Mais alors, s'il peut-être légitime d'entraîner les élèves aux examens (et donc aux questions qui vont avec) pourquoi confondre fonction d'évaluation et fonction d'enseignement ? L'un est préjudiciable à l'autre.

Ils ne peuvent coexister, faute de distordre la fonction essentielle, première, qui est celle d'enseigner. Il en est du problème avec questions comme de la dictée, dont la fonction primordiale est d'évaluer et non d'apprendre.

C'est pourquoi, tout comme pour le problème avec questions, pour l'éducation nouvelle, la dictée est à mettre en cause, au profit d'un tout autre apprentissage de l'orthographe et de la grammaire[143].

Le problème avec question, tout comme la dictée, devraient être réservés seulement à des moments d'entraînement aux examens, où à des moments d'évaluation désignés comme tels, pour que les choses soient claires dans la relation que les élèves peuvent avoir par rapport à ces rituels, et claires aussi les situations où il savent que c'est « pour apprendre ».

Prolongements

Bien sûr, la question des questions étant posée, demeure celle du texte lui-même des situations de recherche/exploration à proposer, de sa pertinence, de sa signification. Mais qu'on ne s'y trompe pas. Le sens n'a pas à être un pré-digéré, un pré-construit bien établi dans les textes et documents dont nous disposons.

143. À recommander à ce sujet : Dion J. & Serpereau M., *Orthographe et grammaire*, Bordas, 2002.

Si l'enjeu devient capacité à interroger de façon foisonnante, quoique critique et distanciée, les matériaux à disposition, alors le sens sera à débroussailler, à dégager, à construire lui-même.
Cela peut paraître contradictoire avec l'attachement mis à soigner le libellé des situations-problèmes proposés comme mises en recherche, comme amorce de démarches pour construire tel ou tel savoir.

Mais une chose est de lancer la construction d'une problématique conceptuelle (toujours complexe dans les processus qu'elle enclenche) et une autre, tout à fait complémentaire, est de mettre en réinvestissement foisonnant la capacité à explorer, inventorier, mettre en relation, structurer une situation, texte ou document, pour en construire une méthodologie (critique) de *traitement* qui, en définitive, lui donne sens.

Toutefois, la nature même des situations *enclencheuses* de démarche conduit parfois, dès l'entrée, à proposer un texte ou document en lui-même fort complexe au demeurant.
Ainsi en est-il particulièrement pour la démarche/adulte dite « Lire en polonais » où est donné d'entrée de jeu un texte en polonais à traduire alors que les participants n'ont jamais appris cette langue.

Dans tous les cas, il y a un enjeu commun, pour les apprenants, de la construction par eux d'une capacité méthodologique d'investigation.

Mettre en relation l'école et la vie, la formation et la vie, ce n'est pas seulement en faisant rentrer un peu de l'extérieur dans les murs de l'école, ou en donnant un peu de temps à l'extérieur de l'école.

Et dans la formation, ce n'est pas seulement une certaine pratique de l'alternance qui peut assurer l'articulation indispensable entre pratique et théorie, entre le *in* et le *off* de la formation, mais c'est surtout la façon de traiter l'intégration théorie/pratique dans l'acte d'apprendre, dans l'acte de formation, qui crée un tout autre rapport à se construire comme sujet apprenant et se formant.

C'est ainsi que, dès l'école, il est important de pouvoir donner à traiter aux élèves des situations-problèmes comportant des données insuffisantes, ou superflues, ou même incohérentes ou ambiguës, pas du tout comme pièges, car les élèves commencent à se construire le fait que c'est à eux d'affronter directement les données et que, face à ces données, ils peuvent s'autoriser à se donner pouvoir de penser sur elles.

La pratique des problèmes sans question, pour les élèves, les démarches qu'ils ont déjà vécues, ainsi qu'une certaine vie de classe coopérative, à quoi s'ajoute l'élaboration et la réalisation de projets en classe et avec l'école, dans et hors l'école, sont autant de lieux et situations de prises d'initiatives (autant de situations-problèmes sans question préalable, dans des champs plus larges), de construction de pouvoirs vrais, pour les y conduire. C'est là où l'on peut saisir combien il n'est pas de petite situation où ne puisse se construire une part solide de son identité. Ce qui est *petit* c'est de croire l'apprenant assez *petit* pour devoir en permanence lui tenir la main.

« L'âge du capitaine », une histoire qui en dit long !

> *« Sur un bateau, il y a 26 moutons et 10 chèvres.*
> *Quel est l'âge du capitaine ? ».*

À ce problème, posé auprès de 171 élèves de CE, 127 élèves répondent, en utilisant les nombres donnés[144].
Audace remarquable, trouvaille étonnante que d'oser proposer un tel problème, dans des conditions toutefois expérimentales rigoureuses.

> Idée venue de... Flaubert ! Se plaignant des maths qui le firent tant souffrir (« *je n'y entends goutte, n'y vois que du feu* » ou encore « *il va falloir barbouiller du papier avec des chiffres, je vais en avoir de quoi me faire crever...* »), il écrivit à vingt et un ans à sa sœur (en 1843) et, en guise de moquerie : « *puisque tu fais de la géométrie [...] je vais te donner un problème : un navire est en mer, il est parti de Boston chargé d'indigo, il jauge 200 tonneaux, fait voile vers Le Havre, le grand mât est cassé, il y a un mousse sur le gaillard d'avant, les passagers au nombre de 12, le vent souffle N-E/E, l'horloge marque 3 heures un quart d'après-midi, on est au mois de mai. On demande « L'âge du capitaine »...* »[145].

Dérision de Flaubert pour couvrir une amertume profonde quand à l'imbécillité, non pas de la situation, mais de la question posée. Mais avec les élèves de classe élémentaire, ce n'était pas pour se moquer.

C'était pour analyser les difficultés si souvent rencontrées par eux devant les problèmes.

On pouvait relever, dans les écrits des membres de l'équipe de l'IREM[146], des observations qui, s'ajoutant aux surprenants résultats obtenus auprès

144. Résultats obtenus par une équipe de l'Institut de Recherche en Mathématiques (IREM) de Grenoble (dans les années 1980) et commentés par Stella Baruk dans *L'âge du capitaine*, Le Seuil, 1985.
145. Repris par Baruk S., *op. cit.*, p. 130.
146. Commentaires relevés dans la revue *Grand N* (n°19 et autres).

des élèves, m'avaient à leur tour troublée :

> – « *Résultats inquiétants* »... dus au fait « *qu'un si grand nombre d'élèves a pris au sérieux nos énoncés de problèmes absurdes* ».
>
> – ce qui entraîne les expérimentateurs à chercher « *la façon dont un énoncé de problème est perçu par les élèves* ».
>
> – et après le constat des réponses produites par les élèves, ils font part de leur analyse : « *les élèves ne se sont pas occupés de la pertinence des données par rapport à la question posée* ». En effet, j'approuve : c'est tout à fait ça, puisque les élèves ont fait passer l'importance de la question posée *avant* l'importance à accorder au sens de l'énoncé. La question, pour les élèves, est *indiscutable;* c'est elle le centre, par rapport à laquelle quoi doivent se plier les données, et donc les calculs.
>
> – et les expérimentateurs ajoutent : « *les élèves respectent toujours la cohérence de la forme, mais pas toujours la cohérence logique* » en insistant : « *seules les formes sont respectées* ».

Deux niveaux d'analyse s'imbriquent : le fait des résultats des élèves et le fait de l'analyse menée par ceux qui ont conduit l'expérience (et que partage pour l'essentiel Stella Baruk).

Mon hypothèse, que je confirme toujours autant, si ce n'est de plus en plus, depuis cette expérimentation, est que les élèves ont répondu ainsi **à cause de la question.** Précisons : à cause du **fait** de la question.

Entendons-nous bien : non pas, bien sûr, du fait de cette question-là, mais d'un *rapport aux questions* (qui fait partie de leur *rapport à savoir*), tant ils sont déjà conditionnés à *répondre*, sur les deux plans que sont la réponse à un *stimulus* – une question, c'est pour y répondre – et celui du mode de réponse proprement dite à la question posée – faire une opération avec les nombres donnés.

La notion d'*habitus*, de Pierre Bourdieu, demeure parfaitement réinvestissable pour rendre compte de ce qui se joue concernant le problème posé par les conditionnements induits par les questions de type QRCA.

D'autant que s'y ajoute l'importance primordiale du temps vécu de tels conditionnements qui, tout au long des apprentissages depuis le cycle 2, concourent à leur incorporation. Sachant que le propre des *habitus* est de se traduire dans des pratiques, qui paraissent pratiques naturelles dans un champ social donné[147].

147. Bourdieu P., *Méditations pascaliennes*, Le Seuil, 1997.

Les habitus *: « sortes de programmes historiquement montés qui sont d'une certaine manière au principe de l'efficacité des* stimuli *qui les déclenchent... »* [148].

L'habitus concerne donc des dispositions psychiques, transposables et durables, qui régissent représentations et pratiques, devenant « *une sorte de sens pratique de ce qui est à faire dans une situation donnée* » [149]. À ce titre, étant « *le produit de l'intériorisation des principes d'un arbitraire capable de se perpétuer dans des pratiques conformes à ces principes* » [150].

« *L'analyse sociologique* [...] *offre quelques-uns des moyens les plus efficaces* ***d'accéder à la liberté que la connaissance des déterminismes sociaux permet de conquérir contre les déterminismes*** » [151].

« *L'*habitus *n'est pas le destin que l'on y a vu parfois. Étant le produit de l'histoire, c'est un système de dispositions ouvert [...]. Il est durable mais non immuable* ». C'est pourquoi deviennent importants son analyse et son décapage, sous toutes les formes où il apparaît, ouvrant sur une « *conversion du regard* » qui est « ***la prise de conscience qui permet à l'individu d'avoir prise sur ses dispositions*** » [152].

Car les élèves aussi, déjà, ont *intériorisés* [153] des *habitus* (*habitus* primaires) qui les font réagir en pleine contradiction avec ce que, par ailleurs, ils ressentent effectivement.

> *Un élément révélateur est précisément la réponse donnée par les élèves à la question subsidiaire qui leur était posée : « Que penses-tu de ce problème ? » et là, surprise, quelques élèves, tout en proposant un résultat numérique, répondent avec bon sens à cette question supplémentaire : « pourquoi on parle de moutons et après on demande « L'âge du capitaine » ? », ou encore : « je trouve que ce problème est un peu bizarre », etc.*

Ce double comportement de la part de ces élèves doit interroger, car les deux questions (« L'âge du capitaine » et « Que penser du problème ? ») ne sont pas du tout sur le même plan. L'une est *collée* aux données, fait partie d'un *rituel d'énoncé* de problème (pas de problème sans question !) et donc induit un comportement lié à ce rituel, alors que l'autre est une sorte de méta-question qui renvoie cette fois l'élève à lui-même.

Dualité significative qui doit être analysée non en fonction de *distorsions* propres à quelque immaturité des élèves, mais bien plutôt à une distorsion

---

148. Bourdieu P., *Questions de sociologie*, éd. de minuit, 1980, p. 75.
149. Bourdieu P., *Raisons pratiques, sur la théorie de l'action*, Le Seuil, 1994.
150. Formulations reprises dans Bourdieu P. et Passeron J.-C., *La reproduction*, éd. de minuit, 1970.
151. Dernière phrase surlignée par l'auteur dans *Raisons pratiques*, *op. cit.*, p.11.
152. *Réponses*, *op. cit.*, p. 108.
153. *Intérioriser* : je préfère conserver ce verbe, avec ses inconvénients réducteurs, parce qu'il a le mérite de mettre l'accent sur ce qui, quelles que soient les traductions (dans sa « logique interne ») qu'en fait le sujet, lui vient de l'extérieur, et qu'il fait sien, sans qu'il en ait conscience, c'est-à-dire sans que sa liberté de penser puisse avoir prise sur ce qui lui arrive, cette liberté étant flouée, à son insu.

fondamentale de comportement induite par le fait des questions, distorsion telle qu'elle va, dans cette situation, jusqu'à affecter ses capacités cognitives, jusqu'à les mettre à mal.

Le fait de l'absurdité même de la question de «L'âge du capitaine» doit nous interroger sur l'irrésistible force qui pousse les élèves à y répondre, même quand ce n'est pas pour tous dans un complet aveuglement, et à y répondre quand même. Une certaine pratique de la question renvoie à une certaine pratique de la réponse.

C'est le sujet qui fait, mais ce « faire » n'est pas de lui. Il agit typiquement *en tant qu'élève*, dans une relation prioritaire non à un savoir objectivé (le savoir du problème posé) mais relation médiatisée à ce savoir par le *magistère* qui lui transmet, le questionne, l'évalue, relation de dépendance à un rituel qui le surdétermine.

La question, dans ce rituel, devient dépositaire d'une sorte de *surmoi* –dans le champ pédagogique s'entend– qui a sur lui autorité (sans avoir rien à voir avec la *gentillesse* de l'enseignant) au point que c'est cela qui prime sur l'objectif présumé du problème. D'abord répondre, car ne pas répondre ferait courir le risque d'une sous-estime de soi, n'être pas reconnu, plus lourd encore à porter que de répondre, fût-ce dans *l'imbécillité*. Exister médiocrement aux yeux de l'autre est moins pire que de ne pas exister.
Il est par ailleurs aussi significatif, à cet endroit, d'analyser les termes de l'interprétation des expérimentateurs : « *les élèves respectent toujours la cohérence de la forme, mais pas toujours la cohérence logique* ». Un mot est utilisé – *signifiant* s'il en est – et donc qui n'est pas dû au hasard : «les élèves *respectent...*».

Les choses sont bien dites : il s'agit bien de respect, en effet, mais au sens de subordination ! Et il y a bien cohérence de *forme*, de *moule*, en quelque sorte, qui indique bien que ce n'est pas du contenu manifeste de l'énoncé dont il s'agit, en effet, mais d'un autre contenu – qui n'est pas de pure forme, lui – qui est le contenu latent.

Quand, dans la démarche-adulte précédente nous avons pu voir que les questions étaient *inutiles*, puisqu'une authentique *lecture* du texte de l'énoncé suffisait à décortiquer, mettre en relation et aller jusqu'aux conséquences opératoires numériques, une interrogation de taille devenait tout à fait légitime : mais alors, pourquoi les questions ?
Pourquoi ?

Et voilà qu'il apparaît avec force maintenant que **ces questions ne sont ni**

neutres, ni inutiles. Qu'elles ont même un poids tel que celui qui *passe à la question* peut en perdre la raison !

Flaubert, avec la verve de sa jeunesse et la robustesse de son caractère ne s'en laissait pas conter, ne se soumettait pas, vitupérant contre l'enseignement, dont il se promettait qu'il « s'en vengerait quelque jour ». Prudent, toutefois : « mais il faut attendre que je sois loin de ces impressions-là pour pouvoir me le donner facticement, idéalement, et dès lors sans danger pour moi ni pour l'œuvre ».

Les questions ont, en fait, une fonction réelle de ***normalisation*** dont la caractéristique est que cette fonction, en toute bonne foi, échappe et à celui qui est questionné, et même à celui qui questionne, laissant seulement apparente une fonction prescrite, de prétendue aide et, de toute façon, d'évaluation.

Tabou incontournable, inattaquable, elle est perçue, puisque venue d'en haut, comme ne pouvant ni se tromper ni vous tromper !
C'est cela la logique que décode l'élève, inconsciemment, tout aussi inconsciemment que cette analyse des questions qu'en font les expérimentateurs, « *seules les formes sont respectées* ».

Mais doit s'ajouter à cela un autre plan d'analyse, concernant ces *formes* si respectées par les élèves. Car, dans la résolution proprement dite du problème, autre chose intervient qui agit en second, après l'obligation à laquelle sont soumis ceux qui se sentent tenus de répondre : c'est la façon dont ils répondent.
Car ils font des opérations avec les données chiffrées de l'énoncé, le reste de l'énoncé n'étant perçu que comme *habillage* en vue d'opérations à trouver.

Là, deux types de faits, s'ils sont mis en relation, apportent des éléments concordants :

• ***Côté enseignants*** *: une longue enquête menée par une équipe INRP (dans les mêmes années que celles de « L'âge du capitaine ») auprès de plus de 800 enseignants montre que pour 85% d'entre eux, les problèmes ont pour objectif essentiel à leurs yeux de « donner une bonne maîtrise du calcul numérique ».*

Savoir faire des opérations est plus important, de fait, pour eux qu'apprendre à élaborer une stratégie opératoire, à problématiser.

En effet l'énoncé (et donc le sens de l'énoncé) n'est que l'habillage, le prétexte.

Ce qui renvoie, en amont, aux modes d'apprentissage des opérations dont de nombreuses observations dans les classes montrent combien ces opérations sont enseignées pour elles-mêmes et non comme instruments de résolution de situations qui leur donnent sens.

Constats dont ce qui suit est une illustration.

• ***Côté élèves :*** *à ce qui précède s'ajoute le phénomène des attentes*[154]*. Il devient évident que les élèves vont tout à fait répondre à ces attentes en faisant précisément des opérations, dont ils savent bien qu'elles doivent utiliser les données numériques du problème. Ce qui va éclater dans une anecdote très significative, rapportée par les expérimentateurs de « L'âge du capitaine ».*

Une logique implacable

À propos du problème suivant : « *Dans une bergerie, il y a 125 moutons et 5 chiens. Quel est l'âge du berger ?* », une élève de CM1, après avoir rempli sa feuille de nombreux calculs, apporte enfin une solution : « *le berger a 25 ans puisque 125 : 5 = 25* ». L'enfant commente : « *ce problème est difficile... j'avais pas réfléchi qu'on pouvait faire 125 divisé par 5* », précisant qu'en faisant une addition (125 + 5 = 130) ou une soustraction (125 – 5 =120), ça ne peut pas aller, parce que « *c'est un peu gros* » en commentant : « *c'est pas possible un berger si vieux !* » tandis qu'en trouvant 25, « *ça va...* ».

L'enfant fait preuve de bon sens, puisqu'elle cherche un résultat vraisemblable. Mais elle ajoute, avec quelque incertitude « *mais je ne sais pas si c'est juste* » (on peut se demander quoi : l'opération ou le sens de l'opération ?)

Il est clair qu'il y a là un rapport à l'apprendre où prédomine le souci de *répondre* sur celui de *comprendre*. Répondre à quelqu'un, s'entend, et pas à n'importe qui : celui dont va dépendre la note reçue et, véhiculée par elle, l'estime qu'on a de soi. Le prix à payer, pour cette note-là, est la *docilité*. La mise à l'écart de tout esprit critique, autonome.

Et cette subordination est d'autant plus forte, inconditionnelle, qu'elle se cache derrière la forme anonyme et ritualisée des questions, donnant crédibilité jusqu'à l'absurde au bien-fondé des contenus proposés.

D'où le piège insensé, en même temps que révélateur à plus d'un titre, de cette histoire de « L'âge du capitaine » qui sous-entend, pour y répondre, non pas d'abord de comprendre les données mais bien de faire acte d'irrespect – au sens d'insoumission ici – envers le maître, alors que l'enfant reste dans la dépendance, obéit, avant de comprendre, en place de comprendre.

154. Il s'agit de *l'effet Pygmalion.* Rosenthal (*L'effet Pygmalion*, Casterman,) analyse comment ce qui est attendu (espéré ou redouté) peut se trouver être objectivement produit par des comportements, pratiques et stratégies qui échappent à la conscience et de ceux qui en sont auteurs et de ceux qui les subissent. Phénomène courant, que l'on rencontre dans de nombreuses situations (de nature psycho-somatique, psycho-sociologique, etc. et bien sûr situations éducatives) qui a été l'objet d'une élaboration de démarche-adultes menée de très nombreuses fois auprès d'adultes.

Contradiction paradoxale

En fait, la question de «L'âge du capitaine» est une forme d'injonction paradoxale[155]. En effet y répondre, c'est être dans la *norme* du bon élève – au prix de faire preuve d'inintelligence – et ne pas y répondre c'est se mettre *hors norme* (hors la loi) en faisant preuve d'intelligence. Dans les deux cas, il y a contradiction qui met en danger le sujet-apprenant, ce qui entraîne un comportement *clivé*, qui apparaît dans les dires de certains élèves.

Mais ce qui l'emporte, dans cette alternative, à l'évidence c'est la peur de ne pas être digne d'être reconnu, aimé en quelque sorte. Il en va d'une recherche de sécurisation identitaire, dans un processus d'identification, de conformité à ce qu'il est convenu être attendu de lui, pour un sujet en plein développement. Il y a là un phénomène de même nature que celui qui a été expérimenté et analysé par Stanley Milgram[156].
Ce qui montre à l'évidence combien toute pratique pédagogique n'est ni neutre ni innocente, contribuant, qu'on le reconnaisse ou non, à la construction profonde de chaque sujet.

Cela met en lumière combien, dans de telles pratiques, entrent en jeu des valeurs, une éthique en acte, sous le couvert de *bien faire*, de la part de l'enseigné et l'enseignant, et sous la houlette d'un « allant de soi » dans une institution qui en garantit la légitimité.

Quand on a vu, dans de trop nombreuses classes, à tous les échelons du cursus scolaire, tant d'intelligence gaspillée, tant d'échecs qui n'avaient pas lieu d'être, tant d'élèves aux potentialités ignorées, écartées, saccagées, et sous des dehors de pratiques propres et soignées, ce n'est pas seulement une analyse froide et argumentée qui convient, mais une colère, rejoignant sans doute celle d'un Flaubert ou d'autres.

Colère qui porte, au travers de pratiques qui aliènent, sur l'*inconscience* du poids de ces pratiques, inconscience d'autant plus efficiente que le champ des pratiques sur lesquelles elle sévit est consensuellement écarté de toute analyse et théorisation, tant il est intériorisé, incorporé à chacun, tout comme à l'institution.

Alors, que faire de cette question des questions ? Est-ce possible de sortir de ce cercle infernal, de ce déterminisme aveugle ?

155. Notion développée, à partir de Bateson, par l'*École de Palo Alto* (*cf.* sous ce titre, l'ouvrage de Marc E. et Picard D., Retz, 1984).
156. Milgram S., *La soumission à l'autorité*, Calmann-Lévy, 1974, dont le film de Verneuil *I comme Icare* décrit les dangers.

Ce sont les interrogations qu'en éducation nouvelle se posaient quelques-uns. À la suite d'un travail que nous avions fait à propos de « L'âge du capitaine » et alors que se pratiquaient dans un certain nombre de classes d'Éducation Nouvelle le *problème sans question* (ainsi que des démarches de construction de savoir), il devenait clair que si, dans ces classes-là, les élèves répondaient aussi stupidement à un tel problème, alors seraient mises en cause les pratiques d'Éducation Nouvelle ! ! !

Pour nous, évaluation non des élèves, mais des effets de nos pratiques auprès d'eux.

> *C'est ainsi que dans une classe de perfectionnement, l'un d'entre eux*[157]*, dont les élèves vivaient depuis le début de l'année la pratique du problème sans question, posa le problème suivant :*
>
> *Il demande à ses élèves de rédiger toutes leurs réflexions, leurs calculs sur une feuille.*
>
> « Dans un camion on transporte 12 caisses de bière, 13 caisses de vin et 4 caisses de limonade. Quel est l'âge du chauffeur du camion ? »
>
> *Sur 13 élèves, un seul a répondu de façon unilatérale : le chauffeur a 29 ans.*
>
> *Parmi les autres, les caisses sont ajoutées entre elles (comme telles) et on relève ces commentaires :*
>
> *– Caroline : « on ne peut pas savoir l'âge du chauffeur, mais on sait qu'il y a 12 caisses de bière, 13 caisses de vin et 4 caisses de limonade ». Suit un dessin et une opération : 12 + 13 + 4 = 29. « Il y a 29 caisses. »*
>
> *– Christine : un diagramme-réunion est fait avec la conclusion : « en tout ils ont gaspillé 29 caisses. On ne sait pas quel âge a le chauffeur parce qu'on ne peut pas mettre les bouteilles avec l'âge du chauffeur. »*
>
> *– Yannick : « on ne sait pas l'âge du chauffeur. On ne peut pas dire l'âge en comptant les caisses. »*
>
> *– Mourhad : « on ne peut pas compter l'âge du chauffeur du camion. »*
>
> *– Jean-François : « 12 + 13 + 4 = 29. Dans le camion il y a 29 caisses en tout. Quel est l'âge du chauffeur du camion ? Le chauffeur a 29 ans. »*
>
> *– Pascale : « 12 + 13 + 4 = 29, il y a 29 caisses de boisson. Quel est l'âge du chauffeur ? On ne peut pas calculer l'âge du chauffeur. »*
>
> *– Daniel : « on ne peut pas trouver l'âge du chauffeur avec des caisses. 12 + 13 + 4 = 29, il y a 29 caisses dans le camion. Le problème est impossible. »*
>
> *Il est clair que les élèves non seulement traitent les données de la situation, pour ce qu'elles sont, mais certains sont capables de poser les termes d'une analyse critique. Sans toutefois – quoique effacé par eux de leurs réponses*

157. Il s'agit d'Alain Bussière (Champigny), qui en a eu l'audace, et grâce à qui furent obtenus ces précieux résultats.

écrites – s'être privés de manifester avec véhémence la folie de la question posée.

Il n'est pas inutile de porter à la connaissance du lecteur que, contrairement aux pratiques et résultats habituels de telles classes de perfectionnement, dans celle-ci, un grand nombre les élèves en arrivaient à être réintégrés dans le cursus scolaire normal, non sans quelque étonnement, ou même moquerie de l'entourage.

Qu'est-ce que c'est que cette méthode qui réussit aux plus mauvais ? !

On peut ajouter encore un fait significatif. Cela eut lieu lors d'une mise en pratique d'un problème sans question, avec des professeurs d'école en formation, à Paris, dans un CE2, où tinrent à être présents, réticents, le directeur et l'instituteur.

Ces derniers, faisant entre eux des commentaires devant le bouillonnement fertile d'une tablée d'élèves – *dits mauvais élèves* – et alors que le *meilleur* de la classe freinait des quatre fers, tant il était perturbé par l'absence de questions, l'un des étudiants entendit alors un des deux « observateurs » dire à l'autre, avec stupéfaction : « *mais qu'est-ce que c'est que cette méthode qui réussit aux plus mauvais ? !* ».[158]

Enlever les questions : à la fois simple, très simple, mais cela implique une prise de risque, pour qui craint d'être débordé et par les résistances des élèves au début (forts de leurs *habitudes* et donc craintifs ou soupçonneux...) et par le foisonnement envahissant de leurs explorations, ensuite.

Le risque est positif, pourtant, quand un comportement de recherche est engagé auprès des élèves, quand il s'agit de gérer les différences de procédures, d'argumentations, de débordements si souvent pertinents, pour en dégager une problématique et en tirer jusqu'au bout les conséquences.

Enlever les questions c'est déjà, en réalité, enclencher une pratique de démarche. Parce les élèves, les apprenants, sont amenés à faire et non à répondre, à se poser des questions et non à être questionnés, à impulser et non à suivre.

En somme, le problème sans question, pas seulement à la fin du cours, pour appliquer des procédures transmises comme « prêts à porter » mais

158. Nous avions travaillé, avec les futurs professeurs d'école, le contenu de la situation et sa présentation pour que cette situation n'induise pas un recours automatique à telle ou telle opération et nécessite un décorticage qui fût rendu possible par l'utilisation de petits cubes colorés, permettant de restituer les données (recourt que refusa d'ailleurs le meilleur élève qui avait devant lui, docile, en deux colonnes bien propres sur une feuille : solutions/opérations).

au début, comme tremplin d'une recherche, où surgissent des questionnements, où s'ouvrent des pistes nouvelles d'investigation.

Enlever les questions pour renverser, du coup, le climat de vie qui entoure de façon si ennuyeuse et si répétitive le rituel des questions, toujours au tournant des problèmes, textes, documents...

Pour retrouver saveur à savoir.

Comme pour cette fillette africaine au Tchad qui, après avoir reconstitué, avec ses camarades et au moyen de cailloux et brins de mil à même le sol, les données complexes d'un problème sans question, se mit soudain à sauter de joie et à danser autour.

SIXIÈME PARTIE

LA DÉMARCHE DE CONSTRUCTION DU SAVOIR

PISTES ET REPÈRES

Le parti pris affirmé dans cet ouvrage de présenter, à partir de situations-problèmes, des démarches de construction de savoirs, ne tombe aucunement dans la facilité d'une terminologie devenue courante aujourd'hui, sous couvert d'une mode faite au constructivisme[159].

Mais s'il est vrai que des idées font leur chemin, il est nécessaire pourtant de préciser sous la désignation de « construction » quelles pistes, quels repères sous-tendent ici une telle dénomination, un tel choix décisif. Pour que le lecteur se fabrique ses propres jalons.

I – Des savoirs savants aux savoirs scolaires : quoi transmettre ?

• *L'aventure humaine des savoirs*

L'approche des savoirs par leur genèse historique nous apprend combien ils sont issus de questionnements venus pour les uns de l'imprévu, de l'insolite, de l'imaginaire et pour d'autres de nécessités quotidiennes, tant matérielles que sociales, de la vie.
Or c'est de ces questionnements, lorsqu'ils sont pris à bras le corps et qu'ils sont mis en travail, qu'émergent élaborations et ruptures créatrices qui vont constituer l'ossature culturelle proprement dite de ces savoirs.

Se construisant toujours au cours de processus, suivant des temps très variables (y compris, pour certains, sur des siècles…) et dans des interrelations multiples entre savants, créateurs, entre cultures, entre sociétés, ces savoirs ont dû faire face à de nombreux aléas, contradictions, voire conflits dont ils ont tiré en définitive leur force de signification et leurs capacités confirmées d'usage et de possibles réinvestissements.

Ce sont de tels parcours, audacieux et tenaces, qui donnent à ces savoirs, dont nous devenons héritiers, leur dimension d'aventure humaine. Aventure humaine parce que ces savoirs sont toujours plongés en leurs débuts dans des implications de « sujets », y compris quand les questionnements

159. C'est dans les années 1970 que fut élaborée la notion de démarche de construction de savoir, dans la filiation des pratiques d'Éducation Nouvelle portées par le GFEN (Groupe Français d'Éducation Nouvelle) et plus précisément c'est dès 1975 qu'une telle démarche fut nommée « démarche d'auto-socio-construction du savoir ».
Bassis H., *Des maîtres pour une autre école : former ou transformer ?*, *op. cit.*
Dans cet ouvrage, se trouve le premier écrit sur la théorisation de la notion de « démarche d'auto-socio-construction », repris dans Bassis O., *Se construire dans le savoir à l'école et en formation d'adultes*, *op. cit.*

viennent portés par d'autres ou par tel ou tel espace social. Aventure humaine parce que ce qu'ils produisent, au cours de cheminements faits de temps de mûrissements comme de rebonds, c'est toujours avec l'énergie créatrice, en fait, d'une *subjectivité objectivante* où imaginaire et raison, désir et pugnacité sont en travail, ensemble, avec pour défi d'aboutir à des idées et œuvres – qui deviennent événements de pensée, événements culturels – inscrits dans des productions fiables, reconnues socialement et donc partageables.

« *Toute vérité n'est telle que dans son rapport avec un sujet existant* » (Jean Brun[160])

« *La science, considérée comme un ensemble accompli de connaissances, est la production humaine la plus impersonnelle; mais considérée comme un projet qui se réalise progressivement, elle est tout aussi subjective et psychologiquement conditionnée que n'importe quelle autre entreprise humaine* » (Einstein[161])

Une « subjectivité objectivante » : une telle expression, délibérément, veut souligner la liaison, l'interpénétration et en définitive l'indispensable dialectique entre les pôles que sont subjectivité et objectivité.

Expression qui veut insister non sur des états, qui seraient dits seulement « subjectifs » ou seulement « objectifs » – au risque de cloisonnements figés et en définitive mensongers – mais, dans ce qui est construction dans un savoir, sur ce qui mis en mouvement, dans une dynamique qui, de l'un, peut conduire à l'autre.

Non point que les domaines soient fusionnables, entre subjectivité et objectivité : l'important ici est de noter que tout savoir a été d'abord un «*savoir pour soi*» – c'est-à-dire porté dans le champ de subjectivités vivantes, réfléchissantes, *conscientisantes* – et c'est dans les processus de sa constitution qu'il est devenu, en son aboutissement « *savoir en soi* », c'est-à-dire apte à être séparé de ses origines, comme objet de pensée, de culture, appropriable par d'autres et réinvestissable dans d'autres situations que celles de ses débuts.

Ainsi en est-il tout au long pour les mathématiques (comme pour tant d'autres savoirs) de cette marque inaliénable de tel ou tel sujet laissant traces singulières dans des savoirs reconnus ensuite à portée universelle. Notamment les postulats, les théorèmes qui portent le nom de leurs auteurs : postulat d'Euclide, théorème de Pythagore, de Thalès, de Chasles, équations de Maxwell, coordonnées cartésiennes, géométrie de Riemann, etc.

---

160. Jean Brun, *à propos d'une étude sur Socrate* (PUF, coll. « Que sais-je ? », 10e éd. 1992).

161. Thuillier P., *D'Archimède à Einstein, les faces cachées de l'invention scientifique*, Fayard, 1988.

• ***Une transposition nécessaire, mais en fonction de quelles normes ?***

Devant un tel foisonnement de cheminements d'invention, devant une telle épaisseur de temps nécessaire à la construction historique des savoirs, on comprend fort bien combien, pour enseigner, devient indispensable d'élaguer, de réduire, indispensable de devoir transposer ces savoirs-savants en savoirs-scolaires utilisables au mieux dans une transmission réaliste et efficace.

C'est là où survient une question centrale, déterminante, y compris pour les modes de transmission dans lesquels ces savoirs s'inscriront[162] : quelle transposition ? Suivant quels choix ? Quelles normes ? En vue de quelles finalités concernant les connaissances à acquérir ?

Car précisément, c'est le fait de choix culturels, éducatifs, éthiques, dits ou non dits, élucidés ou non, qui président à l'établissement des savoirs-enseignés[163], faisant en conséquence que nulle transposition ne peut être neutre, parce que lourde de normes qui dépendent à la fois, en amont, de tel ou tel rapport aux savoirs-savants comme ils dépendent tout autant, en aval, de telle ou telle finalité éducative dont les modes de transmission de ces savoirs dépendront.

Et ce sont ces normes de transposition qui font notamment que va être minimisé ou non, évacué ou non des connaissances tel ou tel pôle qui les constitue, comme tel contexte possible ou non de leurs réinvestissements,... avec des conséquences sur les possibilités et les modes d'activité des élèves, rendus possibles (ou non) dans la pratique de transmission.

• ***Une transposition pour justifier l'évidence des résultats ?***

Ainsi en est-il de la transposition courante, caractérisée par l'accent prioritaire mis sur les productions finales des savoirs-savants (définitions, théorèmes, procédures) qui induit une transmission présentant comme allant de soi d'avoir à restituer d'emblée ces produits-achevés, en les accompagnant en conséquence d'explications (en mathématiques : de démonstrations) soutenus par une logique rigoureuse.
Logique expositive de l'enseignant qui s'appuie sur une rationalité dont la fonction devient, en fait, non pas de retrouver les questions clés qui permettraient de comprendre la raison d'être de ces savoirs, mais de justifier directement et en premier le bien-fondé des produits-finis que sont devenus

162. Ce qui oblige à interroger le prétendu espace de « liberté pédagogique » effectivement laissé à l'enseignant quand on saisit à quel point il n'est pas de méthode qui ne soit déterminée en grande partie par le rapport au savoir-à-enseigner dont elle devient le vecteur.
163. À tous les échelons de l'établissement des programmes et référentiels, de l'écriture des manuels jusqu'aux modes de réflexion et de transmission par l'enseignant.

ces savoirs [164].

Justification de leur évidence, rendue ainsi incontestable, plus que des questionnements, des étonnements et même des turbulences de pensée qui les ont suscité et les ont fait découvrir. Est ainsi escamoté le fait que très souvent les savoirs se sont construits « contre » l'évidence de l'époque, y compris contre celle du mathématicien lui-même qui, pourtant, les produit. Escamotage qui devient une forme masquée de violence [165].

> *« La vraie violence, c'est celle du cela-va-de-soi; ce qui est évident est violent, même si cette évidence est représentée doucement, librement, démocratiquement; ce qui est paradoxal, ce qui ne tombe pas sous le sens, l'est moins. »*
>
> (Roland Barthes)

Ce qui ne prépare guère l'élève à assumer pour lui-même les ruptures réflexives, conceptuelles auxquelles seront affrontées ses propres représentations mentales. Condition décisive de ses avancées dans l'exploration de savoirs nouveaux, non comme savoirs accumulés, juxtaposés, mais comme autant d'étapes formatrices d'une intelligence toujours en éveil.

La transmission des mathématiques, à cet égard, s'avère en quelque sorte exemplaire de la distorsion de savoir qu'elle inflige – en toute bonne conscience (ou souvent sans en avoir conscience) – aux élèves.

En effet chacun sait combien compte la rigueur des « démonstrations » ainsi que celle des procédures de résolution utilisées, qu'elle soit développée par l'enseignant ou attendue des élèves dans les exercices et problèmes. Ceci n'est pas à évacuer, bien sûr, mais à condition de ne pas confondre cette rigueur souhaitable, dans les étapes d'un raisonnement ou d'une procédure, avec « l'intelligence » de la situation mathématique qui, elle, requiert tout le registre du « sens », c'est-à-dire de la pertinence de compréhension, laquelle va avec la conscience de l'immersion des connaissances dans des situations qui leur donnent vie, c'est-à-dire contenu existentiel.

C'est là où une transposition qui veut être fidèle à la vérité des savoirs devrait dissocier la fonction rationnelle de la preuve de la fonction inventive qui, seule, permet d'accéder au sens. Et ne pas croire que c'est comprendre que d'asséner seulement un CQFD – ce qu'il **fallait** démontrer – reçu dans ces conditions comme injonction à laquelle se soumettre d'autant plus impérative qu'elle se fait au nom de la raison, plutôt qu'invitation à entrer dans une intelligence de signification.

164. Justifier qu'en somme, ces savoirs ne sauraient « ni se tromper ni vous tromper » !
165. Pierre Bourdieu dirait de « *violence symbolique* » (*cf.* : Bourdieu P. & Passeron J.-C., *La reproduction*, *op. cit.*).

Déjà, Archimède distinguait méthode de démonstration et méthode de découverte. Il écrivait (à propos de la méthode d'exhaustion d'Eudoxe dont ce fut Démocrite qui en énonça le premier la teneur, avant même qu'elle soit démontrée) : « méthode de démonstration irréprochable, ce n'est pas une méthode de découverte; son application repose nécessairement sur la connaissance préalable du résultat à démontrer ».

Hegel, dans la préface à la « Phénoménologie de l'esprit » écrit : « le mouvement de la démonstration n'appartient pas au contenu de l'objet, mais est une opération extérieure à la chose ».

Evariste Gallois [166] *écrit : « Ce dont nous nous plaindrons, c'est que la pensée qui a dirigé l'auteur reste le plus souvent cachée. On croit généralement que les mathématiques sont une série de déductions ».*

Morris Kline [167] *écrit : « Amener les étudiants à maîtriser une organisation déductive polie ne leur apprend pas comment penser et comment faire des mathématiques, car penser et faire ne sont pas des processus déductifs. Comment la découverte peut-elle se produire quand on demande aux étudiants de travailler avec des idées déjà surchargées de sophistication et de raffinement ? Enfin, l'approche rigoureuse est trompeuse. Du fait que le cours d'analyse élémentaire est le premier contact de l'étudiant avec les mathématiques supérieures, il en retire l'impression que les vraies mathématiques sont déductives et que les bons mathématiciens pensent déductivement ».*

C'est la mise en avant quasi systématique, dans l'enseignement, des «comment» (faire une opération, résoudre une équation, construire une figure, etc.) plus que des « pourquoi » qui met l'élève face à des obligations « procédurales » – à appliquer/reproduire [168] – et non pas face à une intelligence à mobiliser.

À cet égard, les évaluations faites au cours des différents cycles et niveaux d'enseignement montrent à l'évidence combien l'acquisition des techniques opératoires numériques s'accompagne trop souvent d'une insuffisance notoire des élèves à comprendre aussi bien les raisons qui justifient les étapes à suivre de ces techniques que, pire encore, la pertinence de leur usage dans le contexte de tel ou tel problème à résoudre.

C'est là où il y a lieu d'interroger quelle nature de savoir est transposée, pour que les élèves en arrivent là ! Car l'important est moins de se

166. Évariste Gallois (1811-1832), éminent mathématicien (et révolutionnaire; mort très jeune au cours d'un duel) fut précurseur d'une transformation profonde des mathématiques (il fallut plus de 50 ans pour prendre acte de son apport).
167. Kline Morris (ouvrage sur *l'histoire de la pensée mathématique,* publié à Oxford, 1972) cité par J.-P. Colette : *Histoire des mathématiques*, Éd. du renouveau pédagogique, Québec, 1979.
168. Obligation d'autant plus « justifiée » à ces yeux que c'est sur cette application/reproduction qu'il sera noté/évalué.

demander ce qu'il y a à retenir d'une notion que la recherche des clés pour comprendre cette notion.

Ce qui pose la question, derrière l'énoncé de telle ou telle notion d'un programme ou d'un référentiel, de la dimension de « concept » qui en constitue la raison d'être, et en relation avec celle-ci, la question du pari à oser accorder des capacités (anticipées ou non par l'enseignant) des élèves à pouvoir y accéder.

• ***Concept, sens et fonctionnalité***

Poser la question des savoirs comme concepts – ou bien comme problématique conceptuelle [169] – c'est entrer délibérément dans la relation complexe et fondamentale inhérente à tout savoir, entre sens et fonctionnalité, entre signification et « opérationalité ».
Relation entre sens et fonctionnalité qui, pour tout savoir, fut en travail dans sa genèse. Relation que devrait prendre en compte une transposition qui se donne une finalité telle que, construisant tel ou tel savoir en sa teneur conceptuelle, l'élève se construise, se faisant, une capacité réelle à penser, à inventer, à conceptualiser.

Ce qui revient à reconnaître tant le haut niveau à donner au savoir à enseigner que le haut niveau du potentiel d'intelligence insoupçonnée – dans une mise en acte rendue possible – que porte en soi tout humain.

> Gérard Vergnaud considère qu'un concept est un triplet de trois ensembles :
> $C = (S, I, \mathcal{S})$
> • S : ensemble des situations qui donnent du sens au concept (*la référence*)
> • **I** : ensemble des invariants (propriétés notamment), sur lesquels repose l'« opérationalité » de schèmes (*le signifié*)
> • $\mathcal{S}$: ensemble des formes (langagières ou autres) qui permettent de représenter symboliquement le concept, ses propriétés, les situations et les procédures de traitement (*le signifiant*)
> *cf.* : extrait de *Didactique des mathématiques* (Delachaux et Niestlé, 1996).

Si la rationalité est indispensable pour donner valeur de vérité incontestable à un savoir dans sa constitution, si elle est aussi indispensable pour assurer la valeur instrumentale d'efficacité d'une procédure, par contre l'histoire et l'épistémologie des mathématiques montre combien la plupart des apports réellement nouveaux, conceptuellement, se sont démarqués à

169. Le terme de problématique conceptuelle permet d'éviter le risque d'une conception segmentée des concepts entre eux, sachant que chacun dépend d'une complexité réflexive. (chapitre « *théorisation de la notion de démarche* » *in* Bassis H., *Des maîtres pour une autre école : former ou transformer ?, op. cit.*

chaque fois des conceptions courantes des champs culturels et sociaux de leur époque (les nombres décimaux, les irrationnels, les imaginaires et les uns par rapport aux autres, le calcul infinitésimal, les géométries non-euclidiennes, les notions de groupes, d'anneaux, etc.).

Ruptures dans les modes de pensée qui ont modifié y compris les formes de rationalité en cours. Ainsi en a-t-il été par exemple pour la notion de limite d'une suite infinie, dans l'usage du zéro et de l'infini [170], proscrits si longtemps du champ de la pensée.

• ***Une transposition pour restituer leur sens aux savoirs***

La réalité historique de la notion de rupture épistémologique qui a eu lieu dans l'élaboration des savoirs savants doit pouvoir prendre sa place dans l'enseignement, et dans la conception d'une transposition qui, loin d'en escamoter l'existence, considérée comme secondaire, voire comme anecdotique, en travaille au contraire les modes pédagogiques possibles de son insertion, comme clés de compréhension, comme raison d'être des concepts à construire.

C'est l'objet des situations proposées dans cet ouvrage que de tenter d'aller précisément dans ce sens. D'autant plus que, de toute façon, et qu'on le veuille ou non, les élèves sont amenés à devoir affronter et intégrer des ruptures qui leur sont propres, par rapport à leurs représentations mentales du moment [171].

Ainsi en est-il par exemple des évidences installées chez les élèves du primaire alors qu'ils sont amenés à modifier, voire renverser leur façon de penser, par exemple devant admettre (ou découvrir suivant les situations qu'on leur offre) qu'il est possible de soustraire d'un nombre un autre qui lui est supérieur (dans Z, comme nouvel ensemble de nombres), de diminuer un nombre quand on le multiplie par un autre (par exemple : par 0,5 ; dans Q comme autre ensemble de nombres), de ne pas changer la valeur d'un rapport quand on augmente les deux termes du rapport (en les multipliant par un même nombre), etc.

Autant de constats qui font rupture par rapport aux acquis antérieurs et qui, suivant l'activité de conceptualisation initiée auprès des élèves peuvent

170. On peut trouver, à propos du zéro et de l'infini, de précieux apports historiques dans Seife Charles, *Zéro, la biographie d'une idée dangereuse*, J.-C. Lattès, trad. fr., 2002.
171. Ruptures qui sont spécifiques au sujet-apprenant et qu'on peut qualifier de « *ruptures épistémiques* » (concernant la connaissance en acte pour le sujet-apprenant) pour les distinguer de celles (« *ruptures épistémologiques* » qui concernent la genèse historique des savoirs.)

constituer, en fait, autant d'étapes enrichissantes qui prennent sens dans ce qu'ils vivent au cœur même de ce que « savoir » devient chaque jour, pour eux, comme aventure humaine dans le présent de leur histoire.

• ***Quand rationalité et sens peuvent se tourner le dos***

Rationalité et sens constituent, ensemble quoique différemment, la teneur d'un concept. Car la rationalité sans le sens devient exercice formel, relevant d'une compétence seulement instrumentale, de la raison, faite de la maîtrise de procédures régulées à l'avance[172]. Et le sens, dépourvu des moyens de la raison, devient connaissance sans fondement de légitimation, au risque du flou, de l'improbable, fermant la voie à des recherches plus fouillées et plus fiables.

> Pierre Thuillier[173] écrit :
>
> «... *les mythes de la certitude parfaite et de la transparence absolue empêchent de comprendre comment les mathématiques se sont effectivement constituées et donc de saisir la signification des structures obtenues* »
>
> Imre Lakatos[174] écrit :
>
> « *Si vous voulez des mathématiques pleines de sens, vous devez renoncer à la certitude. Si vous voulez la certitude, laissez tomber la signification.* »

Évidemment, la tâche n'est pas facile de concilier rationalité et sens dans une transmission qui veut être à hauteur d'une cohérence à trouver entre eux. Mais l'histoire des savoirs montre combien c'est une telle cohérence, lorsqu'elle est recherchée, qui confère aux savoirs leur valeur culturelle.

Alors, pourquoi pas dans une transmission qui refuse l'obscurantisme, l'obscurantisme d'une évidence obligée qui va avec l'ennui, aussi, qui s'installe (ou mystifie), surtout en mathématique, devant toute certitude affichée ?

Alors, pourquoi ne pas restituer aux savoirs transposés leur dimension culturelle d'où la signification prend toute sa place sous le regard vigilant de la raison ? Pourquoi pas, dans cette transmission, mettre en écho ce qui des savoirs, fut conquête humaine du passé avec cette autre conquête qui se joue, dans l'ici et maintenant de l'acte d'apprendre, par l'apprenant lui-même ? Conquête qui le fait se reconnaître comme sujet existant dans sa pensée, dans son imaginaire.

172. Ce qui arrive quand le savoir-faire des techniques opératoires est coupée de la pertinence de leur usage.
173. Thuillier P., *Les savoirs ventriloques*, Le Seuil, 1983.
174. Lakatos I., *Preuves et réfutations*, Hermann, trad. 1984.

Marchands de grec ! marchands de latin ! cuistres ! dogues !
Philistins ! magisters ! Je vous hais, pédagogues !
Car vos textes, vos lois, vos règles sont fossiles !
…
Mon sang bout
…
Car, outre les pensums où l'esprit se dissout,
J'étais alors en proie à la mathématique.
On me livrait tout vif aux chiffres, noirs bourreaux;
On me faisait de force ingurgiter l'algèbre
Hélas, on me fourrait sous les os maxillaires
Le théorème orné de tous ses corollaires;
Et je me débattais, lugubre patient
Du diviseur prêtant main-forte au quotient.
De là mes cris.
Un jour, quand l'homme sera sage,
Lorsqu'on n'instruira plus les oiseaux par la cage
Quand les sociétés difformes sentiront
Dans l'enfant mieux compris se redresser leur front,
Et que le plein midi rayonnera pour tous,
Savoir étant sublime, apprendre sera doux.
Alors, tout en laissant au sommet des études
Les grands livres latins et grecs, ces solitudes
Où l'éclair gronde, où luit la mer, où l'astre rit,
Et qu'emplissent les vents immenses de l'esprit,
C'est en le pénétrant d'explication tendre,
En les faisant aimer, on les fera comprendre

Victor Hugo
(extraits des *Contemplations* : « À propos d'Horace »)

Toutefois, les choses ne vont jamais de soi et dans l'histoire même des savoirs, rationalité et sens ont pu se tourner le dos au point d'ériger un barrage, une sorte d'interdit, à des explorations possibles de la connaissance.

Ainsi en a-t-il été pour les grecs, par rapport à la mesure de la diagonale d'un carré, dont ils ne purent admettre qu'elle s'exprime par un nombre autre qu'un rapport d'entiers alors que la rationalité exigeante dont ils firent preuve aurait dû les amener à s'en convaincre.

La démonstration, que l'on trouve dans un écrit d'Aristote, est une démonstration par l'absurde :

Prenons un carré de côté 1. Le théorème de Pythagore permet de trouver que la diagonale vaut $\sqrt{2}$. Or les Grecs n'admettaient comme nombres que des entiers ou des rapports d'entiers.

Supposons, p et q étant deux entiers (tels que $\frac{p}{q}$ soit irréductible) que $\sqrt{2} = \frac{p}{q}$ soit : $2 = \frac{p^2}{q^2}$ soit encore : $p^2 = 2\,q^2$ donc p^2 est pair.

Alors ***p* est pair** et peut s'écrire : $p = 2m$ d'où $p^2 = 4\,m^2$

En remplaçant cela fait : $2\,q^2 = 4\,m^2$ et $q^2 = 2\,m^2$ donc ***q* est pair.**

En définitive, p et q sont pairs tous deux et donc $\frac{p}{q}$ n'est pas irréductible, ce qui est en contradiction avec l'hypothèse de départ.

Alors les mathématiciens grecs en concluent que $\sqrt{2}$ n'a pas valeur de nombre[175].

Pire, toutes personnes prétendant le contraire, c'est-à-dire « *ayant divulgué le secret et touché à cette image de la vie, ont instantanément péri et doivent rester éternellement ballottés par les vagues* » comme l'écrit Proclus, quelques siècles après, précisant « *qu'ils ont péri dans un naufrage jusqu'au dernier, car l'inexprimable, l'informe, doit être absolument tenu secret* ».

Ce refus pour les Grecs d'admettre comme nombre une notion qui s'écartait de leurs conceptions, alors que cela aurait dû être conforme à une rationalité que par ailleurs ils prônaient, ce refus marqua pour eux un « *surprenant arrêt de leur mathématique presque aussitôt après sa plus brillante floraison* » commente Bourbaki[176].

C'est là un exemple majeur où la rationalité, à elle seule, n'entraîne pas la conviction. Elle-même est évacuée (et par ceux-là mêmes qui en assurèrent les fondements) parce que les conséquences qui en découlent ouvrent sur une signification qui ne correspond pas aux représentations imaginaires, philosophiques, culturelles, sociales en vigueur.
Cas révélateur d'une rationalité mise en défaut quand elle se donne pour unique référence.

Ainsi des questions fort légitimes peuvent-elles (devraient-elles) se poser pour l'enseignant.

À propos de la numération : pourquoi grouper, et grouper par dix ?
Pourquoi écrire un nombre de gauche à droite quand on déchiffre de droite à gauche ? etc.

Et pour les décimaux : pourquoi quand un nombre a beaucoup de chiffres (4,573) peut il être plus petit qu'un nombre qui a peu de chiffres (7,8) ?

175. Il fallut attendre jusqu'à la fin du XIXᵉ siècle pour que $\sqrt{2}$, nombre irrationnel, quoique utilisé dans la pratique avec des approximations, fut intégré théoriquement dans l'ensemble R des nombres réels.)
176. Bourbaki Nicolas, *Éléments d'histoire des mathématiques*, Masson, 1984.

Et pour les périmètres et surfaces : pourquoi avec un même périmètre on peut avoir des figures ayant des surfaces différentes ?

Et pour les polygones : pourquoi un carré est aussi un rectangle, et aussi un losange, un parallélogramme ?

Mais c'est là que l'on touche à la nécessité d'aller jusqu'à la raison d'être de ces savoirs, aux relations qu'il y a entre eux et donc à leur teneur conceptuelle qui, en amont des usages qu'on peut en faire, ouvre sur les significations, dès leur introduction, qui sont ou non construites (si ce n'est déformées) par le mode de transmission proposé.
Autant de questions que devrait se poser tout enseignant qui a pour projet de restituer aux savoirs leur dimension émancipatrice, c'est-à-dire de mise en cause d'évidences premières. Et donc autant de questions qui renvoient, en fait, aux origines historiques pour aller quérir les sauts qualitatifs de pensée et d'audace donnant les clés pour comprendre l'émergence de tel ou tel savoir.

Le choix fait ici, pour chaque notion abordée, a été d'aller chercher autant que possible dans les origines historiques, épistémologiques, les raisons mêmes de leur genèse conceptuelle. Et quand des données historiques ont pu faire défaut, ce sont des questions élémentaires de signification qui ont éclairé les choix proposés. Des questions toujours de l'ordre du « pourquoi » avant même ou accompagnant des questions de l'ordre du «comment ».
Et même à propos du comment : pourquoi cela marche-t-il bien ainsi ?

En fait, une telle quête, c'est toujours (ou chaque fois que possible) pour revendiquer l'accès à l'intelligence incorporée dans les savoirs et les procédures prescrites des programmes. Avec précisément comme visée : former à l'exercice de l'intelligence – une intelligence critique, créatrice, en même temps que responsable d'elle-même – qui est le meilleur garant d'une transmission réussie, surtout quand elle revendique des fins d'éducation.

• ***Des progressions à inverser : du complexe au simplifié***

Se poser de telles questions a des conséquences qu'il faut oser aborder, et qui viennent bousculer outre la conception de tel ou tel contenu, mais leur progression elle-même dans l'ordonnancement des leçons.
Ainsi en numération, on constate que 10 est bien plus difficile à comprendre juste après 9 qu'après 132, quand le problème du zéro n'a pas encore trouvé sa raison d'être et que le groupement (par dix) apparaît comme une convention formelle (et imposée) alors que, dans un premier temps, seul est nécessaire le fait de grouper.

De même est-il plus profitable d'aborder directement les mesures par les encadrements, et la division d'abord avec un reste (comme cela arrive généralement dans la vie concrète), quand la mesure exacte est bien plus problématique (dans le concret du mesurage comme dans le conceptuel) et que la division « sans reste » en fait n'existe pas puisque toute division a un reste (quand bien même ce reste vaut « 0 »).

Or le plus souvent, dans les programmes scolaires, on présente d'abord les cas exceptionnels (sous prétexte de partir du simple) qui sont pris par les élèves comme cas généraux, d'où leur difficulté ensuite d'être amenés à considérer comme « compliqué » ce qui devrait – parce que plus vraisemblable par rapport aux situations courantes de la vie – être abordé comme tel dès le départ.
D'où le cloisonnement entre l'école et la vie, entre les savoirs à l'école et la « vérité vraie », comme disent les enfants, alors que par ailleurs on sait combien ils se passionnent pour la science fiction, pour les histoires complexes à démêler, depuis la mythologie jusqu'aux rebonds permanents des bandes dessinées, des films policiers, etc. [177]

C'est par rapport à de tels constats que la recherche du « simple » pour aider les élèves, surtout auprès des plus en difficulté, est une voie d'impasse tant sur le plan des contenus car « *il n'y a pas d'idée simple* » [178] que sur le plan d'un rapport minoré, faussé, à l'humain qui est dans l'élève, bien plus capable qu'on ne le croit d'entendre une parole vraie, c'est-à-dire non scalpée de ses difficultés, surtout à l'égard d'enfants qui ne vivent que trop contradictions et complexités [179].
C'est bien pourquoi il n'y a aucune crainte à avoir que d'aller jusqu'à « *avoir recours aux paradoxes si utiles à susciter, même dans l'enseignement élémentaire* » [180].

> « *Ce qui m'a le plus frappé c'est que, pour aider les enfants le plus en échec, c'est en leur proposant du difficile qu'on peut le faire.* »
>
> Une institutrice de ZEP, au cours d'un projet sur des pratiques pour faire échec à l'échec.

177. *Cf.* les apports de Serge Boimare à propos des enfants qui refusent d'apprendre à lire, sauf quand il s'agit de textes aussi complexes et durs que sont les contes de Grimm (*L'Enfant et la peur d'apprendre*, Dunod, 1999).
178. Bachelard Gaston, *Le nouvel esprit scientifique*, PUF, 1966, p. 148). Il ajoute « Une idée simple… doit être insérée, pour être comprise, dans un système complexe de pensées et d'expérience. »
179. Ce point de vue est toujours présent dans les propos de Françoise Dolto, face aux enfants y compris les plus jeunes. Investir ses propos dans le domaine des savoirs est certainement une tâche à saisir.
180. Bachelard G., *op. cit.*, p. 147.

De même, est-il bien plus cohérent pour leurs significations d'aller des polygones quelconques aux carrés plutôt que l'inverse. La propension à vouloir partir du prétendu simple vers le complexe est démentie par l'illusion qui consiste à croire que le « familier » (en l'occurrence les carrés que l'on trouve sur tous dallages ou objets quotidiens) est forcément le plus simple à comprendre, alors que ce familier – parce que familier justement – empêche une mise à distance nécessaire pour en dénicher la richesse conceptuelle et du coup, la maîtrise de son usage.

Bachelard souligne combien le « *simple est toujours le simplifié* »[181], c'est-à-dire en fait « *qu'il apparaît comme le produit d'un processus de simplification* ».

Ce qui va à l'encontre d'une opinion si partagée dans les mentalités et si institutionnalisée dans les programmes les plus officiels qu'elle fait partie des « allants de soi » incontestés alors qu'il y a un véritable renversement à opérer dont on peut voir, dans les démarches de mathématiques ici proposées – et surtout dans leur pratique depuis des années mises à l'épreuve dans de nombreuses classes – que ce n'est pas là une utopie absurde mais une utopie réalisable, une utopie concrète.

• *Des notions à aborder dans un champ conceptuel*

Il est bien moins compliqué qu'il n'y paraît d'aborder les concepts clés d'entrée de jeu avec les élèves. Mais tout dépend des situations choisies, bien sûr, assorties du pari positif sur les potentialités des élèves.
Or toute signification ne peut se dégager sans significations connexes dont elle se différencie et grâce auxquelles elle prend sens.

C'est pourquoi devrait être mise en question l'opinion là aussi courante, traduite dans les programmes et manuels, et donc dans les pratiques de transmission, qu'il faut cloisonner les notions – « ne pas tout mélanger ! » – ce qui va avec une segmentation, une addition de savoirs juxtaposés, cumulés, relevant d'une forme de taylorisation des savoirs bien plutôt que d'une vérité de ces savoirs.

Là encore Bachelard nous met en garde : «*présenter un concept dans son isolement n'est pas penser*»[182] car, précise-t-il plus loin « *penser ne commence que... dans la jonction de concepts* ».

181. Bachelard G., *op. cit.*, p. 139.
182. Bachelard G., *Essai sur la connaissance approchée*, Vrin, 1981, p. 24.

Et en didactique des mathématiques, c'est Gérard Vergnaud qui nous conduit fort justement jusqu'à la notion de « *champ conceptuel* » [183] ouvrant sur la possibilité, pour les élèves, d'aborder ensemble différents concepts qui entrent en cohérence dans des situations élaborées comme telles tout en étant parfaitement accessibles dans leur compréhension.

Ainsi en est-il ici pour les décimaux et les fractions décimales avec la notion d'encadrement, pour la notion de rapport et celle de proportionnalité et pour celle des polygones dont les concepts s'emboîtent et se structurent les uns par rapport aux autres (polygones, trapèzes, parallélogrammes, rectangles, losanges, carrés) [184].

Ce qui renvoie, au sujet de ces contenus, à la question précédente de progressions à renverser dans les suites entre elles des leçons à prévoir. Et donc aussi dans les programmes.

183. Gérard Vergnaud en souligne la pertinence. *Cf.* « *La théorie des champs conceptuels* », *in* Brun J. *et al.*, *Didactique des mathématiques*, Delachaux et Niestlé, 1996.
184. Toutes ces notions de géométrie seront abordées dans le tome 2.

II– Faire que les élèves deviennent concepteurs de leurs savoirs

• ***Mobiliser pour motiver***

Il s'agit avant tout de prendre en compte le potentiel d'intelligence immense que porte tout enfant, tout jeune, avec ce principe pédagogique reçu de Rabelais que :
« ***l'enfant n'est pas un vase à remplir mais un feu à allumer*** ».
À cela s'ajoute cette mise en garde, posée par Helvétius depuis le siècle des lumières :

> « *L'homme naît ignorant, mais il ne naît point sot, et ce n'est pas sans peine qu'il le devient. Pour être tel et parvenir à éteindre en soi jusqu'aux lumières naturelles, il faut de l'art et de la méthode : il faut que l'instruction ait entassé en nous erreur sur erreur.* » (Helvétius, *De l'homme*)
>
> À quoi Helvétius ajoute, pour situer la responsabilité de l'éducation : « *Aussi tout l'art de l'éducation consiste à placer les jeunes gens dans un concours de circonstances propres à développer en eux le germe de l'esprit et de la vertu.*
>
> *L'amour du paradoxe ne m'a point conduit à cette conclusion, mais le seul désir du bonheur des hommes. J'ai senti combien la persuasion où l'on est que le génie et la vertu sont de purs dons de la nature, s'opposait aux progrès de la science et de l'éducation, et favorisait à cet égard la paresse et la négligence.* »

Paroles qui peuvent s'entendre au positif quand elles s'accompagnent de pratiques rendues possibles dans le quotidien de la classe et au plus près des contenus à enseigner.

C'est l'objectif de cet ouvrage que d'avoir proposé de telles pratiques, avec leurs apports singuliers, pour donner corps dans les apprentissages mathématiques au pari fondamental sur les potentialités insoupçonnées de chaque apprenant, enfant ou adulte, à se construire des capacités à apprendre.
Une ambiguïté pourtant est à lever, entre motivation et mobilisation. Ne pas être motivé ? Mais il est tout à fait « naturel » de ne pas l'être spontanément, motivé, pour tel savoir, telle question.

Peut-on avoir systématiquement et spontanément envie de goûter à un plat si l'on n'en a jamais mangé, ni entendu parler par quiconque, ou pire encore si on en a entendu du mal ?
En revanche, il devient « culturel » de se découvrir interpellé, saisi dans ses représentations et conceptions, par des situations insolites, inattendues, qui viennent mobiliser des potentialités insoupçonnées en chacun, mettre en appétit, faire surgir une curiosité nouvelle pour laquelle se met à germer, à cet endroit, bien qu'inconnu jusqu'alors, un désir nouveau de savoir.

Il s'agit alors pour les élèves, parce qu'en situation d'avoir à surmonter l'imprévisible, de se sentir en eux-mêmes mis au défi d'y faire face, de vivre des processus où, impliqués comme sujets, ils vont être amenés à mettre en question et en travail leurs propres représentations et acquis antérieurs. Défi où il vont avoir à affronter obstacles et contradictions, voire conflits quand ils confronteront avec d'autres. Et donc défi pour grandir. Enjeu de taille quand il s'agit en définitive que prenne saveur ce savoir.

Mais si une telle mobilisation peut se faire, c'est parce que la situation, propose non pas une question – de type QRCA comme on l'a vu dans le chapitre précédent – mais parce qu'elle ouvre sur un objectif à atteindre dont les moyens d'y arriver sont réellement à chercher.
Avec, pour corser le tout, très vite un obstacle qui apparaît comme impossible à franchir, alors que l'objectif est clairement perçu (dénombrer, classer, comparer, reproduire en agrandissant,...) : d'où la nécessité immédiate d'aller quérir dans son potentiel d'acquis.

Pourtant, ce potentiel d'acquis ne pouvant suffire, survient la nécessité de chercher ailleurs : de concevoir, d'imaginer, d'essayer, d'inventer d'autres façons de comprendre la situation, d'en saisir l'objectif, d'en tenter d'autres façons de s'y prendre pour déjouer l'obstacle et pour cela, se donner une autre liberté de penser pour être à hauteur du défi que pose, imprévu, cette situation au premier abord bien accessible.

• ***Les paradoxes de la démarche d'« auto-socio-construction » du savoir***

Bien que toutes les démarches présentées dans cet ouvrage soient utilisables à des niveaux différents de la scolarité – y compris en formation – et bien qu'elles soient vécues avec des comportements différents, elles n'en sont pas moins tendues avec un même fil conducteur à la fois du côté des contenus conceptuels à construire, du côté de la conduite d'animation que de celui des modes de cheminements, de même et surtout que sur le plan des étapes incontournables à franchir jusqu'à la conceptualisation.

Toutefois il est temps, au terme de ces investigations, de dégager quelques critères-clés qui tressent ce fil conducteur, afin de rendre compte de cette notion et pratique de démarche d'auto-socio-construction du savoir qui en a constitué la trame.

Bien sûr l'écriture qui a été faite des démarches précédentes a tenu à apporter des éléments réflexifs à l'enseignant pour qu'il puisse être accompagné, en quelque sorte, tout au long des parcours balisés. Pourtant le souhait manifeste d'une telle écriture est que le lecteur ait pu se construire à sa façon, pour lui-même, ses propres repères à la fois cognitifs et pratiques pour animer et accompagner à son tour les élèves dans leurs parcours.

On pourrait penser que le « tour est joué » : du moment que des pratiques innovantes ont été tentées et surtout si elles sont réussies, alors point n'est besoin de s'embarrasser de quelque théorie qui paraîtrait à cet égard bien formelle et plate. Mais comme nous l'a appris Piaget, il ne suffit pas de réussir pour comprendre.
Car si réussir est « comprendre en acte », par contre comprendre est «réussir en pensée». Il y a une étape incontournable pour passer de l'un à l'autre qui est la « prise de conscience », c'est- à-dire un temps de mise en recul, de formulation qui, au travers des vécus concrets, permet de dégager des invariants caractéristiques et de chercher à les formuler comme tels.

Il en est du savoir en pédagogie comme de tout savoir. Et c'est peut-être plus difficile à admettre en pédagogie que dans tout autre savoir, tant il va de soi pour beaucoup – c'est de l'ordre des *habitus* ! – que de penser la pédagogie comme un « art » qui n'a point besoin, ou si peu, de connaissance spécifique… si ce n'est en terme de contenus disciplinaires ou, pour ce qui la concerne, de pratique de terrain.

Mais c'est justement parce que la pédagogie fait jonction entre savoirs disciplinaires et « terrain », ou plutôt entre savoirs et sujets, entre théorie et pratique que c'est cette relation même qui est à travailler comme savoir spécifique. Victor Hugo proclamait justement à propos de l'art, qu'il y fallait 1% d'inspiration et 99% de transpiration.

Et pourquoi n'en serait-il point ainsi dans ce champ si fondamental pour la construction de tout sujet, qui est aussi champ fondamental pour la construction de l'avenir de la société ?

> Pourquoi ne pas appliquer à la pédagogie ce qu'Ernest Renan affirmait : « *en science, tout est fécond, sauf le bon sens* » et ce qu'E.Klein soutenait, pour souligner la conquête des savoirs comme : «*victoires, non pas du bon sens, mais sur celui-ci.*»[185]

C'est pourquoi c'est en terme de paradoxes qu'ont été choisies les façons de caractériser les principes sur lesquels repose une telle notion de démarche de construction du savoir par ce que c'est en terme de paradoxes que se pose toute vraie question d'éducation et de formation :

185. Klein E., *Conversations avec le sphinx, les paradoxes en physique*, Albin Michel, 1991.

Le 1er paradoxe, celui de l'enseignant-formateur

C'est un paradoxe inaugural de tout acte d'éducation et de formation : celui qui fait que tout acte d'éducation (ou de formation) a atteint sa finalité. Avoir crée les conditions d'une autonomie de l'éduqué, ou du formé. Mais créer ces conditions, là est la difficulté.

• ***Paradoxe de l'enseignant/formateur*** :

dont la plus grande utilité consiste à se rendre inutile

• ***Paradoxe des situations-problèmes :***

dont ce qui fait problème et paraît pour un temps impossible met en effervescence de multiples possibles

• ***Paradoxe des processus enclenchés***

dont les contraintes, contradictions et même conflits qui sont à surmonter suscitent et développent les conditions d'un esprit autonome et solidaire, critique et créatif.

Et cela suppose ni le laisser-faire ni une autorité si rigide que lorsqu'elle n'y est plus, tout s'effondre !

Cela suppose des conditions, qu'on pourrait appeler corollaires[186], pour rester volontiers dans le champ de la mathématique.

• ***Corollaire 1 : un pari***

Il s'agit du pari, comme on l'a vu, sur les potentialités de chacun et de tous à apprendre. Ce qui n'est rien d'autre que le pari sur l'éducabilité cognitive (dans le langage universitaire) qui, dit autrement, devient le « ***tous capables*** *» de l'Éducation Nouvelle* [187].

• ***Corollaire 2 : un travail***

L'enseignant doit fournir un grand travail pour qu'il en soit ainsi : que ce soit avant, pendant et après toute démarche.

Avant *: dans la recherche par lui des concepts clés qui sont à construire derrière tel titre de leçon, tel libellé du programme, c'est-à-dire en fait, en vue de situations-problèmes à prévoir, la recherche des problématiques centrales qui, si elles ne sont pas abordées et construites enlèvent aux savoirs leur raison d'exister, pour en faire des formules ou procédures vides de sens.*

Pendant *: pour qu'il incite sans précéder, pour qu'il « autorise » sans être lui-même l'auteur. Faire autorité, n'est-ce pas permettre à l'autre de devenir auteur de lui-même ? Pour qu'il soit en recherche permanente SUR la recherche des élèves, à l'affût des questionnements nouveaux qui surgissent (sans les souligner pour ne pas freiner ceux des autres), encourageant sans faire à la place, s'interdisant surtout de poser des questions dont il a déjà lui*

186. Peut-être corollaires qui n'auraient pas déplut à Victor Hugo ? !...
187. Expression qui est celle du GFEN (Groupe Français d'Éducation Nouvelle).

la réponse (des QRCA !) mais poussant à se poser des questions. C'est l'enseignant qui gère avec souplesse les temps prévus de recherche individuelle, les moment d'échanges et productions en petit groupe et les moments de confrontation générale où c'est lui qui « orchestre » le va-et-vient entre argumentations, renvoi à tous des questions qui SE posent.

C'est l'enseignant, dans ces moments de confrontation générale, qui pousse aux formulations, explicitations afin qu'il y ait un authentique travail de conscientisation à partir des recherches et résultats déjà là, et que le registre de la recherche passe sur le plan d'un travail dans le symbolique. C'est encore l'enseignant, quand des pans d'élucidation ont été menés qui n'attend pas que « tout soit réglé » – afin de ne pas étouffer le bouillonnement – pour renvoyer à une recherche individuelle ou de groupe. En définitive, l'enseignant cherche à être ni dans l'imposition, ni dans l'effacement, mais dans une écoute permissive, encourageante, dans une attitude de « veille » active à ce qui s'essaie, se fait, se dit et avec une pratique de reflet-miroir qui permette que la parole des élèves devienne « matériau » de réflexion pour tous, tout en étant prise en compte par rapport à son propre cadre de référence.

Après *: c'est l'analyse réflexive de l'enseignant sur les productions issues de telle démarche, ce qu'elles lui apprennent de nouveau sur les processus des élèves et qui le conduisent soit à revenir sur telle ou telle question, soit à faire rebondir sur une recherche nouvelle que peut-être, d'ailleurs, lui-même n'avait pas prévue.*

Ainsi y a-t-il parfois des surprises tout à fait étonnantes qui font prendre conscience à l'enseignant soit d'un aspect du savoir qu'il n'avait pas vu avant, soit de traits d'intelligence des élèves qui poussent plus avant encore sa réflexion sur la conduite des processus en classe, soit sur des « logiques » d'élèves qui l'oblige à chercher non point pour y répondre mais pour trouver la situation qui va questionner l'élève autrement, le faisant changer de regard.

Le plus difficile pour l'enseignant est de ne pas se contenter d'un objectif atteint (action cherchée à partir de la situation) mais de pousser plus loin la recherche, sur les matériaux mêmes (productions, questionnements, formulations) apportés par les élèves, en tenant le « cap », pour qu'ils parviennent jusqu'à l'étape de conceptualisation.

D'où un travail réflexif, de sa part, à partir et au-delà des productions immédiates des élèves.

Mais c'est aussi la prévision des réinvestissements et de leurs formes auxquelles doit s'attacher l'enseignant.

Le 2e paradoxe, celui des situations-problèmes

Dégager une problématique conceptuelle ne suffit pas si ne sont pas conçues des situations-problèmes qui en répondent, quant à leur capacité à susciter une recherche qui pourra y conduire.

Mais pour cela, encore, deux corollaires.

• ***Corollaire 1 : être accessible à tous***

Sur la base du pari de la réussite des élèves il s'agit que la situation-problème présente des données et un objectif à atteindre qui soit clairement compréhensible par tous, c'est-à-dire sans avoir besoin d'un magistral lourd explicatif préalable qui éliminerait d'emblée un certain nombre d'élèves et de toute façon nuirait à tous pour le départ dans la recherche.

Cette situation doit être vraisemblable même si elle est fictive ou se présente comme une situation de « simulation ». Les élèves ne s'y trompent pas, d'ailleurs et savent reconnaître si l'objectif recherché est clair pour eux.

• ***Corollaire 2 : être à même de générer des processus de recherche***

C'est là la difficulté principale car il s'agit de traduire la problématique conceptuelle visée dans une situation qui va poser un questionnement fort, qui va même bousculer, étonner et peut-être dans un premier temps paraître impossible à gérer.

Ainsi en a-t-il été au PAYS DE QUATRE quand il y avait tellement plus de nombres que quatre à compter; mais aussi dans la comparaison de segments, alors qu'on n'en avait qu'un et qu'il paraissait impossible de trouver sa mesure.

Chaque fois, la situation-problème n'a de sens que si précisément elle pose problème ! en relation avec la problématique conceptuelle à atteindre. Mais cette situation, si elle pose problème, c'est par rapport à un objectif à atteindre – quelque chose « à faire » et non point une question... – pour lequel, ce qui paraît impossible justement à trouver au premier abord, renvoie à la nécessité d'aller chercher ailleurs que dans ses acquis immédiats, ailleurs que dans des procédures connues.

D'où ce moment décisif, où, dans l'embarras, la « mise en déséquilibre » dirait Piaget, l'élève doit « inventer » – pas moins – c'est-à-dire essayer une médiation nouvelle, un détour imaginé, une relation neuve à créer,... pour « s'en sortir » c'est-à-dire au sens propre sortir du cadre de sa pensée actuelle pour tenter un autre regard, une autre façon de procéder, un autre angle de vue. Moment où germent et se mettent en effervescence de multiples possibles.

Mais faut-il encore que l'objectif à atteindre, présenté dans la situation (dénombrer, comparer, réduire une figure sans la déformer...) soit à même de générer une autre réflexion, une fois qu'il est atteint, pour aller plus loin encore et que les productions obtenues conduisent jusqu'à une nouvelle problématique venant, pour l'élève, faire se construire un savoir nouveau, réinvestissable ailleurs et dans d'autres conditions.

Le 3e paradoxe, celui des processus enclenchés

On est là au cœur de la démarche, ce qui fait sa raison d'être : mettre les élèves en questionnement par rapport à la situation, par rapport à eux-mêmes face à leurs acquis antérieurs, par rapport aux autres, face aux différences qui tout de suite s'affichent.

Là encore des corollaires pour donner consistance.

• ***Corollaire 1 : dialectique acte-pensée***

Si la situation de départ appelle des « faire », c'est-à-dire des conduites initiées par les élèves, c'est parce qu'ils sont très vite mis à l'essai par eux, portant déjà la marque de schèmes qui, s'ils sont d'abord schèmes d'actions, ont en puissance le fait d'être vecteurs d'une implication cognitive dont ils n'ont pas encore conscience, dans le feu immédiat de l'action.

De toute façon, la marque positive et incontournable de l'action, c'est qu'elle renvoie à l'apprenant, par les résultats concrets, palpables qu'elle produit, la validité ou non des présupposés – cachés ou non – dont étaient porteuses ces mises en acte.

Car, c'est pour atteindre un objectif envisagé dès la situation donnée que des tentatives d'actions sont déployées, souvent fébrilement menées. Mais c'est aussi au cœur de ces actions que vont se heurter des contraintes de réalité, des obstacles inattendus qu'il va bien falloir franchir. Moments qui, mettant en arrêt un moment l'action, obligent à un recul. Recul bénéfique parce qu'il provoque la nécessité d'une analyse, d'une mise en relation entre action en cours et objectif visé.

Analyse qui, si elle est d'abord furtive, vécue presque comme un accroc imprévu, prendra ensuite la place qui lui revient dans les développements ultérieurs, au travers des chemins qui vont des conduites opératoires trouvées jusqu'aux conduites cognitives qui, elles, construisent plus directement les savoirs.

Car après les conduites opératoires pour lesquelles l'action est incontournable, viennent, sur les résultats produits par ces actions, le travail sur les représentations (dessinées, écrites, formulées) de ces productions agies. Prennent le relais ici de nouvelles actions, mais de la pensée sur elle-même, qui sont actions dans le symbolique à partir des représentations fournies [188]. *C'est un autre registre de cheminement qui s'amorce, décisif parce qu'il entre maintenant délibérément dans le cognitif.*

Il s'agit de se construire non plus seulement les moyens d'atteindre l'objectif visé mais, sur la base de ce qui a fonctionné effectivement, de s'interroger pour construire maintenant, au-delà de l'objectif, des outils de pensée désormais devenus indispensables pour « comprendre » et aller encore plus de l'avant dans l'action elle-même. Mais dans ce travail de la pensée de nouvelles

188. On l'a vu avec les messages échangés dans la numération, avec les encadrements tentés à propos des décimaux, avec des tableaux de nombres obtenus et observés après coup, dans la « proportionnalité ».

contraintes se font jour, propres aux exigences internes des « représentations ». Exigences de cohérence quant aux modes représentatifs [189]*, à l'écriture symbolique.*

> « L'intelligence, instrument de connaissance, sort de l'action et y retourne ».
>
> **(H. Wallon** [190] **)**

Ainsi y a-t-il dans les processus en cours une dialectique significative entre pensée et action qui, souvent, se contredisant pour un temps, se renforcent mutuellement.

- ***Corollaire 2 : dialectique moi-les autres***

Très vite, le va-et-vient entre la situation et chacun, dans la recherche d'une conduite ajustée, pertinente, va être relié à un autre va-et-vient entre chacun et les autres, eux-mêmes aux prises avec leurs propres actions.

C'est ce double va-et-vient entre « moi et l'objet » et entre « moi et les autres » qui va entraîner obligation de se décentrer par rapport à soi-même, mettant à l'épreuve ainsi sa propre pensée, pour entrer dans une phase d'objectivation qui prend d'autant plus de sens, pour le sujet – impliqué pourtant comme tel – au cœur de l'acte d'apprendre.

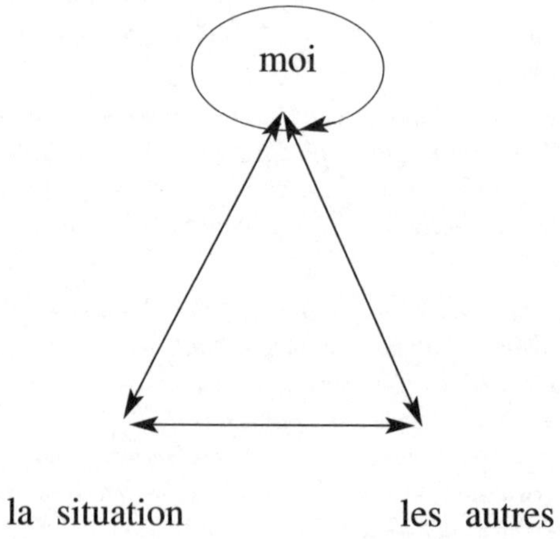

189. On l'a vu en numération, dans le travail de recherche sur la codification d'un nombre (sans les mots), ou dans l'écriture de la suite des nombres (faisant sauter en définitive l'écriture de 4); on l'a vu aussi dans la cohérence entre représentations numériques d'un encadrement et pliages successifs de l'unité.

190. *Cf.* l'ouvrage significatif et majeur d'Henri Wallon : *De l'acte à la pensée*, (1942), Flammarion, coll. « Champs », 1970.

En fait cette dialectique moi-les autres est celle qui justifie, pour cette démarche, sa terminologie de « démarche d'auto-socio-construction du savoir », pour souligner combien la médiation des représentations, de la pensée des autres, contribue à la construction des propres représentations et pensée de chacun, les uns et les autres étant confrontés au tiers que représente la situation à traiter, le savoir à se construire.

C'est Henri Wallon qui nous apprend combien le processus d'objectivation de la pensée se fait dans le double va-et-vient entre moi et la situation, entre moi et les autres.

Mais les choses ne vont pas d'elles-mêmes. Là encore de nouveaux obstacles vont surgir, et très vite : différences manifestes, contradictions, voire conflits. Il n'est pas question que ce soit la « loi du plus fort » qui l'emporte mais bien plutôt l'argumentation, le retour au faire, à l'objet qui résiste.

Obligation de clarifier sa pensée pour se faire comprendre (et se comprendre soi-même), nécessité d'oser des questions, de les affûter, nécessité aussi d'écouter pour de bon la parole de l'autre pour en arriver à devoir prendre en compte telle ou telle conduite, telle ou telle représentation qui s'avèrent plus fiables.

Ainsi se joue au sein des processus un duel positif avec/contre schèmes et représentations des uns et des autres, avec/contre soi-même en définitive, mettant en cause des acquis antérieurs inutiles ou même en digression par rapport au tour présent que prend la recherche. Le conflit lui-même, inévitable, va devenir moteur d'un affinement plus exigeant à la fois de sa propre recherche mais aussi de l'écoute de celle d'autrui.

> *« La connaissance est essentiellement un effort pour résoudre des contradictions »*
>
> *« Rien ne subsiste qui n'ait triomphé du conflit, en réalisant un nouvel équilibre, un nouvel état, une nouvelle forme d'existence ».*
>
> (H. Wallon [191])
>
> *« La connaissance cohérente est un produit de la raison polémique ».*
>
> (G. Bachelard [192])

Dans l'exercice d'une telle dialectique moi-les autres, il est clair que se construit bien plus qu'un savoir mathématique. Ou plutôt, dans la construction de ce savoir, se construit ce qu'est un apprentissage solidaire, dans le vif des interactions entre les uns et les autres, où l'expérience se vit d'une richesse plus grande de savoir – et de relation humaine – parce que grandie des différences de chacun.

191. Citations relevées dans Wallon H., *De l'acte à la pensée*, *op. cit.*

192. Bachelard G., *La Philosophie du non*, PUF, coll. « Quadrige », 8e éd., 1981, p.139.

• ***Corollaire 3 : dialectique liberté/contrainte***

Contraintes des données de la situation, contraintes des incohérences entre les schèmes à disposition de chacun et l'objectif à atteindre, contraintes des différences à assumer avec les autres, contraintes des contradictions flagrantes entre ses représentations et les productions obtenues, conflits avec les façons de penser des autres, avec soi-même aussi face à des résultats dérangeants, etc. La liste pourrait s'allonger. Mais il n'y a là rien de fatal car c'est de la vie qui circule entre soi, les choses et les autres.

> Une vie qui « *réclame un effort de désubjectivation. Joie suprême d'osciller de l'extroversion à l'introversion, dans un esprit libéré psychanalytiquement des deux esclaves du sujet et de l'objet ! Une découverte objective est immédiatement une rectification subjective. Si l'objet m'instruit, il me modifie.* »
> (G. Bachelard [193])

De ce point de vue, contrairement au bon sens commun en pédagogie, les différences et contradictions sont certainement des perles à cultiver ! Non pour aller vers un éclectisme facile et superficiel, mais au contraire pour affiner et affirmer sa propre pensée.

C'est là où se serait tomber dans un faux piège que de croire incompatibles liberté et contrainte quand la liberté n'existe pas sans limites à prendre en compte et parfois à dépasser, sans obstacles à surmonter, sans empêchements à déjouer...

Les plus grandes découvertes, les plus belles créations, les plus étonnants exploits ne sont inouïs que par les dépassements qu'ils ont réalisés face à l'inconnu de la raison et de l'imaginaire, à une époque donnée, face aux fatalités de l'opinion ou du réel, face aux interdits des préjugés et superstitions. La liberté n'existe que dans l'expression de rébellions créatrices et efficientes contre des limites apparemment infranchissables d'allants-de-soi convenus.

Cela peut être à l'honneur de la pédagogie que de croire possible que l'apprentissage de la liberté ne peut se faire que dans l'exercice d'une telle liberté. En cela, Kant à son tour nous accompagne, qui écrit :

193. Bachelard G., *Le nouvel esprit scientifique*, PUF, 1966, p. 249.

> *« J'avoue que je ne puis me faire à ces façons de parler dont se servent même des gens fort sages : tel peuple (en train d'élaborer sa liberté et ses lois) n'est pas mûr pour la liberté » – « les serfs de tel grand seigneur ne sont pas encore mûrs pour la liberté » – « les hommes, d'une manière générale, ne sont pas mûrs pour la liberté de croyance ».*
>
> *Mais dans cette hypothèse, la liberté n'arrivera jamais, car on ne peut mûrir pour la liberté qu'à la condition préalable d'être placé dans cette liberté (il faut être libre afin de pouvoir user comme il convient de ses facultés dans la liberté).[...] on ne peut mûrir pour la Raison que par des essais personnels, qu'il faut être libre de pouvoir effectuer.*
>
> (E. Kant)

On est loin de l'ennui qui prend si souvent tant de place dans les classes et qui contribue à générer ou entretenir, à sa façon, agressivité et violence. Mais aller contre, c'est hausser la pédagogie au rang de ***praxis*** c'est-à-dire d'une pratique où les moyens sont ajustés aux fins qu'ils poursuivent. Des moyens où l'autonomie de pensée tout autant que l'esprit de coopération se conquièrent dans l'exercice même de l'autonomie et de la coopération. Des moyens où la découverte pour soi-même de ses propres pouvoirs de penser et d'imaginer se conquièrent dans l'exercice même d'une mobilisation de ses potentialités à penser et créer.

Et cela, qu'on soit élève ou enseignant, enfant ou adulte.
Hausser la pédagogie au rang de ***praxis***, c'est assurément une tâche décisive, qui déborde largement la classe, l'école, dans nos sociétés en perte de repères. Et c'est assurément une tâche qui n'est pas sans lien avec la formation à la démocratie et à la citoyenneté.

Le souhait de cet ouvrage, des pratiques et analyses qui y sont en travail, c'est de contribuer pour sa part, auprès de chaque lecteur, avec des moments de jubilation qui à coup sûr seront au rendez-vous, de mettre des forces en marche…

BIBLIOGRAPHIE

• Abdeljaouad M., *Vers une épistémologie des décimaux*, Brochure A.P.M.E.P., n° 41.

• Bachelard G., *Le nouvel esprit scientifique*, PUF, 1934.

• Bachelard G., *Philosophie du non*, PUF, Coll. « Quadrige », 8e éd., 1981.

• Bachelard G., *Formation de l'esprit scientifique*, Vrin, 12e éd., 1983.

• Bassis O., *Se construire dans le savoir, à l'école et en formation d'adultes*, ESF, 1998.

• Bassis H., *Des maîtres pour une autre école* : former ou transformer ?, Casterman, 1978.

• Bassis H., *Je cherche donc j'apprends*, Messidor, 1984.

• Boimare S., *L'Enfant et la peur d'apprendre*, Dunod, 1999.

• Bourbaki, *Éléments d'histoire des mathématiques*, Masson, 1984.

• Bourdieu P. & Passeron J.-C., *La reproduction*, éd. de minuit, 1970.

• Bourdieu P., *Questions de sociologie*, éd. de minuit, 1980.

• Bourdieu P., *Raisons pratiques, sur la théorie de l'action*, Le Seuil, coll. «Essais», 1994.

• Bourdieu P., *Réponses, ou pour une anthropologie réflexive*, Le Seuil, 1992.

• Brousseau G., *Théorie des situations didactiques*, *La Pensée Sauvage*, 1998.

• Brun j., *Didactique des mathématiques*, Delachaux et Niestlé, 1996.

• Colette J.-P., *Histoire des mathématiques*, Éditions du Renouveau pédagogique, 1979.

• Dahan-Dalmedico A., Peiffer J., *Une histoire des mathématiques*, Le Seuil, 1986.

• De Vecchi G. & Carmona-Magnaldi N., *Faire se construire ses savoirs*, Hachette, 1996.

• De Vecchi G., *Faire vivre de véritables situations-problèmes*, Hachette Éducation, 2003.

• Dhombres J., *Nombre, mesure et continu*, (Épistémologie et histoire), Cedic/Nathan, 1978.

• GFEN, *Quelles pratiques pour une autre école ?*, Casterman, 1982.

• GFEN, sous la dir. de Bassis H. & Laschkar S., *Reconstruire ses savoirs ?*, Messidor, 1985.

• GFEN, *Construire ses savoirs, construire sa citoyennité ?*, Chronique sociale, 1996.

• Guedj D., *L'empire des nombres*, Gallimard, Coll. «Découvertes», 1996.

• Guedj D., *Le théorème du perroquet*, Seuil, Coll. « roman », 1998.

• Hadamard J., *Essai sur la psychologie de l'invention dans le domaine mathématique*, Gauthier-Villars, 1978 (1re éd., 1945).

• Ifrah G., *Les chiffres ou l'histoire d'une grande invention*, Laffont, 1985.

• Ifrah G., *L'histoire universelle des chiffres,* Seghers, 1981.

• I.R.E.M. Paris 7, *Histoire des mathématiques pour les collèges*, Cedic, 1980.

• Lakatos I., *Preuves et réfutations*, Hermann, traduction française, 1984.

• Morin E., *Introduction à la pensée complexe*, ESF, 1990.

• Perrenoud Ph., *Développer la pratique réflexive dans le métier d'enseignant,* J., ESF, 2001.

• Perrenoud Ph., *La formation des enseignants entre théorie et pratique,* L'Harmattan, 1994.

• Piaget J., *L'équilibration des structures cognitives*, PUF, 1975.

• Piaget J., *Où va l'éducation ?* (1971), Gallimard, coll. « Folio/essais », 1991.

• Piaget J., « Le droit à l'éducation dans le monde moderne », paru dans *Les droits de l'esprit*, publié par l'UNESCO, coll. « Droits de l'homme », Librairie du recueil Sirey, 1948.

• Piaget J., *La prise de conscience,* PUF, 1974.

• Piaget J., *Réussir et comprendre*, PUF, 1974.

• Seife C., *Zéro, la biographie d'une idée dangereuse*, J.C. Lattès (traduction française, 2002).

• Taton R.,(sous la direction de), *Histoire générale de sciences* (tome 1), PUF, 1966.

• Thuillier P., *D'Archimède à Einstein, les faces cachées de l'invention scientifique*, Fayard, 1988.

• Thuillier P., *Les savoirs ventriloques*, Seuil, 1983.

• Vergnaud G., *La théorie des champs conceptuels*, *in* Didactique des mathématiques (sous la direction de J. Brun) Delachaux et Niestlé, 1996.

• Vergnaud G., « La théorie des champs conceptuels », *in* Brun J. et al., *Didactique des mathématiques*, Delachaux et Niestlé, 1996.

• Vygotski L., *Pensée et langage* (1934), Messidor, trad. fr., 1985.

• Wallon H., *De l'acte à la pensée*, (1942), Flammarion, coll. « Champs », 1970.

• Wallon H., *La vie mentale* (1938), Éditions sociales, 1982.

Pour en connaître plus sur l'Éducation Nouvelle (Groupe Français d'Éducation Nouvelle) : ses activités, ses publications, ses ouvrages et ses pratiques pédagogiques en histoire, géographie, philosophie, écriture, poésie, grammaire, orthographe, lecture, langues vivantes, arts plastiques, sciences, technique, école maternelle, etc… consulter la revue Dialogue et le site www.gfen.asso.fr.

Sur le plan international, le LIEN (Lien International de l'Éducation Nouvelle), www.lelien.org

Imprimé en France par MAME (n°03072297)
Dépôt légal 37436/08/2003 - Collection 13 - Édition 01
17/0684/5